汪克艾林

设计　汪克艾林工作室
正文　摄影　王其钧
论文　汪克　[美]艾里·列奥

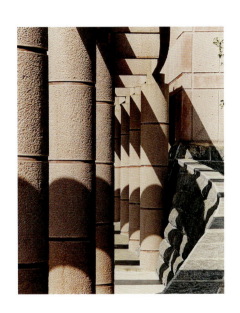

建筑
原本是怀着一股乡愁的冲动
到处寻找家园

——汪克

中国建筑工业出版社

WANG KE, ELI & CHUNLIN

DESIGN / WELD WORKSHOP

TEXT & PHOTOGRAPH / WANG QIJUN

THESIS / WANG KE, ELI NAOR

*WELD **W**est and **E**ast…*

CHINA ARCHITECTURE & BUILDING PRESS

图书在版编目（CIP）数据

汪克艾林／王其钧等编著．—北京：中国建筑工业出版社，2005
ISBN 7-112-07711-7

Ⅰ.汪… Ⅱ.王… Ⅲ.①建筑艺术—研究—中国
②建筑设计—作品集—中国—现代 Ⅳ.TU206

中国版本图书馆CIP数据核字（2005）第100437号

责任编辑　戚琳琳
策　　划　彭蓉蓉
版式设计　王其钧　郭　艺　李素三　佟以坤
艺术总监　凌　云
电脑合成　吕怀峰　刘　彬　韩　雪　窦彦明

汪克艾林
WANG KE, ELI & CHUNLIN

设计　汪克艾林工作室
正文　摄影　王其钧
论文　汪克　[美]艾里·列奥
　　　*
中国建筑工业出版社出版、发行（北京西郊百万庄）
新 华 书 店 经 销
汪克艾林工作室制作
北京雅昌彩色印刷有限公司印刷
　　　*
开本：889×1194毫米　1/12　印张：27
2005年11月第一版　2005年11月第一次印刷
印数：1—2,000册　定价：320.00元
ISBN 7-112-07711-7
(13665)

版权所有　翻印必究
如有印装质量问题，可寄本厂退换
（邮政编码　100037）

本社网址：http://www.cabp.com.cn
网上书店：http://www.china-building.com.cn

Sponsor Editor　*QI LINLIN*
Cordinator　*PENG RONGRONG*
Book Layout　*WANG QIJUN　GUO YI　LI SUSAN　TONG YIKUN*
Art Director　*LINGYUN*
Computor Graphic　*LV HUAIFENG　LIU BIN　HAN XUE　DOU YANMING*

WANG KE, ELI & CHUNLIN

DESIGN / WELD WORKSHOP
TEXT & PHOTOGRAPH / WANG QIJUN
THESIS/ WANG KE, ELI NAOR

CHINA ARCHITECTURE & BUILDING PRESS

http://www.cabp.com.cn
http://www.china-building.com.cn

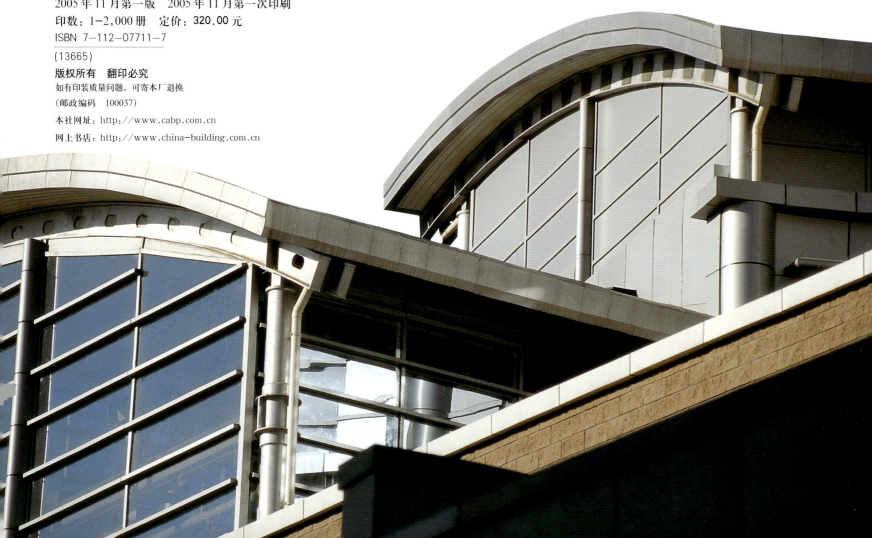

目 录

序言
一个建筑师的梦想 / 吴焕加 … 6
先锋的回归 / 王其钧 … 10

早期作品 … 21
闾山山门 … 22
海王大厦 … 32

海外时期作品 … 34
康佳产品展销馆 … 36
南山文化广场 … 42
东辉大厦 … 44
DBS 大厦 … 46

近期作品 … 52
红花岗行政暨会议中心一期 … 52
遵义市行政会议中心 … 78
乌当区行政暨会议中心一期 … 126
九三学社中央总部 / 万泉会所 … 184
清华中学方案 … 230
智亿酒店 … 232
和平门危改小区 … 234
太合嘉园临时围墙 / 大门 … 236
金地国际花园售楼处 … 238
遵义市供电局 … 242
遵义市公安局 … 245
SOLO II … 246
贵州省博物馆选址方案 … 248

义乌市政府会议中心 … 250
光大艺苑 / 中国京剧院咨询方案 … 251
索风营会议度假中心 … 252
科航大厦 … 254
内蒙古自治区高级人民法院方案 … 255
炫特区 … 256
黎明酒店 … 257
鄂尔多斯博物馆 … 258

论文 … 260
现代性、后现代性与诗意的栖居 / 汪克 … 260
设计哲学(英) /〔美〕艾里·列奥 … 275
闪电与光 / 汪克 … 228
钢与构架 / 汪克 … 240
一个温和的宣言(英) / 汪克 … 281

随笔 … 282
我与汪克 / 王其钧 … 282

时寓五则 … 297
职业与建造 / 汪克 … 297

附录 … 299
"汪克艾林工作室"大事记 … 299
主要项目年表 … 300
建筑师简介 … 316
汪克致谢 … 318
图片索引 … 320

汪克艾林工作室 Wang Ke, Eli & ChunLin Workshop

序 言
INTRODUCTION

执笔本文，恰逢"神州六号"成功发射起飞。

约20年前，作为导师，争取到机会让87届古建组学生在医巫闾山中真刀真枪复建几组历史建筑物作为毕业设计。主要建筑如耶律楚材读书堂和玉泉寺等，都按宋代法式采用木构瓦顶建造，但山门是闾山本来没有的，我们不愿仿古，而是定位要做一个涵有历史记忆的新山门。在此指导下学生们纷纷拿出了自己的方案，汪克的提案突兀而不寻常，引起我的注意。但一个年轻人的火花，很容易转瞬即逝。真正打动我的，是后来他表现出来的求知的热情和创新的执着。他着了魔似的没日没夜地画了又画，改了又改，见人必称山门，以至于我当时戏称他为"建筑宗教狂"。有干劲加上机会好，我们的设计被业主选中实施，他也获得当年毕业设计的最高分。

按传统法式设计的建筑物当地的老师傅很熟悉，所以山里的仿古建筑，不用我们多费心就造起来了。但山门完全不同，不但设计难，施工也难。然而汪克直面挑战，敢闯敢拼，以惊人的意志力排众议，在工地脚踏实地解决问题。为了节省时间，他顶住牙疼直到完成工作，后来医生告诉他那颗坏牙因没及时医治不得不被拔掉。困难一一克服，取得比事前预料更好的成果。在那一年学报上介绍山门的文章中，我称汪克是"拼命三郎"。设计阶段拼命，施工阶段又拼，干劲儿十足。没有他后阶段的拼命，不会有现在那个山门。鉴于他的杰出表现，在当年给他的留学推荐信中，我评他为我35年教学生涯中非常罕见的学生。

离校10年后，他带给我一本他的作品集。其中大部分作品我都喜欢，尤其看到深圳康佳产品展销馆时，顿生"士别三日，当刮目相看"之感。欣慰他还是那个"建筑宗教狂"，还是那个"拼命三郎"。

1998年"拼命三郎"从国外回到北京。继续埋头苦干，一如当年"设计阶段拼命，施工阶段又拼"，还是"干劲儿十足"。不同的是现在他取经归来，灵感越发不可收拾。作品日见增多，境界日益提升。更可喜的是作品建成后很有效果，我看了非常喜欢。于是我几次促他发表材料，以便与建筑师同仁交流沟通，但他以不同寻常的低调默默耕耘，让人不解。问之，答曰："回国7年，就像加了一个星期的班。"

七年如一周，二十年如一日。为什么？

汪克说"我有一个梦。"

我想犹如马丁.路德.金之梦，这是一个中国建筑师之梦！

20世纪初，中国新式房屋的设计全被外国人垄断，因为我们原来不会。一个世纪之后，历史竟然出现惊人的相似。中国的设计竞赛成为"外国建筑师的跑马地"，中国的建设工地成为"外国建筑师的实验田"，央视竞赛、奥运场馆竞赛中国军团"全军覆没"。许多先生对此表示严重忧虑，以至于把这种情形与"殖民地"、"侵略"的行径联系起来。

20世纪初的垄断，在吕彦直、杨廷宝们留学外国的人回来后，渐渐改变。不到20年，中国建筑师之梦逐渐得以实现，有了在国际竞赛中击败外国建筑师的吕彦直，有了令国人骄傲的"广州中山纪念堂"。1928年有统计，在上海一地外国人的建筑设计机构有近50家，中国人的只有几家。过了8年到1936年，上海中国人的建筑事务所增到12家，洋人的减为39家。在那个时代，中国建筑师都能以弱胜强，挤走洋人，扩大地盘。今天又有何惧哉！

缺少信心也就失去梦想。只有面对现实，认识到中国背对西方数十年，清醒有某些方面我们技不如人。然后脚踏实地，拼命苦干。有梦想就有超越，我相信这些都是暂时的，用不了多久，情况就会改变。

但目前在那些方面我们技不如人呢？我们现在差在哪里？

建筑工地比比皆是，汪克说"中国没有怀才不遇的建筑师"，我们不差机会；新城高楼如雨后春笋，库哈斯称"中国建筑师效率世界第一"，我们不差汗水；神五神六相继升空，学生设计竞赛频频获奖，汪克认为我们不缺创造力；彩电冰箱走向世界，屡屡遭遇"反侵销"，汪克认为我们也不差制造；政府领导、甲方业主为得到一个好的设计绞尽脑汁、四出奔走，汪克感叹"中国业主最有接受能力"，我们并非没有好业主；……

那，差在哪儿呢？带着这个问题汪克飘洋过海7年，读万卷书，行万里路，终于找到了航标。回国后他以又一个7年的耕耘和7年的沉默，换来了他今天的成就。在我的多次催促下，终于有了这本书。

汪克说幸亏有王其钧，这本书才得完成。其钧曾在我这里攻读博士学位，如今著作等身，事业有成。他们两位都曾是我的学生，现在反过来，我在向他们学习，这不是故作谦逊状，实情如此。

从书中我欣喜看到一个青年中国建筑师正在走向成熟。

照他们的观察和经验，我国建筑师的欠缺在于职业训练的欠缺和职业构成的盲区。欠缺前期的参与，导致设计前的硬伤；欠缺方案阶段的职业逻辑，造成构思与建造的脱节；欠缺初设的方案发展，即使优秀方案也不能得到优秀建筑；欠缺施工图的针对性与表达深度，欠缺施工文件的完整性，直接造成施工的混乱；如果说以上还只是欠缺，那么，国际通行的建筑师负责的施工合同管理则成为中国建筑师的盲区。这个盲区让中国建筑师根本背离包豪斯所提倡的"师""匠"合一的原则，从而每天产生惊人的平庸建筑。导致这些非职业化的现象产生的观念、体制和多年的习惯，在目前依然显得非常强大。想象汪克在七年前就对它发起挑战，力图补充欠缺，填平盲区，实属不易，大有堂·吉柯德的勇气。目前他已成功接受他在国内的第三例全程设计和监造业务委托。除了技术硬件外，他的每个设计都有奇思妙想，我想这是他成功的另一个重要保证。听人说在美国可以做梦，本书中汪克的经历告诉我，当今在中国可以做梦！

我相信更多的中国新一辈建筑师正在成熟，他们都有汪克那样的梦想。正如中国航天事业一样，他们的梦想正在一步一步成为现实。眼下外国建筑师拿几个项目又何足挂齿。

落笔之时，神舟六号成功返回，中国人千百年的飞天之梦成真。由此祝愿中国建筑师之梦早日实现！诗意地实现！以为序。

北京 城府路 蓝旗营叟 吴焕加
2005年10月 神舟六号返回日

一个建筑师的梦想 吴焕加
A DREAM OF AN ARCHITECT WU HUANJIA

CONTENTS

PREFACE		250	Yiwu Municipal Conference Center
A Dream Of An Architect by Wu Huanjia	6	251	Guangda Yiyuan / China Beijing Opera House Consultation
Return of The Pioneer by Wang Qijun	10	252	Suofengying Conference & Holiday Center
		254	Kehang Tower
EARLY WORKS	21	255	Neimenggu Supreme Court Schematic Design
Lvshan Gateway	22	256	Xuan Community Design
Haiwang Building	32	257	Liming Hotel
		258	Ordos Museum
WORKS DURING OVERSEAS	34		
Konka Showroom	36	260	**THESIS**
Nanshan Cultural Plaza	42	260	The Perch of Modernity, Post-modernity and Poetry by Wang Ke
Donghui Building	44	275	Design Philosophy by Eli Naor
DBS Building	46	228	Light & Lightning by Wang Ke
		240	Steel & Truss by Wang Ke
CURRENT WORKS	52	281	A Mild Declaration by Wang Ke
Honghuagang Civic & Conference Center I	52		
Zunyi Civic & Conference Center	78	282	**ESSAY**
Wudang Civic & Conference Center I	126	282	Wang Ke and Me by Wang Qijun
93 Society Headquarters / Legacy Homes Clubhouse	184		
Tsinghua Middle School Schematic Design	230	297	**FIVE TOPICS**
Zhiyi Hotel	232	297	On The Profession by Wang Ke
Hepingmen Community Design	234		
Temporarily Gate / Wall	236	299	**APPENDICES**
Goldfield International Garden Showroom	238	299	Milestone Of WELD WORKSHOP
Haipo International Holiday Inn	242	300	Chronological List of Key Projects
Zunyi Power Supply Bureau	245	316	Biography
Solo II	246	318	Acknowledgements From Wang Ke
Museum of Guizhou Province, Consultation	248	320	Photo Credits

汪克的处女作——辽宁北镇县闾山风景区山门被《中国优秀建筑（1980-89）》作品集收录，并作为封面图片予以发表。

十几年过去，本文作者王其钧拜访了该书的主编、时任中国艺术研究院建筑艺术研究所所长、研究员、著名建筑理论家萧默博士。萧默先生回忆说："当时在建设部开会评选作品时，专家的意见是只可以有50个优秀作品入选这本专集。但是我建议另外把汪克的这个山门选入作品集，把50个作品增加为51个作品。原因有三：一是50个作品是一个整数，从数字本身讲50代表结束，而51个作品代表开始，有一种持续性的感觉。二是汪克是清华大学建筑学院的一位本科毕业生，是一位年轻人，他代表中国的建筑设计事业后继有人，欣欣向荣。三是所选的作品本身是一个门，这更具有象征性，象征我国建筑设计正在走向一个新的阶段，开启了一扇更加广阔的大门，通向未来的路十分光明！"

汪克艾林工作室 Wang Ke, Eli & ChunLin Workshop

先锋的回归 王其钧

汪克的设计思想和他的理论建树
RETURN OF THE PIONEER
DESIGN THEORY OF WANG KE

汪克的处女作——辽宁北镇县闾山风景区山门被《中国优秀建筑（1980-89）》作品集收录，并作为封面图片予以发表。

十几年过去，当我于2004年12月6日去北京中日友好医院看望该书的主编、时任中国艺术研究院建筑艺术研究所所长、研究员、著名建筑理论家萧默博士时，萧默先生回忆说："当时在建设部开会评选作品时，专家的意见是只可以有50个优秀作品进入这本专集。但是我建议另外把汪克的这个山门选入作品集，把50个作品增加为51个作品。原因有三：一是50个作品是一个整数，从数字本身讲50代表结束，而51个作品代表开始，有一种持续性的感觉。二是汪克是清华大学建筑学院的一位本科毕业生，是一位年轻人，他代表中国的建筑设计事业后继有人，欣欣向荣。三是所选的作品本身是一个门，这更具有象征性，象征我国建筑设计正在走向一个新的阶段，开启了一扇更加广阔的大门，通向未来的路十分光明！"

事实上，汪克的山门作品还被不少书籍、杂志所选用，譬如《中国城市规划与建筑设计——清华大学建筑学院1949-1999》这本书，就把汪克的闾山山门安排在第1页，可见汪克这一作品的代表性。

我和汪克1987年末开始，在重庆同窗3年。他去美国时，又恰逢我在加拿大，而他回国后不久，我也应聘到北京，因而我和他的友情从未中断。在接触中，尤其是在本书的编写撰制过程中，我不仅感叹他的设计作品，而且对他的设计思想也由衷佩服。我尤其佩服他口若悬河的清晰思维，我认为他在高校教书是再合适不过了。现在的学生都不喜欢照本宣科的授课模式，汪克的口才的确可以抓住学生的兴趣。然而，时代对他要求更多。

格式塔与结构观

汪克的建筑观和建筑作品受到建筑现象学的深刻影响。

建筑现象学可以说是建筑哲学思想领域中当今最为时兴的一种理论。建筑现象学的名称最早出现是在1980年，是挪威建筑理论家舒尔茨在《场所精神》一书中提出的。汪克早在重庆时就不知从哪里弄到一本舒尔茨的《Intentions in Western Architecture》英文版，并时不时地拿出来翻弄，我当时根本读不懂。直到1994年，我在台湾买到一本胡氏图书公司出版的曾旭正译的中文版，并对照我的好友赖德霖博士在美国送我的一本英文版的书，两相对照，我才初出雾水。

德国哲学家胡塞尔的现象学原理是建筑理论界开展这一研究的基础。

胡塞尔的现象学方法倡导凭直觉从现象中直接发现本质。海德格尔的存在哲学思想也是人们对建筑进行分析并探索其本质和意义的理论参照，他认为真正的艺术品具有揭示存在真理的功能。而本真的建筑就是这样的艺术品，因为它包含了本真的知识和技术，并且以具体而有力的特征和形式将人们的生活状态具体化，并揭示其与世界的基本关系。

显现、补充与象征是现象学在人造环境方面赋予意义的三方面因素，对于汪克的设计来说，应用最多的应该说是"格式塔"原理。

受海德格尔的启发，1975年舒尔茨在《西方建筑的意义》一书中通过动态研究表明，人们的存在及其意义具有一种稳定不变的结构，不同的建筑是对这一结构的创造性的解释。德国心理学家韦特曼于1912年在《似动视觉的实验研究》中初次提出格式塔心理学的基本观点，他认为有机体的生理过程、心理过程和物理过程在结构形式上都是同一的，都具有格式塔性。其后考夫卡和科勒等人进一步完善。

现代主义大师如柯布西耶喜好的格式塔理论对于汪克已是潜移默化、入骨三分，几乎在他的每一个设计中他都在力图建立某种格式塔。在位于

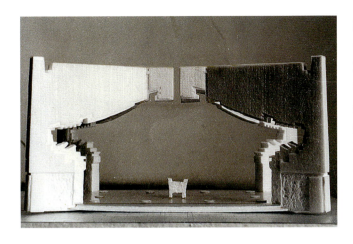

北京海淀的九三学社中央办公楼/万泉会所中,两个几乎是风马牛不相关的建筑,仅仅因为碰巧被放在同一个设计任务书中,一起委托给汪克进行设计,于是这两个不相关的建筑变成了相互不能分离的联体。任何部分的缺失都将彻底摧毁格式塔,这可以解释为什么中途业主因为市场运作需要,曾一度放弃办公楼,但实在是不忍心、也舍不得将这样一个完形破坏掉,经过一段时间的反复考量,最后还是将办公楼一起建造完成。这个插曲也可看出汪克的完形设计的威力。遵义市政府的完形建构更加复杂和更加微妙,第一层面是主楼与动力副楼的呼应关系,第二层面是会议中心与市民中心的非对称均衡关系,这两种关系都因山势的走向而连接起来,从而建构完成一个不能被割裂的格式塔。

贵州乌当区行政中心则是一个"以具体而有力的特征和形式将人们的生活状态具体化,并揭示其与世界的基本关系"的实例。目前我们妇孺皆知的"四大班子"的权力结构是中国近现代社会的一个创造,从历时性追溯至几十年前并非如此,共时性看大陆以外也不是这样。这样的一种社会存在,尤其在深刻改变十几亿中国人命运的今天,竟然被建筑师忽略了几十年。在这种建筑师集体失语的背景下,汪克的原型探索就极具深意。这样一种对中国最常见的区级政权的形式彰显,事实上汪克用自己的建筑语言表达了自己对社会组织方式的理解,也向人们揭示了一种关联结构。

如果说在汪克那里,格式塔还是一种得心应手的实践型理论工具,那么,结构观对汪克则具有浓厚的本体论的哲学色彩。

法国人类学家列维·斯特劳斯奠定的结构主义认为:结构是一个包容着各种关系的总和。对于现象学家而言,这个"总和"与实证主义的中性定义有天壤之别。海德格尔说:"让那些显示自身者以正是从自身显示自身的那种方式为人所明见",这种关于"人们沉浸于世界之中"的重要论断揭示,人和世界是同时出现的一个不可分割的整体,既没有独立的主体,也不存在孤立的世界。斯特劳斯的人类学研究显示,在史前没有世界,也没有人类。我们的远祖在创造了世界的同时,也创造了人。这样一来,"总和"里就有了一种自我相关的意指,这种意指正是理性主义与实证主义的缺失。汪克早在20世纪80年代就有了清晰的认识,这是为什么他很早就走出了"先有鸡还是先有蛋"的怪圈,得以率先实施建造而步入先锋之列。汪克顿悟出"结构能力"与一种"诗性智慧"的关联性。汪克写道:"现代文明的根本问题是分工的现实和分析的固习所造成的。"他认为当代建筑师都应该建立一种结构观,因为"真正的结构性的建筑观优于现有的任何一种建筑观",从哲学的层面讲,它已经脱离了认识论而进入到本体论。在汪克那里,建筑不是一种有待于我们去发现的客观实在,而是与我们的存在和我们的成长密不可分的结构本体。

因此,汪克在他的论文中写道:"建筑是什么?建筑是艺术,建筑是技术;建筑是机器,建筑是风水;建筑是空间,建筑是装饰;建筑是语言,建筑是有机体,建筑是石头的史书;甚至建筑是烹调……不一而足。然而路易斯·康是聪明的,他回答:'建筑是!'。"

场所精神

在这种本体的结构观的关照下,汪克的思维走向对于"场所精神"有深切的眷恋。

场所精神(Genius Loci)源于拉丁文,表达了古罗马时期的一个观念:任何独立的存在都有自己的守护神。因此每一个地方都有自己独特而内在的特性和精神,具有自己独特的气氛。

在建筑现象学中,这个名词被扩展为一个重要的建筑概念。在影响广泛的《存在、空间和建筑》之后,舒尔茨于20世纪70年代末写就《场所精神》一书,成为建筑现象学的代表作,也成为汪克爱不释手的读物之一。

在建筑现象学中场所和场所精神是核心概念

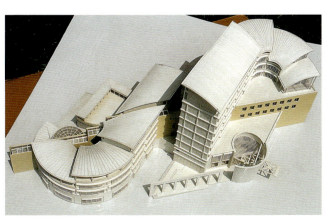

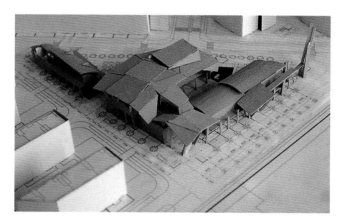

和中心议题。场所是由自然环境和人工环境结合的有意义的整体。这个整体反映了在一定地段中人们的生活方式和其自身的环境特征。因此，场所不仅具有实体上的形式，还具有精神上的意义。通过建立人们与世界的联系，场所帮助人们获得存在于世的根基。场所的本质意义在于，它是一件卓越的艺术品，以本真的方式具体化了人们的生活状态，揭示出人们存在的真理。

汪克的设计作品表现出对于场所精神的强烈追求。在闾山山门中，场所精神的来源是中国历史文化的资源发掘。在五镇之首的北镇，昔日的辉煌和荣光已经随着清帝的逊位而光环褪尽。然而先人的遗踪尚在，族人的记忆犹存，当年的热血在适当的温度下重新沸腾。汪克要在新时代展现先人情愫的火花在当地人心中一点即燃，一种属于当地神灵的精神呼之欲出。这个精神也将汪克带入一种强迫性状态，他最后在以本山花岗石为骨料的混凝土结构中找到安身之所，这个安身因为有建造技术如11米出挑和表面肌理的本真实现而怡然自得，强化了场所与世界的关系。

如果说山门还是一个富于古典精神的场所特质，按照舒尔茨的理论界定推断，汪克的遵义市府就应当是一段浪漫的乐章。浪漫建筑的形式和细节富于冲突和跳动，具有一种戏剧性的特征。其戏剧性突出的体现在建筑实体与山、与水、与景的有机交融。建筑直接成为山体的一部分，其中明晰的骨架和简单的体量，有着内在的逻辑联系。这种联系与广场前端的高九河水面的引入形成曼妙的对话，建筑通过后山、前水的现象整合取得对场地精神的完美发掘，述说一个本身存在的故事。

接近建筑时，线条和铝板成为表现力量和极富生气的基本元素。丰富的光影，简单的元素，变化的细节和节制的装饰展示出建筑的超理性和原逻辑性的特征。整体简单有力，而近观建筑内外之间的关系显得复杂和微妙；建筑的外观轮廓参差不齐，表现出生动的力量。这一切都构成一个自给自足的结构系统。建筑的材料在地方性的表现之外，更突出了一个新时代的建造概念，体现出建筑就是场所的互佐互证关系。

汪克对场所的一种原生态"聚落"，一直有着浓厚的兴趣。在贵州乌江索风营的设计中，他得以一试身手。他使用自己多年来在世界各地旅行中所搜集的素材以及一些参考书中得到的素材，对全世界的100多个有代表性的聚落进行了深入的研究，并发现这些聚落有一些惊人的内在相似性。比如结构关系，几乎所有的聚落结构都是同一的。这解释了虽然各地的气候、材料千差万别，但人们到达任何一个聚落都有一种似曾相识感，有一种回家的感觉。这也阐释了为什么人们有一种根深蒂固的家园意识。

汪克对于原生态聚落的兴趣与他自小生活的贵州省有着密不可分的关系。像贵州镇宁布依族苗族自治县的石头寨、贵州安顺市七眼桥镇云山屯、贵阳市镇山布依族乡的镇山村等，都是全国有名的石头寨。其民居使用的材料甚至家具，都以当地特有的石板作为材料，有惊人的统一韵律感。而黔东南白族侗族自治州榕江县计划乡加去村和台江县施洞镇、雷山县的西江白族、雷山县丹江区报德乡的郎德上寨等苗族村寨，都是以大片大片的干栏式民居组成的村寨，呈现出的聚落之美。这是一种量的美，一种以通量的组合而给汪克以强烈印象的美。

汪克的研究中还发现了诸如边界、叠加、强度、装饰等生成原理以及有特点的地形、山、石和山谷等选址和用地原理。如果说前两类原理在现代设计方法中还能找到某种替代，那么下面的两类关注就完全是现代设计的缺失：一类是天空、雨季、空气、呼吸和温湿度等自然力的运用；另一类是风、光、水、声音和共同幻想等更加微妙，也更加复杂的因素。

总体而言，汪克在贵州的政府系列作品有一个共同点，那就是有一种浪漫的自然环境。这种环

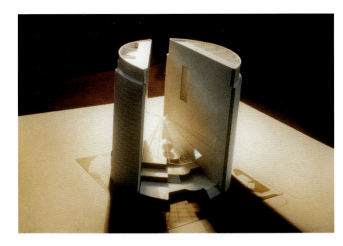

境由大量的、不同微小尺度的小环境组成，缺乏一种统一和普遍的秩序。从那些生机勃勃又神秘莫测的特征细节中，观测到起伏变化的大地表面、富于动感的水体、不断变化的空气质量、精巧复杂的元素形式和结构、具有戏剧性变换的光影效果、因受多变云团和植被遮蔽影响而很难以完整半球形出现的天空……

作为本地人，汪克从小积淀的记忆被唤醒，他强烈感受到那些最为初始的自然力量，直接触及到神奇而伟大的生命之力。他小心翼翼地将这些力量奉若神明，虔诚地寻找场所背后的精神，并为之努力了六年，现在大家可以一起分享他的创作乐趣了。

只有作为艺术品的建筑环境，才能够充分满足人们生存的需要。汪克所倾注心血找寻的场所精神，以及建筑形式、结构和细节处理是至关重要的。因为在现象学看来，艺术是人们生活的组成要素，是一种高层次的精神和心灵活动，没有艺术的生活是残缺不全的，缺乏艺术质量的环境不可能满足人们完整生活的需要。

陌生化与异质化

在汪克的创作中，伴随着格式塔出现一定有异质化诉求。

陌生化（Ostranenie）最早是由俄国构成主义者提出的一个概念，这个概念显然与差异有关。刚刚去世的法国哲学家德里达提出了与之关联的"差异"（différence）与"延迟"（differánce）概念。语言学告诉我们，声音的价值在于差异。陌生化观点认为，诗的基本在于对日常生活中的感觉方式所支持的习惯化过程起反作用，从熟悉的世界中挽回视而不见的独特性质，使熟悉的东西陌生化，创造性地损坏习以为常的、惯例的标准，以便把一种新的、童稚的、生气盎然的前景灌输给我们。陌生化是诗的必然，是创造之径。汪克习惯性地在设计中称之为"异质化"。他认为珍珠的形成更切合他对创造的理解。

在汪克那里，格式塔的建构被置于首位。是因为建筑的使用性？是陌生化需要一个标靶？还是汪克别有深意？总之，从间山山门、到康佳展馆、到九三学社、到遵义市府，再到乌当，可以清晰看出格式塔的存在。但上述所有作品中显而易见存在着陌生化倾向。山门的图地反转、展馆的异物飘浮、学社的阳光切廊、市府的二元一体和乌当的解构造型，每一次给人强烈的冲击，都不是简单的裂变带来的。

汪克强调，正如音位学所发现的，并非所有的差别都能成为差异，也并非都能被我们所识别。人们总是从艺术品中读出自己内心世界的声音，而对其余进行过滤。然而结构的同一性给汪克带来信心，正如他的一位基督教徒朋友所言，每一个人心中都有神性，但通常都是被遮蔽的。一旦某人发现了自己内心深处的神性，他就会散发出感人的光芒，从而打动别人的心灵。汪克正是这样来建构其作品的陌生化之途，此途上一个重要坐标是"暂时终止判断。"

暂时终止判断

汪克是中国当今少有的原创型建筑师，从这本书中介绍的他个人的作品中大家就可以得出结论。他还是一名高产的建筑师，以他39岁的年纪，能够拿出如此厚重的一本个人作品集，在中国实属罕见。如何能做到这样呢？勤奋、努力、机遇、执着都不用说，我感叹的是他本能的直觉，以"诗性的智慧"得以从大师们浩瀚之学渊中找到自己前行的方舟。

他采用"开放式设计"，不但对设计组开放，也对业主开放。不但对顾问工程师开放，也对所有参与者开放。能够在如此复杂纷乱的局面下营造出创作的氛围，在别人看作消极的环境下得到最

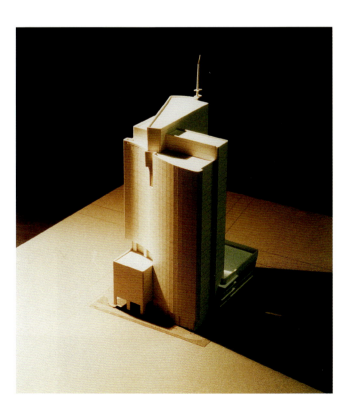

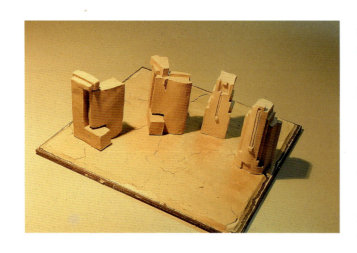

终的精彩作品,他拥有一张哲学底牌,这就是"暂时终止判断"。

海德格尔认为,当诗人处于创作的临界状态时,诗人感受到"语言本身已经以其本质的存在隐隐约约又倏忽闪现的触动"的体验,诗人"可以走到某一点,在那一点,他被催逼着以他自己的方式,即以诗的方式把他经受的语言之体验形诸语言"。

为了走到这一点,汪克在踏勘场地后和项目分析工作结束前,总是搁置自己涌动的灵感。他会悄悄地暂时将其封存,将自己尽快带入项目。从总体到细节,确信自己已经掌握项目的方方面面,才打开涌动的灵感之门,尽情徜徉在探险的海洋之中。探险虽然妙趣横生,其中也艰难险阻、陷阱重重。汪克又将探险之旅设定为若干个里程碑,在到达每一个里程碑之前,他同样要求自己和设计组"暂时终止判断。"

一旦到达临界点,灵感就会呼之而出。

这就是山门的图地反转、康佳展馆的异物飘浮、九三学社的阳光切廊、遵义市府的二元一体和乌当的日月同辉。

这就是路易斯·康的"建筑要成为自己"。

爱因斯坦在著名的英国格拉斯哥大学的演讲中回忆建立广义相对论这段艰难的历程时说:"从已得到的知识来看,这愉快的成就简直好像是理所当然的,而且任何有才智的学生不要碰到太多困难就能掌握它。但是,在黑暗中焦急地探索着的年代里,怀着热烈的期望,时而充满自信,时而精疲力竭,而最后终于看到了光明。所有这些,只有亲身经历过的人才能体会。"

汪克曾多次穿越黑暗,也多次经历看到光明之前的痛苦。多次的磨难虽然已让他几尽炉火纯青,但他希望帮助所有参与设计的人,无论是专家还是外行,以确保开放式设计得以顺利和高效进行。基于多年的摸索,他总结出一套作业程序。

在这套程序中,有技术操作理论,也有艺术创新方法。之于后者,他利用自己丰富的创作经验积累,作出计划安排,调动各种资源和手段,将团队带到上述临界点,让很多参与者都体验到了创造的乐趣。个中秘密就是在一遍又一遍的草图设计中把握火候,在一段时间内要给全组足够的时间和空间来构思酝酿,而且还要利用各种机会鼓舞全组士气。通过一遍又一遍的反复和深入,犹如赛前热身,又如飞机起飞,逐渐将全组带入佳境,最后逼近临界点,得到最后的突破,于是一切"简直好像是理所当然的"。

在实践中汪克的方法实效性很高,屡屡取得成功。不少年轻设计师在他那里第一次尝到了创造的滋味,也有不少业主非常投入,为自己能参与设计、监控设计并将设计视为自己的成就而自豪。在这种情形下,汪克不但获得了成功的作品,而且常常还结交了终生的朋友。

汪克很重视技术理论和工具理论的创建。施工合同管理是他在过去三年中曾花费巨大心血的一种技术理论。在研究资料匮乏的情况下,汪克动用自己的海外人际资源,得到并翻译了美国、新加坡和香港的施工合同蓝本、设计合同范本和合同管理技术资料。从而开展了施工中介、施工合同管理和竣工服务这一系列业务。在汪克的观念中,建成后的建筑物既然是设计师思想的终极诠释物,那么就不应该只满足于仅仅将一个美轮美奂、虚幻炫目的模型置于业主面前的作法。尽管这是一项非常艰巨的工作,为了更加具体地掌握发达国家的建筑营造管理制度和规则,甚至有的文本是汪克本人在忙碌的工作之中挤出时间来翻译的。能够顺利完成该项委托并获得成功,与汪克深厚的理论基础和良好的外语水平是不能分说另论的。

清华大学的姜涌副教授致力于建造规则理论的研究。他惊异地发现,2004年汪克完成的乌当区行政会展中心是国内在全程设计的基础上实现建筑师负责的施工合同管理的第一次尝

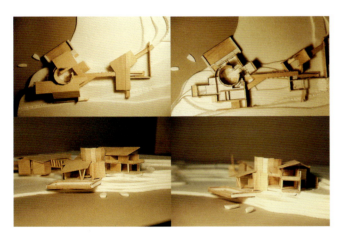
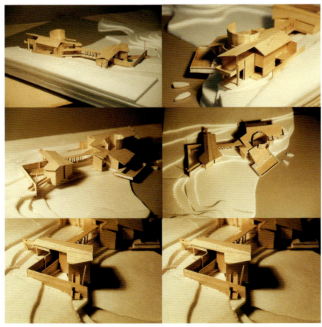

试，这项成功直接导致了他们在该课题上的合作关系。

先锋放逐之谜

刚刚毕业，汪克就完成了作为一个建筑师的闪亮登场，这个亮相留给人们一个不可置疑的先锋形象。那么先锋是如何生成的呢？

考入清华大学建筑系，本来只是汪克个人的人生转折点，但在封闭落后的老区山城——遵义，却成为一件被乡亲传颂的佳闻。这一经历虽然与先锋无关，却让汪克在短期内体验到大喜大悲的滋味。因为进入清华后他立即发现自己的高考成绩全班倒数第一，一帆风顺的高才生转眼间陷入第三世界的边缘地带。

也许父老乡亲的瞩望实在太沉重，在边缘地带挣扎的汪克有了第一次创举。1983年读大学二年级的他，在同班同学中第一个参加建筑设计竞赛，不出同学所料，参赛无结果。二年级下学期时再次参赛，还是第一个参赛者，还是惟一的一个，还是没结果；三年级他第三次参赛，如愿以偿获第三届全国大学生建筑设计竞赛奖，成为全班第一批获奖的两位同学之一。虽然回归主流，但这也还不能称为先锋。

受某种内在力量的驱使，汪克在设计中有一种近乎偏执狂的先锋举动。语不惊人死不休的激情在间山山门的设计中达到极致。他在承受了不被理解、不被支持，甚至不被接受的巨大压力下，专注设计、静心锤炼，山门终于建成，超前得到认可，先锋得以实现。

先锋其后锐不可当，连续七年参赛，每每摧枯拉朽，如入无人之境，频频获得十几项全国和地方各种级别的建筑竞赛第一名，并有近十项作品建成实施。这时的汪克卷发飘肩、美髯齐胸，先锋的大侠风采在海王大厦设计中达到顶点。半年中汪克在构思已经暴露的不利情形下，连续三轮击败了包括北京市建筑设计院和建设部建筑设计院的两家深圳分院在内的强劲对手。汪克扬名深圳，先锋地位得以巩固。

不知道是萧默先生的预言在生效，还是汪克内心深处的召唤使然，正在他即将步入深圳阶段的黄金时代的关头，汪克放弃了其先锋地位和近在咫尺的名誉和利益，自我放逐新加坡，去寻找那个能为他作品划上完美结局的句号。在一个陌生的国度里他没有选择，只能从初级建筑师从头开始作起。三年的放逐结果指向回归。

1993年28岁的汪克辞去新加坡A61建筑师事务所的第一位中国部经理的任命，创办新加坡SGK建筑设计顾问公司，成为最年轻的合伙人，回国进行了一系列设计。此间他主持完成的深圳康佳展销馆施工图设计，是第一套由中国建筑师完成的、具有国际水准的施工图设计。在常人看来，他有了国际水准的技能，有了海外居住权，有了自己的住房，有了自己的公司，应该回顾主流了，因为那个句号似乎已经被找到了。

然而被许多问题困扰着的31岁的汪克，选择了第二次放逐。1996年春他来到了美国，他找到工作打工，再次从初级建筑师做起，却被很多当地朋友视为十分幸运，因为此前中国建筑师连这样一个工作都很难找到。是金子就会闪光，1998年他成为美国VBN建筑设计公司第一位亚洲部总经理兼首席设计师，99年底他结束第二次放逐生涯，从旧金山回国移居北京。

一次又一次的放逐和一次又一次的回归，汪克在朋友眼中成了一个谜，说不准什么时候他又有什么奇思怪想。但这一次他却留下来了，四年来的种种迹象表明他这次不走了。他加盟北京中联环建文建筑设计有限公司，成为董事副总经理，主持VBN工作室。然而他又使得朋友和合伙人们百思不得其解，如果说他第一个项目是偶然接在贵州，那他现在身在北京，为什么还一直认认真真地做如此边远的项目？有限的资源消耗后，他对于北京如此众多的大型住宅区项目的设计机会自然无暇顾及，至少没有全力以赴。相反，他将大

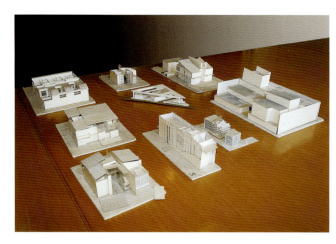

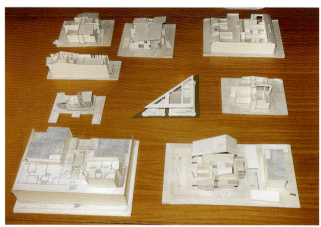

量的精力花在了长途旅行中,花到了落后偏远的山区,这不是又一次自我放逐吗?

先锋放逐的谜底何在?

建造的痴迷

我于2003年初受聘回国任教之余,开始对汪克的建筑师生涯进行观察,由观察产生兴趣,由兴趣开始研究,这一研究就是一年半。

除了上述谜团,出乎意料的是,我发现汪克的曝光率低得惊人,让人难以置信拥有众多出色设计作品的重量级建筑师,居然没有主动发表过作品,偶尔见到的一些发表作品都是合作方甚至是实习生送出去发表的。在物欲横流的今天,在轻浮急躁的中国,在急功近利的建筑界,还有如此低调的建筑师在生存!而且在建筑师地位日渐低下的环境下,这样低调的建筑师还能做得如此成功!没有任何广告或宣传,从他1998年回国后至今没有参加过工程设计招投标,竟然有这样多的项目直接委托,而且有如此上乘的表现。

一年半后我有了答案。如果说汪克在其职业生涯中的确有多次的回归和多次的放逐,以及其他让人不能明了的谜团,终极来源是他对建造的痴迷!也许他很早就明了建造之于建筑师的意义。

第一,是建筑师自然成长过程所需,也就是汪克掌握实现建造之梦的技能之必需。

间山山门的成功给他造成一种幻像,似乎他只要足够努力,就可以造出精彩的建筑。而接二连三的方案竞赛得奖中标又强化了这个幻像。但无论是重庆杨家坪商业中心,还是海南万宁温泉酒店,他都明白这些项目于建造是没有指望的。虽然当时他已有山门作品,但山门太特殊了,要应付真正的实际工程他还需要足够的专业训练。

外聘于当时非常著名的华森建筑设计公司的目的是施工图的训练,他宁愿牺牲户口和档案,也要得到当时中国最好的施工图训练。他有幸作为第二方案人参与完成了全套华夏艺术中心的施工图设计。虽然有了华森的坚实基础,他感到自己力量在增强,但他还不能看到国情和时代的局限。于是有了在海王建造中的透支投入,身体健康受损住院事小,精神上的打击是灾难性的。挫折得到的结果是第一次远赴新加坡。第一个建造之梦的破灭,使他决心要在新加坡补上按国际标准深入设计的技能这一课。

因为这一课的结业,他完成了康佳展销馆的施工图设计演练。继山门之后的第八个年头,他再一次找到设计山门时的喜悦,将每一个细节用心研究过几遍以上,对每一个环节都了如指掌、成竹在胸。虽有周折,展销馆毕竟成功了。但汪克并不满意自己的技能,南山项目的未实施,使汪克看到自己专业技能的缺陷。他希望自己还能够使用普通材料以常规技术来实现精彩的建造。再加上其他原因,汪克走向自己的第二次放逐之行。在美国的四年训练和经历,给他的职业生涯打下了一个坚实的基础。

从美国回来后他开始了自己的第三次放逐,即边疆设计之旅。以他七八年在国外所接受的系统的英美两种体制的职业训练,他有一个更高的建造之梦要付诸实现。因为他已经更深层地领悟,要想建造一个感人的杰作,首先要实现一个高品质的构筑。他现在信奉品质第一,理念第二。

国内的情形是建筑师更多地在图上作业,建造阶段就成为业主或第三方的特权。这一"新统"不知何时起一霸天下,建造的机会只能在"习惯势力薄弱的老区进行突破"。于是汪克创新得到红花岗的丹霞石外墙,遵义市府的白云石外墙和乌当的青石砌筑墙,还有更多。

第二,建造之愉悦是汪克的一种本能。

汪克少年时期喜好做手工,最早的起因是家里从来没有给他买过玩具。看到其他小伙伴的玩具他十分眼馋,他父亲是一个坚守原则的人,哭闹是没用的。但家里正好有全套的木工工具,于是他

的很多业余时间就消耗到了家里的工具间里。当他做出第一支玩具枪时,他体验了一种创造的乐趣,他如此爱不释手,以至于睡觉时也不放下,拿着玩具就睡着了。没想到这竟成了他的习惯,后来他做的手工越来越多,越来越复杂,从手枪到船模,从航空模型到半导体收音机,依旧如此。终于有一次,他睡觉时将一个精致的帆船压碎了,心疼不已的他以后睡觉时就恋恋不舍地将"作品"放到一个视线以内的安全之地,还是一定要看着它才能入睡。

也许与他从小的经历有关,汪克对于建筑的材料与质感十分敏感,仅仅是一堆不起眼的石头,一旦他观察到某种微妙的质感或光影关系,就会让他兴奋不已。从小他就喜欢有质感对比的现代雕塑,而非模仿得惟妙惟肖的同质主题雕塑。这一感知力的成熟除了他本人的天赋之外,与他多年的专业训练也有关。

当他在自然界看到好的石材或发现某种金属片可以运用到建筑上去时,他自己会感到某种召唤。他常在登山时拍下一些山里自然形成的色彩或肌理,说是用于色彩选样参考。如果说对于建筑材料的反应还是一种较为普通的反应,那么他对于优秀建筑作品的敏感度则是一种更高层面上的综合反应,这种反应的最高峰状态在他参观某些罕见杰作时出现。

当汪克在美国的西雅图看到斯蒂文·霍尔设计的华盛顿大学小教堂时,就明显地感觉到自己的心跳在加剧,血脉在膨胀。这究竟是优秀建筑设计作品的场所和空间意蕴深深感动了汪克呢?还是自己的某种内在欲望被优秀作品给撼动了?或许两者都有,或许两者都无。但是,并不是所有的大师名作都能使汪克产生共鸣,更不是所有的大师名作都会让汪克有生理上的反应。当汪克参观赖特设计的罗比住宅时,就没有产生预计的反应。尽管这是一幢世界名作,不知与当时正在翻修是否有关?

建造中汪克拒绝抽象,坚持眼见为实、亲历为实。无论再好的想法,他一定要做出来亲眼判断才放心,不在现场就用模型做出来,在现场先做足尺大样。他很珍惜贵重材料,也不拒绝廉价材料,但怎样建造是他真正的关注。这种关注的发展,自然导致日后汪克提倡的建筑师负责的施工中介与合同管理服务。

边缘化生存的动力

边缘是相对中心或主流而言。汪克能够坚守其边缘化生存,有他自己一种强劲的动力。其实这也是每一个真正的建筑师必然经历某种边缘化生存的理由。

第一,所谓创新,就是对旧有事物的反叛。创新必然是从萌芽状态开始,相对萌芽,旧有事物就是主流。相对主流,创新的萌芽就是边缘。

大名鼎鼎的赖特,这位影响力早已超出建筑界的美国历史上的文化英雄,就是一位边缘化生存的范例。他作品数千,但在第一都市纽约他只在晚期盖过一栋古根海姆博物馆,在旧金山也只盖过一个小仓库,他作品云集的橡树园也屈居于芝加哥的郊区。很多作品在他的老家威斯康星的农村,还有亚利桑那州的沙漠之中。他的成长甚至与政府无关,直至在他声名卓著的晚年,才盖了马林县县政府。

建筑史上有很多有贡献的建筑师并非每天都在盖房子。相反,倒是商业性的大型事务所或设计公司才有如流水线一般保持每天的出图率。一个建筑师的成功得到社会认可后,如果与社会主流没有冲突,他也可能成为主流,此前他的边缘化状态可长可短,但不可避免。

第二,目前世界范围内的社会日趋市场化和商业化趋势,导致大量的建筑活动作为一种保价投资手段而日夜不停地运转。操盘的发展商也许非常关心品质与设计,也许是建筑理想的发烧友,

甚至是一个热情的业余建筑师,但建造一定是排在利润之后的第二件事,因为他们生存的理由是利润。当然他们需要优秀的设计,但并非一定是有建筑价值的建造。对于这样的主流,汪克往往被迫选择一种边缘化的生存和建造方式。

第三,国内建筑业空前繁荣,建筑师供不应求,体制处在过渡转型期。各种思潮、主义、方法、人物如走马灯一般频频登场,又匆匆逝去。经历了太多的喧闹,太多的实验,中国建筑的现状依然让人担忧。在这样一个时期,汪克有太多的不如意,尤其对他几年前的情形而言,出国七八年的时间失掉了很多良机。刚回国,尚不被社会广泛知晓,但汪克并没有抱怨,相反他心怀感激,这更能让他静心等待最让他心动的机会来临,而不致被利益所驱使到不加选择。

主流板块级别更高,品质更好,投资更大,汪克一直希望能在这样的项目上一试身手。但往往这样的项目压力也更大,业主也是大业主,阶层很多,管事的项目经理拍不了板,而拍板的最高领导设计师又见不到。巨大的压力首先在业主内部层层叠叠传递,最后再传递到建筑师及其他各方,意图很难发掘。建筑师经过层层叠叠的把关设计,火花已丧失殆尽。

除非建筑师有足够的能力和影响力与业主的决策人直接对话,否则压力越大,各方的保险系数也只能越高,风险必须降得越低,到了一定程度,建筑师就失去了创造的空间。这可以解释为什么越是国家级的工程,往往越保守,因为压力大到了不容任何失败。这时除非有一个具有强大灵魂的建筑师可以许诺承担风险,也能够让人信服他承诺的能力,但对于一个年轻的建筑师来说就很困难。然而,汪克说"贝聿铭也有过30岁",每个建筑师都是从年轻人成长起来的。

第四,边缘化状态是任何创造活动必须的状态。创造者需要一种平静的心态,这种心态更容易从非中心的边缘化状态中获取。从汪克过去四五年

的井喷式创作,和他所完成的全程设计与管理服务这一全国首创的成就可以得出结论,汪克的选择是适合他本人的明智的选择。

内在的张力与澄静

张力来自本能和修炼,澄静来源于达观和平衡。

在我的观察中,汪克对于三维空间有丰富的想像力。早在清华大学建筑学院读本科一年级时,尽管由于地区差别,汪克的一些功课成绩并不如意,但他的《画法几何》和《建筑初步》却是全班最高分。

我在建筑系教书,常常遭遇一些学生对于《画法几何》这门课的领悟障碍,虽然他们各门功课都优秀,可是对于画法几何来说却很吃力。汪克在轻松完成作业后,还常常成为义务辅导员。他可以在纷乱的图形中建立空间秩序,复杂的三维关系在他眼里犹如轻松的游戏。这项特长与汪克在山区长大有关,从小到大他就在三维的地形中嬉戏奔跑,奔跑时必须准确判断地形,在起跳的那一瞬间就要预料到落下去的方向,否则后果难以设想。是否这种生存所需的训练造就了喜爱运动的汪克对于三维空间的内觉感知呢?

汪克与生俱来的某种创新的欲望和本能,使他时时保持创作的冲动和激情。在设计中,汪克总是表现出一种亢奋和偏执。在我的观察中,他对于接案子很谨慎,没有成功的把握绝不轻易接单。一旦他接手一个设计案子,就会全身心投入,他会调动自己所有的资源去想其中可能产生创意的机会。

在每一个设计中,只要汪克感觉自己画的方案和别人重复的话,他就会不满意,因为项目不同,就必须找出不同的差异所在。他一定会坚持再构思,重新创作,直到找出与项目内在的足够的差异时才会停歇。我们常常会见到事后诸葛亮,这种人总是会评论别人的作品应该怎样做,而最不应该怎么做,但是在事前,也就是在设计的时候,他一点

主张,一点创意都没有。这就很像我们现在去看大师的作品。

路易斯·康于1957~1964年设计的宾夕法尼亚大学理查德医学研究和生物实验楼,大师的许多手法都被后人所模仿,假如不去分析谁的作品在先,谁的作品在后的话,那么就很难确立路易斯·康的首创劳动。与此相似,汪克的创新意识和创新的本能都是超常的。汪克的很多设计手法也是先于别人,他是在一条从来没有人走过的路上前行。而且汪克的天分性格还在于对于创新的坚定追求,只要他得到业主的支持,当他的决心下定以后,无论别人如何评论,如何干扰,他都一定坚持将其融入建成作品。

经过多年的观察,我认为汪克是一位有天分的建筑师,但汪克本人并不相信与生俱来的天才和庸才之分。他认为每一个人都蕴藏巨大的潜力,只要开发得当,恰逢机遇,刻苦努力,每个人都可以做出惊人的成就来。

也许这是为什么汪克始终坚持一种开发自己潜能的自我训练。直到现在,当他可以像他很多同学、同事或朋友一样以权威的形象出现时,他却常常以年轻人的姿态低调出现,因为建筑师是一个老人的职业,按国际标准他提醒自己的确是一个年轻建筑师。他告诫自己"成熟就意味着死亡",他今天的成绩是因为昨天的如饥似渴。未来他期望的更大进步,来自他今天的进取和开发。他常说他从武术学习中得到过顿悟式的启发。

在清华大学学习期间,汪克利用课余时间在学校武术队学习武术,锻炼自己的体力和毅力。经过3年训练,他居然在比赛中打败公安大学训练有素的武警学员,并在北京市的武术比赛中拿到名次,这个经历使汪克深刻认识了人的无穷潜力。他自己幼时身体不好,个子也不高,但通过专业教练的训练,居然能发挥出自己意想不到的潜力,训练出了一种快速反应的思维和耐力及功力,这是他始料未及的。

汪克给我说过,没有学过散打时,假如有人一拳打过来,那么本能的反应就是把眼睛闭起来,或者是逃跑。但学习了散打以后,当有人一拳打过来时,你可以有足够的时间作出至少五种反应,这就是向左边避闪,或者是向右避闪,或者是向下躲闪,或者是向后躲闪,还可以躲闪还击。这种情况的发生仅仅是零点几秒的一瞬间,对于普通人是很短的。但对于受过训练的人,零点几秒是很长的时间,他们可以作出一个正确决定来应付即将发生的情况。但这不是天生的,而是人们通过训练后所得到的。这就说明了人的潜力可以通过某种方式发掘出来。

汪克的修养来自多方面,除了在美洲、欧洲、澳大利亚和东南亚的广泛旅行外,另一个是他多年的读书习惯,汪克自嘲是读图时代的读书人。大量的阅读,常常将他引入某种深度思考。多年阅读的结果,使得汪克的思辩能力很强。对于抽象的哲学问题,汪克喜欢花费时间去思考、去争辩,与他熟识的人对此都会有深刻印象。关于他的读书热情,可以从他在重庆建筑工程学院硕士学位答辩时发表的论文中看出。

形式跟从功能?

从20世纪80年代开始,受建筑界理论热潮的影响,汪克早期广泛涉猎古典主义、存在主义、文脉主义、结构主义、后结构主义、解构主义、符号学、创造心理学、现代主义、晚期现代主义、后现代主义、建筑类型学、模式语言、有机建筑论、新陈代谢论、建筑图式论、建筑现象学等等理论思潮,如饥似渴地阅读他所能得到的所有理论书籍,与朋友彻夜长谈,探讨个中奥秘。

他曾撰写长篇论文,充满"愤青"少年的偏激和热情,但其中不乏真知灼见。比如对于是否"形式跟从功能"的争论,通过对符号理论中能指与所指的研究,他发现形式不能等同于简单的能指,功

能也不是简单的所指。他指出:"形式这个古老得不能再古老的名词之所以有逐渐沦为陈词滥调的危险,就在于人们对形式的简单化认识。正如本章所揭示,形式在更多的语境下是一个本身就包含了能指与所指的二级或多级符号系统。"明白这一点后,"有关形式的很多千古悬案可以解也"(详见论文部分)。

又如20世纪80年代中期一场关于"CONTEXT"一词翻译的争论。起先一直翻译为"文脉",但周卜颐先生一语惊人,认为以前都翻译错了,应该翻译为"环境",于是引发了一场为期数月的文战。汪克在自己的研究中认为这是一个不值得如此关注的小问题,因为"CONTEXT"一词从历时性观察就是文脉,从共时性看就是环境,两家之争如同盲人摸象,引发众多社会问题。如果强调二者的统一,"各持一端的争执休也"(详见论文部分)。

汪克的在哲学和设计理论层面上的探索有目共睹,深得知己们的赞同。他早期曾提出"诗性建造"、"双重建构"、"语境"、"零敲碎打"和"咔哒搜索"等概念,影响了他的工作与人生十几年直到如今,所幸他对同一课题依然兴趣盎然。我想这是为什么在过去几年中他能够提出上文所述的如此丰富和如此精辟的思想的缘故。他的夫人就曾对我说:"看了他的论文,我才明白他现在为什么是这样的(与众不同)。"但让人感到遗憾的是,在汪克的设计日趋成熟的今天,他迟迟没有对外公布自己的研究成果,也还没有将自己众多的理论观点和丰富的实践经验系统总结出来。经过我的说服,他总算答应将其硕士学位论文在本书中发表,我还建议他以历史面貌原文发表,这样读者可以更好地还原他的成长之旅。

除了盼望汪克的建筑新作问世,我还期待汪克尽早将自己的最新理论出版发表。

先锋(Avant Guard)的称谓,在建筑和艺术领域有特殊的意指。由于在艺术史上的革命年代出现过几种特定的先锋流派,因此人们会形成一种错觉,以为只有追求某种形式上的新奇和怪异才能与该词汇相关联。汪克也曾经热于在图面上追求一些复杂和非稳定的造型。然而,走向成熟的汪克认识到自己有必要调整自己的观念,因为在目前的中国建筑界,先锋首先是Pioneer,他们的历史义务,是在中国造就属于中国的、具有国际水准的真正的建筑师。

这也许就是先锋回归的真正意义。

先锋之后就是军团主流,汪克的先锋意义在于他的很多设计都有众多的追随者。我知道很多人都曾给汪克说过他们模仿山门进行设计的故事;汪克在遵义市供电局大楼设计中所使用过的混凝土桁架手法,在十几年之后,仍然被当地的设计人员应用到遵义宾馆、遵义火车站、遵义粮油大厦等建筑上;而汪克在遵义红花岗区政府建筑上使用的外墙手法,则在这幢建筑所处的遵义海尔大道上被广泛模仿。我于2004年8月去遵义时粗粗数了一下,足有20几幢建筑使用了汪克尝试出来的外墙饰面手法。

汪克之所以被我称之为先锋,原因也正在于此。

早期作品
EARLY WORKS

汪克是我们这个时代不可多得、又不可或缺的新一代建筑师。

汪克于1982年考入清华大学建筑系，5年后获学士学位。同年被清华保送免试进入重庆建筑工程学院建筑系，3年后获得硕士学位，于1990年完成八年的建筑学教育。但是汪克第一个建成的作品设计却始于他本科毕业的1986年，年仅21岁。

汪克在读期间不但获全国大学生建筑设计竞赛奖，而且四处参加实际工程方案竞赛，频频获首奖并中标实施。而在他正式工作后至设计海王大厦期间，却没有做过一个业余设计。

在中国工作三四年，汪克被破格晋升为建筑师，于26岁成为大型工程的设计总负责人。其后他却远赴重洋，先后在新加坡和美国进修工作达七八年，两次从绘图员重新做起，最终成为一名出色的建筑设计师。

在所有的建筑师进行手工绘图的年代，他第一个使用电脑绘图；而在所有的建筑师都使用电脑绘图时，他又大力提倡手工模型。

在汪克得到著名大学高教职位加住房与福利的机会时，他却选择放弃一切外在的光环，偏执地一定要以自己的作品来证明自己。

在汪克的绝大部分同学都还在好好读书时，他就有多项作品建成；在他的大部分同学已经成为年轻的权威时，他却公然声称自己还有很多东西都不懂，把自己归入如饥似渴积累学习的年轻建筑师之列，踏踏实实地默默耕耘。

在大部分年轻的设计师醉心于方案设计时，汪克竭力找寻施工图设计机会；在所有建筑师都忙于图纸设计时，他却开创中国设计师代理业主管理施工合同的先河。

……

由于他的独特，我很难将他简单归入现有的哪一类建筑师类型。在我目前的研究中只能将他作为个案来单独处理，期盼在未来的某一时候我们会有一个满意的分类。

我把他18年的建筑师生涯粗略分为三个6年时期：

第一个6年，1986–1992年，竞赛时期。由北向南，汪克从本科第五年级加研究生三年和深圳工作3年（包括实习）的6年期间，共完成大小20多项设计，无一例外全是方案竞赛参赛设计。他中标率超过90%，提前一年破格晋升为建筑师。26岁主持设计海王大厦，一路过关斩将，少年得志，是同学中的佼佼者，在深圳名躁一时。代表作品为处女作闾山山门和海王大厦。

第二个六6年，1992–1998年，修炼时期。不算在美国与中国之间来回奔跑的一年多共6年。在海王大厦建造中的理想受挫后出国深造，四海求道，潜心修炼，是他8年建筑教育后的重要职业训练期。在美国与新加坡分别在一大一小两家设计公司和事务所工作，接受了世界范围内最典型的英式和美式建筑师职业训练。恶补了坐直升飞机蹬上设计主持人高位的速成跨越所缺失的严格基本功训练。这一时期独立作品不多，代表作品为康佳展销馆。

第三个6年，1998–2004年，第一个成熟期。在三阶段的设计实验中，他尝试将国际最先进的设计理念和西方几百年来形成的成熟的设计方法用于中国当代的设计实践。设计理念逐渐成熟，创立并实践了一套完整的设计和服务体系，组建并培训了一个设计团队，完成了一批有分量的设计作品。代表性的作品有贵州的政府建筑系列，如乌当区行政中心、遵义市行政中心和红花岗区行政中心等力作，北京的小户型系列建筑作品，从SOLO I，SOLO II到炫特区、飘HOME等作品，以及独特的九三学社中央办公楼等。

汪克艾林工作室 Wang Ke, Eli & ChunLin Workshop

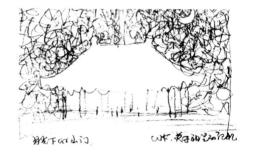

闾山山门 北镇 1986-1988年
LVSHAN GATEWAY BEIZHEN 1986-1988

第一个时期（1986-1992年）是汪克的起步期。代表作品为处女作闾山山门。

从20世纪80年代中期开始，国内逐步掀起一个基建高潮。建筑师应接不暇，加上老建筑师缺乏方案能力，开始有大量的方案竞赛真诚地寻求一个个优秀的方案设计，当时的大部分竞赛还是真诚和公正的。汪克在这样一个大背景下闯劲十足，从本科三年级起在全国大学生设计竞赛中获奖后一发不可收拾，参加了约20多项竞赛，除了未评选不了了之的情形外，几乎每发必中，赢得了10余项第一名，如重庆杨家坪金融中心全市竞赛二等奖（实际为第一名，一等奖空缺），遵义供电大楼全省竞赛一等奖，海南万宁温泉宾馆全国邀请竞赛一等奖，深圳海王大厦全市竞赛一等奖等等。

在他毕业前尚未有一天工作经历时，他已有四五项作品实施建成。他的成就让他成为同学中的佼佼者，在师友中树立了极好的口碑。

辽宁省锦州市北镇县（现北宁市）闾山历史文化风景区的山门是汪克在毕业设计中幸运遇到的一个真实的工程，汪克的天才第一次得以完美展现。他以其匪夷所思的奇思妙想完成了一个让所有人惊诧的设计方案，在学生竞赛中脱颖而出被选中成为实施方案。方案中平面为X形的两堵交叉的墙面，其上用镂空的形式，做出一个古代山门形状的巨大的洞，这个大洞，从四个方向看都能看出是古代山门的剪影，构思新颖独特。既有当代性，又反映了历史文化。

在这一方案中，汪克执意要作一个属于20世纪80年代的当今中国的山门，而非清朝或辽代的山门。几片简洁的墙面无疑是来自现代构想，虚实的颠倒原意是解构传统山门构图，其实它表现着中国传统的气氛，正符合中国人心灵所追求的精深贤哲的意境。山门的山洞，看去是一幅画，心襟超脱的中国画家所认为的"荒寒"、"洒落"的境界，在这深透的建筑中得以体现，甚至达到体悟自然生命的神境。设计有几大要点：

第一，汪克的方案悉心探究"门"的意象。首先，四片墙如四页门扇，四端的立柱隐喻了四个门轴，在表象上对门进行解读；其次，远远望去，中部的虚空是对门

汪克艾林工作室　Wang Ke, Eli & ChunLin Workshop

的最直观的表达；再有，对于虚空轮廓的解读，这种格式塔完型体验的原型可以追溯到中国最典型的山门。最后，门者，窥一斑而见全豹。层层剥离的表层是通向内部的暗示。好一个门的解读！

第二，原型的选择。汪克选定河北蓟县独乐寺山门作为造型构思的原型。

独乐寺的山门是辽代遗构，面阔三间，进深两间，为单层四阿顶（清代称庑殿顶），屋面出檐深远，檐下斗栱宏大。这种端庄舒展的建筑形象，生动反映了唐代的建筑形制。汪克非常喜欢这个古建筑，于是他在这个设计中用图地反转的方式幻化了独乐寺山门的美。X形的片墙，以最简约的手段巧妙勾画出独乐寺山门的正立面和侧立面造型，简洁单纯。

第三，汪克将山门的细部设计向不同的风格延展，得出42种不同的效果并进行比较，从而找到了最简约的表达方式。简约，是艺术的一个较高层面，汪克的闾山山门构思奇巧，处理干练，在其设计上可添加的要素就很少了。在这个原始的方案上，既保持了原来强烈的震撼效果，又使之耐看，使人能被作品抓住，停下来细细玩味，是一个出色的方案。

在设计过程中，导师吴焕加先生不但自己全力给予汪克帮助，而且带他四处寻助。曾经请教了吴良镛先

生、关肇业先生和刘开济先生等名师，使汪克在执业之初就从高点起步，得到名师指教，形成开阔的视野，为以后的设计生涯开了个好头。

在方案汇报会上，导师吴焕加先生举出埃菲尔铁塔和蓬皮杜文化中心作为例证，力图说服业主接受此方案。闾山不愧为历史文化名山，几乎没有出现预想的周折，业主方就以多数投资赞成票通过设计。此事对汪克影响很大，在他以后的每一次设计中，他都会问自己有没有低估业主的期望值。曾有人担心混凝土外墙是否会因积灰而被污染时，设计师还没来得及开口，就有个着急的业主高声说道："我们就是要让它积灰，这样才有历史韵味。"

在与结构工程师的合作中，他们发现方案中的斜墙两两刚好在一条直线上，于是将将相对应的两组钢筋混凝土墙在地下做成一个整体，从剖面上看就是个凹字型，整体上很稳定，这样从根本上平衡悬挑部分带给地基的倾覆力，但由于下部埋藏地下看不见，依然产生建筑预计的悬念。又将山门空

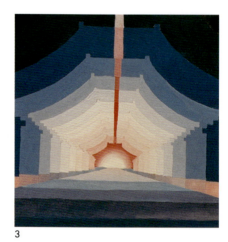

部份方案图及模型
PART OF PLAN-DRAWINGS

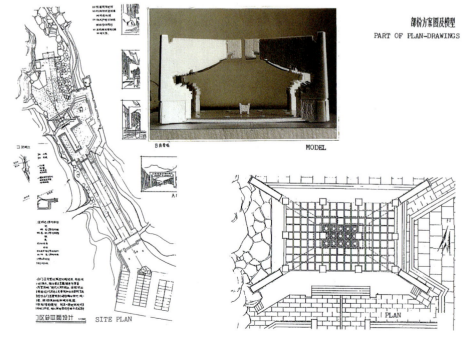

上一页：闾山山门
1～4 "门"的意象
5　方案及工作模型

Previous page　Lushan gateway
1～4 Gateway diagrams
5 Site plan, plan and working model

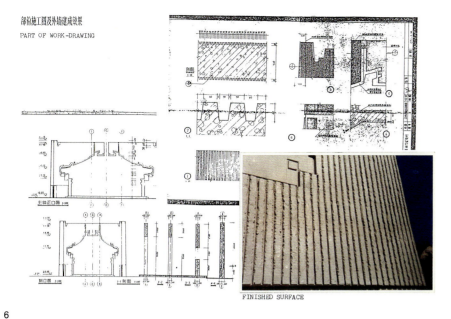

6 施工图及建成肌理效果
7 作为1987届清华建筑系优秀毕业设计作品的闾山山门
8 施工过程和建成局部效果

6 Construction drawing and the finished texture
7 The design of Lushan gateway, as the best graduation design of Dept. of Arch, Tsinghua University, 1987
8 Construction views and the finished building

洞片墙两端和底部的垂直墙体部分做厚，而把出挑的部分逐渐做薄。出挑部分中央埋入空箱做成空心的，减小出挑部分的重量，这样就使汪克的方案在施工上变得简易可行。

然而设计与施工仍存在两大难点：即清水混凝土墙体表面的处理，和另一个更大的难度，即这个山门的两侧都挑出11米。也就是说，这个剪影式的山门的正背上端，两边的混凝土墙面并不相接，而是留出一个缝隙。这条缝隙在构图上是为了透气，在造型上是为了多变，在观赏上是为了令人玩味，在技术上是为了体现难度。然而，难度实在太大。

对于以上两个遗留的难题，当时学校老师和设计院的工程师都束手无策。汪克利用清华大学安排毕业生在毕业之前的一次全国调研机会寻访高人，征求高见。他走访了重庆、遵义、贵阳、株州、杭州、绍兴、宁波、上海、苏州、无锡、常州、镇江、扬州、南京和北京各地大小设计院的老总，提出上述难题，倾听他们的意见。20世纪80年代中期，当时省市院的一些总建筑师还不是很忙，架子不是很大，加上汪克也是初生牛犊不怕虎，又有吴先生引见名人的经验，直接就去求见这些地方名人，基本上想见的人都见到了，听到了很多闻所未闻的见解，大开眼界。

后来施工现场发生的事情证明，汪克这一趟旅行很有价值。在他还没有经验，无法预见困难和问题的时候，所有这些正面或反面的意见或建议、甚至刁难都启发了汪克，提醒了汪克让他进行思考，让他作好思想准备，为后来他在工地上显现出超过他年龄的成熟作出了铺垫。

汪克完成的全套共计12张A1施工图，是一套质量很高的图纸，业主后来告诉他，这套图在施工中从始至终没有出现过任何问题。后来汪克有了在设计院工作的经历后，他非常庆幸自己当时没有受过任何训练，同时也就没有受过任何污染，否则，他可能完成一套快速而熟练的施工图，但绝不是那套艰难但高质量的施工图。

汪克的闾山山门，不但看起来很前卫，而在实质上，强烈的民族文化和历史气息被完美的融合在其中。清初的笪重光在《画筌》这篇名作中，通过画面，来论述空间："空本难图，实景清而空景现。神无可绘，真境逼而神境生。位置相戾，有画处多属赘疣。虚实相生，无画处皆成妙境。"闾山山门，正是虚实相

闾山山门 Lvshan Gateway

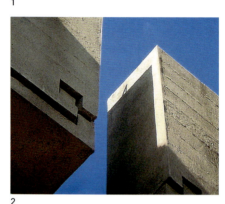

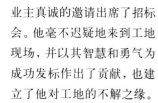

1，2，8 山门的十字墙面并不相接，而是留了一个缝隙
3~7 建筑底部很有气魄的浮雕作品

1,2,8 A gap between the cross wall of the gateway instead of conjunction
3~7 The relief under the building's base

生的成功实例。山门的空洞，也就是"无画处"，便"皆成妙境"。透过空洞，我们从辽代的山门剪影空洞中看到青翠的山林，无垠的空间，这是汪克的神奇用笔。空洞仿佛和天际群星相接应，正是"境逼而神境生"。

汪克也许不是同学中第一个设计作品付诸实施的，但他是同学中最早关注施工的，而这一理念，至今仍深植于他的心中。

在1987年7月初召开间山山门招投标会时，汪克已经毕业。汪克在设计中的出色表现，不但使得他的设计获得了全年级毕业设计最高成绩90分，而且使他获得了业主真诚的邀请出席了招标会。他毫不迟疑地来到工地现场，并以其智慧和勇气为成功发标作出了贡献，也建立了他对工地的不解之缘。

现场施工经理曾试图把上面的缝隙连过去两根钢筋，但年轻的汪克坚决顶住不松口。施工单位看到了汪克的自信和决心，反倒静下心来，与汪克认真讨论各种施工做法，选定了最佳施工方案。这种坚持也已成为汪克一生的工作习惯，在当今，这样的建筑师实不多见。

间山山门工程中11米的悬挑和清水混凝土墙体凿毛做法，当时在国内设计施工中未有先例。看似简单的单一材料墙体，其实从粗到细由5种不同的质感组成。他运用格式塔原理将它们排列，使山门墙体出现一种剥离感，好像山门的表层是厚厚的五层壳，一层一层被剥开，从而形成不同的图案。最深层的图案是位于山门墙体下部的一圈浮雕。浮雕的表现手法也要求一层层的平面图像相叠加，出现层次感。这种艺术表现手法与西方古典的哥特式建筑的大门有异曲同工之妙，但汪克运用现代表现手法，使得这种构思，产生了新意。他认为混凝土的表现力远未开发，前景广大。通过积累混凝土的经验，为日后的设计打下了基础。果然他十年以后又重新继续混凝土作为墙面装饰的实验。

不但在建筑上，在底部的浮雕处理上也是一次与雕刻艺术家成功合作的实例。在汪克的总体把握下，艺术家们作出了很有层次很有气魄的浮雕艺术品，并与山门融为一个整体。

建成的间山山门集合数层的混凝土剥离效果，游目四览，镂空的古代建筑空洞谱成一幅超脱、虚灵的诗情画境。在看似不经意的刻画中显露出凹凸和光线阴影。统一的色影，像是隐没于轻烟淡霭中。效果太棒了！

山门建成后立即获得广泛的认可。

作品得到"八十年代优秀建筑"评选小组的喜爱，他们决定打破此书共50个作品的惯例，将山门作为第51个作品增补进去。而且山门被用于《中国优秀建筑（1980—1989）》一书的封面,从而在汪克的建筑师生涯中谱下了绚烂的前奏。作品还代表清华大学参加"威尼斯双年展",获得好评。有很多学校都将其作为教材范本向学生讲授,因此汪克多次遇到山门的喜爱者向他表达自己的感动。有一次他遇到一位曾将山门作为范例给学生讲课的老师,他得知面前就是设计者后,激动地向汪克讲述山门设计的哲学思想、时代背景、构思理念、处理手法和艺术成就等等,其渊博和投入,让汪克一时间恍惚以为对方才是山门的设计者。吴焕加教授曾在《建筑学报》上撰文介绍闾山山门。在文中吴焕加先生对汪克高度评价,赞扬他在山门设计中表现出来的"出色才华",并封其为"拼命三郎",形容他的刻苦、专注和克服困难的勇气。我多次听到吴先生评价汪克有一种"建筑宗教"般的执着和责任感。

在山门建成16年后的2004年深秋,汪克与我再次来到闾山。在见到山门前汪克惴惴不安,其状如同即将见到失散十几年的亲人般紧张和激动。十几年的风风雨雨,山门能经受住时间的考验吗?到达当日已经入夜,晚上视线很差,但汪克还是坚持赶到现场,在朦胧中看到了自己曾倾力打造的作品,我听见了他深情的轻叹声。第二天我们起了个大早,虽然天不作美,没有等到理想的光线,但我们见到了一个让我们感动的精彩作品!汪克从心底感谢业主,山门完好无损,没有遭受任何污染或破坏。我发现山门通体干净,色质如新。材质

汪克艾林工作室　Wang Ke, Eli & ChunLin Workshop

2~5 采用原山石料作出的混凝土墙面，历经16年的风吹雨打，色质如新

没有出现任何色斑和霉纹，而对比门区后部的附属建筑，"通体混凝土和抹灰做法竟然有这样大的区别"，汪克感慨。当时为了让颜色更温暖一点而喷上的3毫米厚的金刚砂已经被岁月冲刷脱落殆尽，完全露出了原混凝土的本色。我们更喜欢这样的色泽，看上去与山景融为一体，更加质朴自然。汪克说这才真正是他原本的设计意图。他用了原山石料作出的混凝土本来就像是从山中长出来的一样。

值得一提的是业主对设计师的尊敬和真情。我们此行没有通知任何人，汪克也与业主失去联系十多年。但在现场他还是被业主认出，受到了业主发自内心的热情接待。还出现有讲解员排队等候与他合影留念的场景。业主技术负责人梁志武工程师在十几年中精心保留了有关设计和工程的很多资料，见到汪克后慷慨解囊全部拿出，任由我们选用。马俊儒局长等人专门拿出自己多年拍摄的山门春夏秋冬四季景象以及庆典中的山门照片给我们。首先我感叹业主对这个建筑的由衷喜爱，其次我惊异汪克作为建筑师与业主建立起这种融入心灵深处的终身友谊。

这就是汪克入门的开篇章。

在他回首这项设计时，他说这是在上帝打瞌睡时的空档产生的偶然之作。因为第一，学生作品变为现实就是一种偶然；第二，起初他的设计不被理解和接受，很长时间无人赞同他的方案；第三，他及全组并无工程设计的经验，他深感处境艰难。但最后设计实实在在变成了精彩的现实，他首先应感谢吴焕加先生和当时的助教吕舟老师和吕江老师。吴焕加先生心胸开阔、学识渊博，他在确信汪克的才华和投入后便以实际行动支持他的设计工作，并带他四出寻师、咨询指导。他不但没有限制学生的想像力，而且尽全力给予最大的帮助。汪克深深感激当时的全组同学，大家真诚地对他的设计提出批评和改进意见，建立了深厚的友谊，有的成为他终身的挚友，其中还有当时曾给予他极大的精神支持的女友。这段经历给予汪克一个良好的开端，导致他在以后的每一个设计中都积极寻找一种值得回首的感觉。

汪克庆幸并感激自己得到了一个优秀的业主，他们目光高远，心怀梦想和希望，承受了种种压力，最终完成了并维护着中国现代建筑史上的一个力作。

7 Gateway opening ceremony
2~5 Concrete wall made of local stone is in excellent condition still fresh after sixteen years

6 经过岁月冲刷的山门露出原有的混凝土本色和山峦融为一体
7 庆典中的山门
下一页：透过山门中部的虚空轮廓，门的意境显现无隐

6 The concrete revealed after many years and meld into one with the mountain
Overleaf Through gateway's cutout outline we can grasp the artistic concept

The design exploits reinforced concrete's potential by using it not only to create an advanced structure but also for architectural expression. Composed of two identical pieces each cantilevered 11meters, the bold structure created a negative image of a traditional Chinese Gateway. The concrete is moulded to appearr in different texturs at different locations thus expressing itself without additional cladding.

闾山山门 Lvshan Gateway

汪克艾林工作室 Wang Ke, Eli & ChunLin Workshop

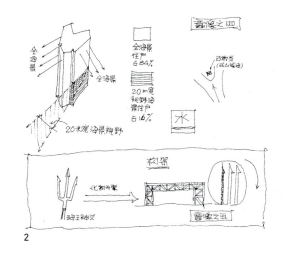

1 汪克亲绘的海王大厦表现图
2 工作草图
3 充满激情的雕塑（艺术家：何力平）
4 建成照片

1 Perspective of Haiwang Building drawn by Wangke
2 Sketch diagrams of the building
3 The sculpture jumps out of the building
4 Constructed

在随后的四五年中汪克精力过人，交叉作业，硕果累累。在三年读取硕士学位的同时，半年在导师白佐民教授主持的海南事务所做工程设计，一年做深圳华夏艺术中心方案修改和施工图，之外还四出竞赛，屡屡获奖，有10多项设计在全国各级竞赛中获得第一名；其中有七八项设计中标实施。并有如重庆杨家坪金融中心、遵义供电局办公楼和海南万宁温泉宾馆等方案设计作品建成。这些设计他都没能参与施工图及后期的工作，建成的效果当然离他的期望值太远。在这阶段建成设计中只有海王大厦由他亲自完成了施工图设计。以他当时的理解，施工图正是他一直所缺的完成一个自己期望的精彩之作的最后一步，因此他格外投入。

在一年半的设计周期里，他每天早晨8点前第一个上班，晚上深夜最后一个走，没有周末与星期日（当时无双休日），他放弃了各种"炒更"挣钱的机会，牺牲了与远方亲人团聚的天伦之乐，将全部精力都投入到这幢建筑中。作为多年期盼的全院重点项目，院里所里都给予了他们最大的关注和支持。加上业主的鼎力宣传，这个建筑获得了成功，在深圳名声显赫，影响力极大。享有年度第一名盘之誉，倍受各方称赞，获得各种美誉。市长李传芳主持编撰的《深圳名厦》将它用作了封面。他完成的施工图水准之高，以至于几年后他从国外回来时还有人告诉他那套施工图依然是院里画得最好的。

然而，与他心比天高的期望值相比他显得力不从心，过高的希望得到的只能是失望。设计组不能形成他期望的团队效应，设计院不支持他期望的图纸深度计划，建成的建筑以他的标准不过是各种建筑材料的堆砌。他没有看到他梦寐以求的超越材料的动人品质。更让他心凉的是他意识到在此时此地这就已经是他能做到的最高水平了，因为他已经无人可以求教，无处可以求教了。他的设计图已经达到当时的最高

海王大厦 深圳 1991-1994 年
HAIWANG BUILDING SHENZHEN 1991-1994

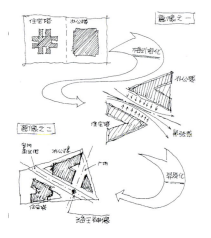

水准。在已经使出了十八般武艺后,他悲哀地发现了自己专业能力的局限。这绝不是他所期望的建筑,这里没有他期待的品质,更勿论国际水准。才26岁就已经没有人有能力教他了,这是否意味着他的事业发展就到此为止了呢?真像有人说的:现在深圳建筑全国领先,你已经达到深圳建筑的顶峰,你也就达到了中国建筑的顶峰?如果以前有人这样说,他一定会很开心。但这时他不但没有半点开心,相反他忧心忡忡,陷入了心灵危机。他想起自己曾充满激情给业主的承诺,一下感到自己像一个江湖骗子欺骗了业主。他感觉虚弱、苍白无力,他甚至开始怀疑人们津津乐道、自己追求多年的建筑理想是否只是一个幻影,是否真的存在。

Located in the future centre of Nan Shan District, Haiwang building, a modern commercial complex, consisted of an office tower, a condominium tower, a shopping mall and underground parking facilities. By careful configuration of the site, space and environment, the design develops two split "V" shaped-towers, which not only maximizes the sea-view, but also forms an urban scale plaza. The Neptune Statue at the plaza's centre accentuates the structure and brings it to a high visual focus.

1~4 汪克手绘草图
1~4 Sketch by Wangke

客观地讲，汪克作为海王大厦的设计者，在1992年的深圳，已经很有名气了。经济起飞，房地产商向他频频招手；业界对他刮目相看，各种机会在等待着他；设计院正在研究准备重用他……总之，在常人看来他八面风光，前程似锦。然而他却因苦恼于设计水准的低下而陷入心灵困境之中不能自拔。这时，一个偶然的出国机会让他来到了新加坡。

他结束了以本能的激情在封闭语境下左冲右突的第一时期。

汪克的第二个时期由新加坡3年和美国的4年（包括来回往返中美一年多的空中飞人生涯）组成。这时期就他的建筑师生涯来说只是一个过渡时期，但却是具有重大意义的时期。

第一，他继续选择了建筑的理想。

如果说在新加坡他看到了一流大师的二流作品，如斯特林的德马士理工学院、丹下健三的大华银行等，以及二流大师的众多作品，如王尔德的艺术中心、KPF的交易广场等，那么在美国他则被现代建筑的瑰宝所真正折服。在史蒂文的西雅图教堂里、在路易斯·康的萨尔克研究所广场上、在步入西塔里埃森赖特的起居室的瞬间……他真切感受到了柯布西耶所言的"你的心被触动"的一瞬间，然后他的心开始飞翔。其中的光辉让他备受感动，其中的缺憾让他看到真实。他在入行十多年后终于眼见为实：建筑艺术的确存在，建筑理想的确真实！

第二，超越本能。他在完善自己所需的建筑师职业训练上迈出了决定性的一大步。

如果说在新加坡他接受了英联邦体制下的建筑师职业培训，那么在美国本土，他不但接受了美式建筑师职业培训，而且自驾车周游了几乎全美国。由于在此之前他已具备完整的90年代初的中式建筑师职业培训，所以他对这些体制之间的差异非常敏感。他一方面研究一个优秀建筑师必须具备的内在品质，另一方面他也研究一个成功的建筑设计所必需的外部条件。在他面对错综复杂的社会现实的时候，他悟出了应该怎样创造条件去成就一个出色的作品。在工地上遭遇令人头疼的复杂问题的时候，他能够保持一个异常清醒又激情灵活的头脑，在日后的工作中总能找到某种超人的解决方式。

第三，他结识了一群同道中人，并最终找到了合作伙伴。

他在国外的朋友有的毕业于哈佛大学，有的毕业于耶鲁大学，有的来自贝聿铭事务所，有的曾在莫佛西斯事务所工作。他们有的年轻，朝气激情；有的成熟，经验丰富。很多人年纪轻轻就设计了自己的私宅，实现了自己的梦想，这让汪克既开眼又羡慕。有的老而弥坚，身怀绝技，一旦展现如滔滔江水，延绵不绝。更重要的是他们对建筑的理想深信不疑。汪克不再孤单。通过他们，他与世界连通。他原来在美国工作的老板、曾任美国建筑师协会区域与城市规划学会主席的艾里·列奥先生，从1998年起热情支持汪克回国创业，五年来九次专程访华支持汪克的工作。他曾在清华大学、重庆建院、北京全国地产圆桌论坛等发表主题讲演，促进了中美建筑文化的交流，对汪克的成长帮助良多。在对汪克进行了全面深入的考察后，2004年艾里·列奥先生正式成为汪克的工作室合伙人。

现在看一下汪克在第二个时期（1992-1998年）的主要作品和设计经历，以及他在此阶段创立的设计方法。

应该说汪克很幸运。他在第二个时期先后分别赶上了新加坡和美国硅谷的黄金时代。1992~1995的三年是新加坡建国以来经济最好的三年，1997年后开始走下坡路。1996~1998的三年是硅谷在美国长达二三十年的经济持续低迷之后由高科技带来的一个经济高潮，1999年

海外时期作品
WORKS DURING OVERSEAS

1

2

3

4

以后开始放慢。

这两地在上述时期的公共建筑新建量超过过去几十年的总和，各种新材料、新思想层出不穷。人口密度增高，地价飞涨，建筑造价估算很高，有能力使用特殊材料或高档材料。但对比当时中国国内的建筑，更多的还是在普通造价的基础上使用普通材料，沿袭过时落后的节点处理。因此两地建筑在品质上有着巨大的落差。这一落差给了汪克以动力。海王大厦的阴影使他首先关注海王没有解决的问题，那就是在吃透了功能组成，明晰了场地关系，建立了空间创意，完成了体量生成之后，如何选择材料，如何编织立面，如何构造节点，又如何监控实施？他全力以赴，在海外的工作中以最高的品质完成自己的任务。他如饥似渴，利用业余时间反复翻阅公司里丹下健三、贝聿铭、扬和KPF等著名设计师的图纸，在异国他乡他再一次重温当年在华森设计海王大厦的感觉。他不知疲倦，走访每一个可以走访的工地，参观每一个可以参观的名作，他享受身处名城的方便。记得在国外第一次他完成了构造精良的利奥大厦的设计后，最大的感慨是："如果海王大厦让我重新设计一遍就好了。"

逐渐地，他从海王的阴影中走出来，他重新跃跃欲试。

机会来得比他想像的还快。

当他还在TOP THREE的ARCHITECTS 61工作的时候，一天，他在公司接到国内一个老朋友邀请他作一个国内设计的电话，不巧老板刚好走过来找他，他紧张得要命。正巧当时有两个建筑师朋友在策划一个新公司，于是他们一拍即合，成立了新加坡SGK设计顾问公司。公司成立后的第一个半年就达到第一个高潮，签下一小一大两个项目。一个7万平方米的100米高写字楼和酒店双塔加4层裙房2层地下室，算小项目；另一个是55层的超高层五星级豪华酒店，总面积达11万平方米。两个项目总设计费达2000多万元人民币，去掉给合作方的部分，对一个三个人的公司而言余额也相当可观。他们兴奋不已，汪克反省自己那段时间的确有点飘飘然。

然而好景不长。接下来的两年是国内受宏观调控影响的萧条期，还没站稳脚跟的新公司备受打击。两个项目均下马，新项目大部分为方案或策划，或者就是只能做方案到初设，施工图及后期工作都只能交给别人去做，成为半截作品。这两年太太不满意他高投入高花费的工作狂状态对家庭生活的牺牲，也不满意他低收入低回报不足以弥补家庭生活开支的窘迫。多次规劝无效后，她愤然出走，到美国寻找新的生活。孑然一身的汪克苦苦挣扎，坚持不懈。这段艰苦创业的结晶就是深圳康佳公司展销馆设计。

海外时期作品 Works During Overseas

汪克艾林工作室 Wang Ke, Eli & ChunLin Workshop

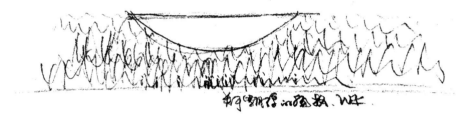

康佳产品展销馆 深圳 1995–1997年
KONKA SHOWROOM　SHENZHEN　1995-1997

深圳康佳公司展销馆设计是汪克在新加坡SGK设计顾问公司担任董事设计师期间回国来设计的一个代表作品。经过了ARCHITECTS 61和OD ARCHITECTS一大一小两家建筑师事务所的严格训练，在设计闾山山门八年后，汪克再一次有机会把所有的节点都仔细研究过几遍以上，因此成为汪克接受英式职业训练后的一次重要演练。虽然施工图提交后遭遇大删大砍，但建成后的效果得到出乎意料的评价，对汪克以后的设计定位有很大影响。

在SGK的黄金时代，概念设计由三位董事设计师共同完成。他们分工协作，自然默契，达到了高效的团队效应，而且乐趣横生。他的合伙人中一位拥有英国学士和美国硕士两大学位，且比他年长15岁；另一位同样拥有硕士学位，比他年长5岁。28岁的汪克在来自与合伙人的经历差距的压力下，更加激情迸发，以超常的热情掩盖了他工作的艰辛。近三年的合作中，几乎每一次设计中最精彩的灵感之笔都出自汪克这位最年轻的董事设计师之手。这次也不例外。

他们研究发现设计难度很大：从地形上看，在主厂区南边这块三角形用地处斜坡，缺乏稳定感；从交通上说，南临大流量的深南大道，必须有完整的形象才能让人识别；从尺度上讲，康佳主厂房高大笨拙。在这个庞然大物前面盖一个小房子，要想让这个小建筑在这个庞然大物面前立得住，而且还要成为康佳的标志，就必须让房子有个性，耐看，在视觉效果上能一眼入心。

三人都认为应该赋予建筑一个母题。但它是什么呢？汪克建议利用康佳标志图案作为展览大厅的屋顶进行构思。该图案是从一个椭圆形中切开并移动一个小三角形而读出康佳的K字母，并引申出文化涵义。三人一致同意以康佳标志图案作为发展的起点，但怎样发展成真正的建筑呢？

汪克当时心中情思起伏，波澜变化，一个还没有固定的物象轮廓在他的思绪中时隐时现。怎样抓住这个意象呢？怎样才能将自己胸襟里喷薄无尽的灵感气韵，转化为空灵而自然的意境？

这种微妙境界的实现依靠建筑师平素的涵养，汪克凭借他深静的心襟，去触摸宇宙间深沉的境地。南唐董源说："远视之则景物粲然，幽情远思，如睹意境。"凭胸臆的创构，汪克从直观感想模写。

随着思索的深入，汪克在草图上画出了一个透明的建筑，上面的层次像是一个隐形眼镜片，或者像是一个卫星天线碟飘浮在空中。与康佳公司生产的主要电子产品——名扬海外的康佳电视机取得关联。眼睛或眼镜又表达了很强的沟通意义。更重要的是它必须飘浮在空中。这是一个很富有诗意的构思，谢灵远的"溟涨无端倪，虚舟有超越"的境界，在汪克的这个构思中得到体现。我看到这幅水彩的小图时，悠然远想，竟然产生了高世之志。

汪克在进行体量设计

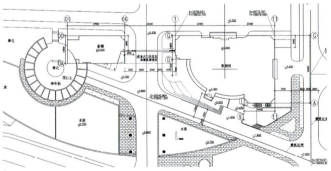

Inspired by the company logo, satellite disc and human eye, an elliptical-shaped roof with a curved ceiling is introduced as a metaphor of company spirit, which is so strong that the relatively small showroom can stand firmly in front of a high-rise manufacturing giant. To reinforce this metaphor, a new generation of point-supported glass curtain wall is introduced to further create a "floating"-sense which balances the tension caused by its contrast with the roof. Intentionally exposed concrete, Purposely arranged outlets, mixed texture of materials, hidden numerical orders, refined details, dialogue among different spaces and carefully introduced multiple layers serves to reinforce this architectural statement for a modern Chinese enterprise.

1　康佳公司展销馆顶部
2,3　康佳公司展销馆总平面图及草图

1 View of showroom top
2,3 Site plan and conceptual sketch

康佳产品展销馆　Konka Showroom

汪克艾林工作室 Wang Ke, Eli & ChunLin Workshop

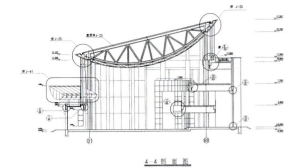

1,3,4,5 汪克完成的施工图
2 向上看康佳展销馆

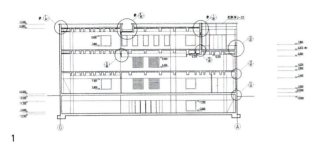

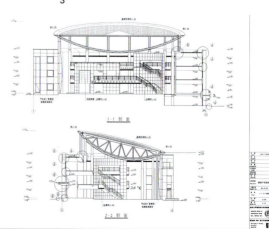

1,3,4,5 Construction drawings of Konka showroom
2 Detail of the finished Konka showroom
6,8 Night views
7 Computer Model

的同时进行室内设计。室内两片片墙与两部楼梯的游戏关系得以张扬。在这个作品中，汪克的空间立场是在时间中徘徊移动的。玻璃幕墙的"虚"与建筑屋顶的"实"对立相视，像是中国画抽象的笔墨，清烟淡彩，虚灵如梦，洗尽铅华，超脱绚丽，创造出一种神蕴。如往常一样，一位合伙人做工作模型和立面上色，另一位画环境总图，汪克设计最重要的造型和平立剖面图。方案设计完成后得到业主很高的评价，而且答应给他们作施工图，他们对自己第一个即将全程控制的设计寄予很高的期望。

没想到下一阶段的方案调整和方案报批遇到麻烦。当时轮换的一位合伙人在深圳坚守调整设计了一个月，回到新加坡后颇有挫折感地对汪克说："真麻烦，还是你去吧"。汪克来到深圳业主处一了解，原来是业主对设计调整工作不满意。由于那位设计师在做方案时只画了总图，没有真正吃透方案，调整时提交给业主的模型上很多应有的效果竟没有做出来，所以前两轮调整都给业主驳回，第三次业主勉强把方案报给了规划管理部门，但规划管理部门也不满意，方案通不过。汪克了解到事态严重，于是立即找到问题，对症下药，日夜加班重新调整，迅速得到了批准。年轻的汪克万万没有想到他的努力却种下怨结，单纯的他只想到把设计做好，却没有想到此举伤害了合伙人的感情。也许合伙人认为汪克没有保护好他的面子，合作开始出现裂痕。他在深圳连续五个月的工作不但没有修复这个裂痕，反而扩大酿成了后来的公司解体。

另两位董事都不能长期离家到深圳待三个月作施工图设计，担子自然落到汪克肩上。汪克当时的太太已经去了美国读书，内外交困的他把所有的希望都寄托在了展销馆的设计上。对于等待了相当一段时间得来的机会，汪克倍加珍惜。刚刚在国外事务所学到的很多处理方式，汪克视其可能性，尽量加以应用。不但在空间造型上有天才灵感的构想，产生无穷的变化和趣味，而且在构造技术上实现了两大突破：第一是局部椭球形屋顶加钢管混凝土支撑体系的设计，第二是驳接点式玻璃幕墙的引入。

1991年设计海王大厦时汪克就在全院第一个率先使用电脑辅助设计。1995年用电脑做施工图已经在深圳普及了，但汪克敏感地意识到电脑决不仅是一支高级的笔，而是有潜力更真实地表现椭球。

他不愿图省事简化椭球为正球的拼接，因为效果明显打折扣。汪克的助手是深圳大学的四位四年级学生。其中三位是高才生，第四位名叫古锐，来时自称成绩平平，与同学相比有自卑感。但汪克发现他的电脑技

6

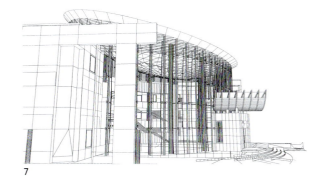

STUDY MODEL (COMPUTER) IN WORKING DRAWING STAGE

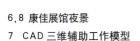

6,8 康佳展馆夜景
7 CAD三维辅助工作模型

7

8

能最强,于是鼓励他来作椭球状屋顶的电脑设计。接下来是一段刻骨铭心的传奇式的创作经历。汪克从早到晚与四位助手泡在一起,连教授带研究,探讨比较每一个处理的优劣和微差。每每激起灵感的火花,带领全组进入忘我的创作境地。

在康佳展销馆的设计中每一个人的每一根神经都最大限度地调动起来,全组处于创作的快乐和激情之中。

在最后的节点设计时,汪克一人画草图,由四个助手输入画成电脑图,紧张而又富于挑战性。所有人都沉浸在创作的兴奋和喜悦之中,他们的潜能被最大限度地激发出来。尤其是古锐,他迸发出惊人的能量,在汪克的指导下,经过多次的失败和挫折,成功地作出了椭球状的屋顶施工图设计,其深度超过一般施工图,达到了厂家加工图的水准。在这个过程中,古锐培养了自己珍贵的自信心,同时完成了自己一个神话般的升华。在随后一年多的毕业设计中一举夺得全年级第一名的优异成绩,该设计还获得了国际学生设计竞赛的一等奖。

由于全组的全力以赴,完成了一套远远高于当时国内设计水平的建筑施工图。一组3000平方米的小建筑,竟完成了62张A1号的施工图。当时他们与清华大学设计院深圳分院合作,该图纸获得了该院的优秀工程设计奖。

第二项点式玻璃幕墙的引入也经历了种种曲折。设计之初国内不但没有厂家生产该产品,而且几乎没有建成的实例。汪克仅向业主解释该幕墙就费了无数意想不到的周折,让其付诸实施更是难上加难。汪克在新加坡和香港找了三家厂家。新加坡的太贵又远,业主不接受。香港这家生意兴隆,认为这个工程太小,不屑一顾。汪克亲自到厂家做工作,他们终于被感动而答应投标,但价格依然低不下来。工夫不负有心人,就在该设计眼看要落空之时,汪克打听到珠海精艺玻璃幕墙公司在试产该产品,终于解决了价格和服务的问题,设计得以实现。

汪克学到的另一个深刻教训是对时机的把握。1995年中期设计方案时业主状态很好,定位这个工程为康佳十五年创业的标志物。并告诉汪克这样一个小项目不用考虑造价,以效果

康佳产品展销馆 Konka Showroom

汪克艾林工作室 Wang Ke, Eli & ChunLin Workshop

1

2

最佳为宗旨,设计得越高档越好。9月开始的施工图设计原定11月底结束,但为了达到业主尽善尽美的要求,和建筑师自己追求完美的理想,汪克得到业主的同意后免费多作了一个月的施工图设计(这条也成为后来合伙人指责他的第一条)。他万万没想到在年底提交施工图后,康佳公司由于市场变化而首次出现股票亏损。在此经济形势下业主面临可能承受股票持有人指责公司浪费资金的压力,于是决定缩小这一投资规模,使得原本已经完成施工图的设计不得不做出重大修改。原本3层的建筑缩水成了2层带1个夹层,原本出挑的门廊被完全砍掉。

祸不单行,汪克在深圳殚精竭虑为公司创品牌的努力不但没有得到合伙人的赞赏,反而遭受种种误解委屈。他被指责过度投资、不重视效益和耽误时机三项罪状而被迫从公司退出。这件事使汪克心中遭受重大的创伤,给他造成了严重的阴影,让他很多年都不能解脱,直到现在也是他一个封闭的隐伤。虽然在SGK的黄金时代他们曾有过一段愉快的合作经历,但由于三人的理想和目标有重大差异,应该说他们的分手是必然的。分手时开始还算心平气和,汪克分到了康佳展销馆的项目权益。由于三人都缺乏相关经验,事情慢慢开始变味。到最后汪克被逼无法行使自己在工地的权力,无奈之下只能远走美国。时隔多年,当汪克与我重谈这些往事的时候,我发现他只是很和缓地叙说而已。或许是因为当年的磨难都已成就了今天的事业,我想他已完成了人生中的一次升华。

造价缩减的工作由其他合伙人完成,汪克的62张图被大幅度缩减到21张,汪克醉心设计的室内空间丧失殆尽,立面细部也十之余一,汪克痛心疾首。

所幸屋顶和幕墙两大突破设计意图保留并得以实现,因此汪克设想的大框架效果也得以实现。建成后各方面的反馈让汪克感到欣慰。在康佳的展销厅设计中,汪克创构出了艺术意境。他将建筑的客观造型作为自己主观情思的象征,作出了超旷空灵,蕴秀结灵的作品,呈现出空间的晶莹真境。

最出乎汪克意料的是这幢建筑被传说为"境外设计"。我的一位熟人就有鼻子有眼地告诉我,这幢建筑是日本建筑师设计的。也有人说是美国建筑师设计的,也有说是新加坡设计师设计的,总之,是外国建筑师设计的。其实,这是一幢国产的建筑。汪克的业主是中国业主,他本人定位自己是一位到国外游学的中国建筑师,他的助手是中国学生,他的顾问工程师是中国工程师,整个设计绝大部分时间在中国完成,承包商也都是中国队伍,能让人得出境外设计的评价,不能不让汪克深思。

20世纪80和90年代的中国建筑师经受过太多的挫伤。也许一位建筑师有了一个绝佳的创意,甚至做出了一个令人欣喜的方案,但业主也许不接受,领导提出要修改,规划可能通不过,就连自己的施工图落实也很难将意图落实；粗糙的施工图到了工地施工后，发现造价不能支持，材料到时找不到，信誓旦旦的施工队最后做不出来……太多太多的陷阱，建成后让很多建筑师不忍目睹自己的作品，如同汪克看待自己设计的海王大厦。

这一次的经历给了汪克一个新的平台：从今以后，即使在中国大陆做设计，他也一定要把品质首先做出来！首先是表层品质，其次才是深层意象。

1,2 晶莹剔透的玻璃展板和玻璃幕墙
1,2 Glittering and translucent g-lass showcase and curtain wall

3 汪克艾林工作室室内
3 Inside the office of Wangke, Eli & Chunlin Workshop

汪克艾林工作室 Wang Ke, Eli & ChunLin Workshop

1

南山文化广场 深圳 1994–1995年
NANSHAN CULTURAL PLAZA SHENZHEN 1994-1995

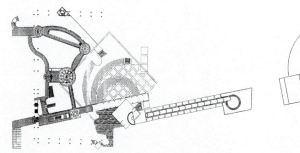
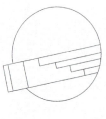

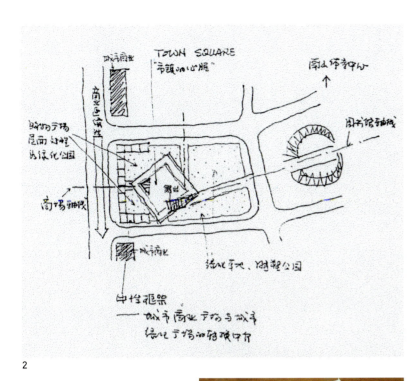

2

广场位于深圳市南山区中心区。包括2.1公顷文化广场及地上3层、地下2层的商业及辅助设施。针对现行规划体系带来的中心文化轴与中心商业带的交汇冲突，是本方案着力的重点。"硬币之双面"模式，使得地段的商业与文化潜质均得以最大表现。表现的结果是个人流繁忙的商业中心之建构，以及融会环境多项视觉冲力的多意的文化广场之生成。商业与文化在多种层次上以建筑语汇进行的反复对话，不断强化其场所特征。

Situated in the urban center of Nanshan District, the structure includes a 2.1 hectare of cultural plaza and a five levels shopping mall of which two levels are underground. This competition winning scheme responds to the challenge raised by the urban planning system in which the central cultural axis meets the central commercial belt. By "a coin with two sides" pattern the architect builds a dialogue between the two major com-ponents. Commercial accessibility benefits from the cultural plaza, while the plaza is characterized by the multiple elements in troduced by the mall. A vivid and meaningful spirit of place is thus presented.

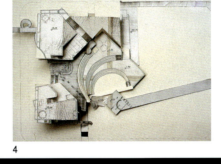

3

1　广场模型鸟瞰
左下图　方案构成
2　工作分析草图
3，4　南山文化广场工作模型
5　沿道路看南山文化广场模型
6　模型全景

1　Aerial view of model
Below left geometric study of site plan
2　Sketch study of the site
3,4　Working model study
5　Model view looking from main street
6　Aerial view of model

5

6

南山文化广场　　Nanshan Cultural Plaza

汪克艾林工作室 Wang Ke, Eli & ChunLin Workshop

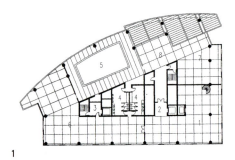

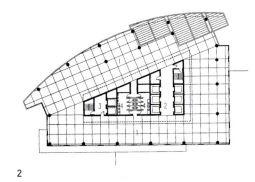

大厦由一栋50层写字楼的塔楼、4层服务裙楼及地下停车服务设施组成。本设计是一次衍生于建筑形式语言的图式构成练习。三角地段的约束，火车站高架路之流畅，周边林立高楼之参差错杂，结构与景观之争夺，石材与玻璃之对比，均为促成本设计形式构成之因素。

The design is a composition exercise in the assemblage of parts, each drawing it's smassing from a particular aspect of its surrounding context. In responding to the triangular site, which is highly visible from nearby Railway Station Express-way, the design proposed a delicate Glass Garden at street level. As it rises, the tower shifts in scale and wall articulation. Finally it generates a wedge-shaped top with multiple level sun-shelters, which anchor the city centre and gives definition to the cityscape.

1,2 东辉大厦平面图
3 东辉大厦立面图
4,5 模型照片
下图：造型分析图

1,2 Plan of Donghui building
3 Elevation of Donghui building
4,5 Model view
Below:Form analysis

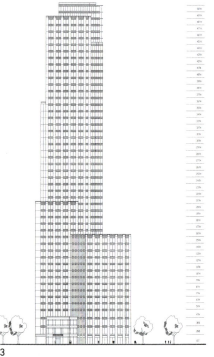

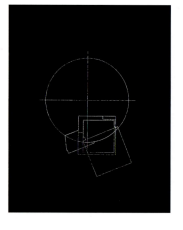

东辉大厦 深圳 1993年
DONGHUI BUILDING SHENZHEN 1993

汪克艾林工作室　Wang Ke, Eli & ChunLin Workshop

坐落于上海浦西人民广场东侧，建筑由36层写字楼及4层商业裙房、3层停车楼及2层地下商场组成。二层半开放广场灰空间，既是与接邻中心城市广场之对话，又是多层次城市文化场景。利用最新石材挂板技术，设计工作在简洁的整体造型中诠释"大上海"建筑语汇。隐现的双塔化解厚重实体。比例与尺度的严格把握、材料光泽与质感的对比、对位关系多层次的生成，意图在严谨中实现优雅。

Located on the east part of Shanghai PuXi People's park, this complex is composed of an office tower and a commercial po-dium. Set on a two-story base, a half open grey space connects this building with the people's park nearby, therefore space has been extended from inside to the exterior. The highlight of the design is detailing using new stone cladding technology, Choosing the right material and texture, controlling the proportion of various parts resulted in the scale of this structure becoming compatible with the fragility scale of its context.

1

2

DBS 大厦　上海　1994
DBS BUILDING　SHANGHAI 1994

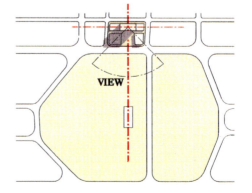

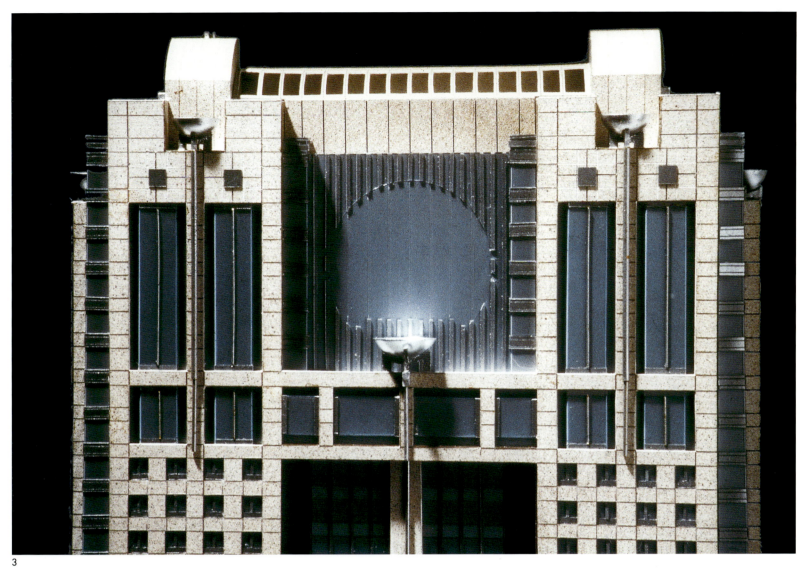

1 总平面图
2 DBS 大厦模型照片
下图：基地分析图
3,4 模型照片细部

1 Site plan
2 Model view of DBS building
Below Site analysis
3,4 Detail view of the model

DBS 大厦 DBS Building

汪克艾林工作室 Wang Ke, Eli & ChunLin Workshop

1, 2 美国奥克兰湖景公寓（汪克在SUE ASSOCIATES时作品）
3 万泉会所及办公楼

1,2 Lake view apartment, Oakland, USA (the work of Wangke in Sue Associates, USA)
3 View of Beijing 93 society headquarters / legacy homes clubhouse

方案而促使规划部门提请区、市两级人大通过修改草案得以成为个案实现。规划局长请汪克作为创意人亲自填写规划意见书，心怀感激的业主因此支付设计方较高标准的方案费，但是汪克并没能将其设计变成现实。

原因很简单：造价不足。

如果说康佳的成功显示了汪克新加坡背景的优势，南山的失败正源于这种背景的不足。新加坡的特点是高地价导致高成本预算，昂贵材料普遍采用，精细节点精心设计构造，但并不追求深层涵义，流行一种光滑精致的世俗效果，达成这种效果的动力是高成本。而南山项目首先必须是低造价，其次应出现有别于商业世俗的文化效果，可惜汪克当时受到局限不能跨越，造成其设计变成纸上谈兵。他痛苦地意识到自己的海外取经求知之旅不能止步于东南亚。他告诫自己必须学会用普通材料以低成本来营造建筑，这才是中国最需要的建筑师的基本技能。

这种内心的召唤，加上公司解体的外部压力，1996年初他在新加坡只身一人渡过了一个迷茫而痛苦的春节，然后踏上了美国大陆。

去美国之前新加坡的朋友就告诫他，不要妄想在美国找到工作，因此他计划在美国参观游历一两年后就返回中国。但幸运的是两个月后他第一次面试就找到了一份建筑师的工作。他的朋友们没有料到美国在多年的经济低迷后又迎来了高科技带来的经济起飞。尤其是硅谷所在的旧金山海湾湾区，四条平行的南北向高速公路严重塞车、酒店爆满、房价飞涨、租车排队、停候多年的项目纷纷上马，一个又一个工地如雨后春笋般出现。汪克庆幸自己赶上了好时机，这一次他比在新加坡时求知心更甚，一口气将三年时间完全投入到施工图设计和施工合同管理的学习和实践当中，同时反省自己的建筑之路。他还将自己多年的积蓄和工作所得都投入到结交美国朋友和参观各地的建筑当中，自驾车游遍了几乎全美。

在SUE ASSOCIATES建筑师事务所，他接受了美国合同体制下最严格最繁琐的施工文件制作方法。为了在合同纠纷中立于不败之地，他"必须画出可能出现的任何一个组件，直至每一颗螺丝钉"。因为"如果应有一颗螺丝钉而你没画，承包商就不会给你做，哪怕他明知道必须有这颗螺丝钉。只有在更改通知发出后这颗螺丝钉才会到位，而在承包商向业主索赔后紧接着就是业主向建筑师索赔"。老板设计师兼营建商的实践也让他大开眼界。一会儿在工作室内画图，一会儿蹑步出门观察施工的体验成为一种深刻的记忆。在VBN建筑设计公司他看到了现代化团队合作的实例。不光有专门的节点设计师，还有专门的设计规格说明写作人；不光进一步学到施工合同管理的精要，而且还学到了设计组织的管理知识；不但得到美国领先的电脑系统技能训练，更重要的是在美国他终于学习并实践了用普通材料以低造价完成精彩建筑的技能和方法。

多年的实践经验告诉汪克，职业化的建筑师应该有一个自己的体系和自己的方法。体系、方法中应该有一定的涵盖量。

正是在美国，他回顾了自己从业10年的职业生涯，冷静思考了自己所经历的重重困惑和种种不解。尤其是对比了中、美、新三国建筑师在一幢建筑从构思到建成使用的全过程中每一个阶段上的异同，找到自己在知识结构上的重大缺陷，有意识地进行弥补，并找寻机会进行实践。对于SGK的失败也促使他有意识地从规则上进行大量的探索和思考。

正是在美国，他创建了属于自己、富于特色的五阶段作业程序。其精髓在于提出了对构成项目全程设计与服务的前期、方案、设计发展、施工文件和合同管理的五个阶段的各自关注要点和作业标准。

第一阶段：前期。

在项目前期因为意在后续项目，以前汪克在国内设计院时大都免费提供前期服务，而现在汪克主张收费服务。这样可以让建筑师免除必须把项目"研究为可行"的压力。在基本生活保证的前提下做出客观的专业判断，避免项目硬伤。这一阶段的任务是协助业主进行一些市场定位和产品定位，编写设计任务书。成果可以是项目建议书、可行性研究报告、方案咨询报告，或其他咨询报告，包括工程进度计划和建造成本估算等等。

第二阶段：方案。

方案阶段是真正确立建造目标的关键设计阶段。汪克发现以前方案不能满意的重要因素是时间和程序。通过对国外成功建筑师工作节奏的研究和比较后，他提出：对于一个设计师不熟悉的项目类型和复杂地段，在中国的标准作业周期应为三个月。（斯蒂文的六个月周期较难适应中国的节奏）。他明白客户往往会很着急，一方面是担心花费，更多担心的是时间。"花了三个月的时间做出的设计，万一自己不喜欢怎么办？"业主产生这种疑虑是正常的。

其实三个月的时间不是一下子花掉的。汪克以一种开放式的设计方法把三个月的周期分为四个阶段，即场地分析、概念设计、完成方案和调整方案。在实际操作中每一个阶段成果都和客户见面，这样客户不断在跟踪汪克的设计进程，客户不满意的地方可以随时调整。

第一步：项目分析的基本内容是场地、功能、竞争者、典例分析四大解析。

分析一：场地分析。包括房子盖在哪里，周边环境的地形地貌是什么样子，有没有一些自然景观，有没有一些有害的因素，通风情况如何，排水情况如何，有没有污染，有没有噪声，诸如此类都需要分析，还包括附近有没有一些配套的设施，有没有一些可以利用的东西。关于场地里可利用的所有资源，汪克都要把它给找出来，并且告诉客户，这是可利用的因素，并如何将场地里不足的因素避免或克服掉。成功的实例如北京万泉新新家园办公楼设计。严格的项目分析找出了被以前的建筑师遗漏的颐和园景观资源，促成了最后九三学社中央的入住。失败的实例如深圳荔景大厦。施工图完成后发现建筑师设计的高层建筑恰好挡住了两个微波通讯站之间的微波通道，只好将建筑生生砍掉一半，仓促改图后开工。在中国，这些场地的资料按惯例由业主提供，但建筑师通过场地分析可以提醒业主共同消除这些可以事先避免的"意外"。

分析二：功能分析。包括功能由什么单元组成？这些单元的目的是什么？对于空间的需求怎样？各单元之间如何联系最为简洁高效？怎样帮助客户找到功能的最佳表达和最佳组合？各种流线的梳理，动静的分区，污染和干扰的分离等等。功能分析是实现建筑品质的重要手段。比如在太合大门的分析中发现需要的功能是围合，因此出现了后来的笼装卵石围合方案，连传统的砂浆都没使用。又如有一个建筑场地本来能够获得业主所需的南北朝向采光。但是建筑师为了取得别致的造型，让人们从正面欣赏其建筑的某一个透视的角度，就忽略了业主采光和朝向的功能需要，造成西晒。等到发现这个问题后，建筑师就在外墙上加遮阳板以避免西晒，为使建筑的外形别具一格，或者做成条状或网状的复杂出挑，或者将挑檐伸出很长，结果室内采光很差，影响功能使用。如果有专题功能分析，这种情况就可避免。

分析三：竞争者分析。在当代社会，商业客户讲利润，政府项目讲政绩，其他项目讲效益，都存在一种或多种或激烈或巧妙的竞争。分析首先要定位客户的竞争者，分析竞争对手的优点和缺点，寻找那些可以胜过竞争对手的地方加以发挥，定位那些不利因素加以避让，建立自己明确的竞争策略，以保证比竞争对手做得更好。

分析四：典例分析。由于汪克本人在国外游历甚广，手上的资料丰富，加上美国伙伴的支持，美国VBN公司给予帮助邀请赴美考察，都是开展典例分析的有利条件。利用这种有利条件，首先通过案头作业找出国外同类型建筑中的成功范例，和业主共享。其次安排亲临现场考察研究，最好是与业主同行。在分析典例的过程中，可以和业主找到共同认可的东西，以及不能接受的东西。这样就可以将设计项目给予准确定位。

无论时间长短，以上四大分析是汪克及其设计组在设计时所必须要做的事情。有时还会增加其他内容，如地方材料和新兴材料分析、工期和造价分析等等。在以上分析中汪克很关注业主决策人的亲身介入，因为每一个创意都是主观的，也不会在第一次出现时就尽善尽美，双方负责人的判断保证项目分析不会流于形式。汪克常感叹，如果完成了一个成功的项目分析，业主和建筑师会有很强烈的感觉下一步会是怎样。

汪克说自己以前经常成为感觉的奴隶。他是一个容易兴奋的设计师，往往刚刚踏勘场地就有很多想法。激情一上来就刹不住车，直到出现或真或伪的灵感为止。而一旦在深入设计中发现为伪灵感时，挫伤是可想而知的，这时候的反覆可能成为夹生饭。目前在这个阶段时，汪克会把灵感和激情所萌发的每一次火花记录下来，种下目标树可能的每一颗种子，但是"暂时中止判断"，而不要急于去发展它。一定要把四大分析做完后，才会去尽情发挥自己的想象力，发展自己的构思，成为感觉的主人。

第二步：概念设计。

概念是一个设计的灵魂。从严格意义上讲，只有赋予了一个项目恰如其分的概念，这个设计才真正有了赖以存在的理由。没有概念的设计无异于制图。

做重概念设计的原因是基于这样一种现象。象很多国内的建筑师一样，以前汪克在一个设计想法出来后，往往担心业主不能接受自己的创意，于是花精力先把这个设计包装得很精致。又画电脑渲染图，又做足尺大模型，外加几十块板的精细准确图纸，然后才提交给业主。看着这些逼真的模型和绚丽的效果图，外行的业主往往看得眼花缭乱，学建筑出身的业主也会在判断上受到很大干扰。往往混淆问题，胡子眉毛一把抓，分不清哪些是本质的东西、哪些是外在的东西，在稀里糊涂的情况下也许就定案了。等后来发现这个设计有重大缺陷时，业主与建筑师不改也不是，改却要做不能负担的大动作，而且引起连带反应，形成一个不可收拾的烂摊子，很难改好。怎么改怎么不顺，又投入进去相当多的时间和费用，结果只能是不尽人意。而且这种情况还往往出现在一些有才华的建筑师身上。

针对误导这个问题，汪克在多年的思考和总结后得出的策略是，对于概念设计成果尽可能不包装或少包装。把迷惑客户的东西尽可能去掉，直接用草图、工作模型、分析图去与客户见面，以朴实无华的原貌给客户讲述自己的专业工作所得出的想法、概念和设计理念。根据业主的反馈进行互动沟通，或推翻重新构思，或深入不断完善，与一般客户交底确认，与有能力的客户相互碰撞、激发更多创意，直到他们的构思完全被双方确认为最佳选择以后，才可以为概念设计完成。然后进入下一个阶段，也就是完成方案。

第三步：完成方案。

这时开始针对概念方案进行深化落实，最后包装。利用更大的比尺、更准确的工作草图、工作模型，把方案中所有的边边角角都做到位，保证业主的使用要求得到真正落实。检查设计是否

海外时期作品 Works During Overseas

1,2 设计程序图示
1,2 Design system diagrams

符合规划控制要求,是否符合规范和安全各项要求,将设计推进到最终方案深度,推敲立面和造型的每一个细节设计,然后开始进行包装,把表现透视图画出来,把表现模型做出来。为什么汪克把现在流行的透视图和模型称为包装呢?原因在于建筑师往往认为自己的渲染图很漂亮,模型做得很漂亮,就认为大功告成了。将巨大的精力投入到透视图和模型当中,很多画面效果其实已经与设计无关,然而残酷的竞争还在将这种游戏推向极端。现在做一套大型竞赛的包装已经大量采用动画、多媒体、电视片等昂贵手段,花费高达几十万甚至上百万元的并不罕见。事实上这并不是真正的建筑,充其量仅勾画了一个努力的目标。从这个目标到真正的建筑,还有大量艰巨的工作要做。假如把过多的力量放在这个上面,一则自己会精疲力竭,没有足够精力继续向前推进;二则在条件不具备时固定了太多发展可能,造成后劲不足。至于设计院安排设计师一个方案结束后立即再去竞争新的项目,而施工图就由其他老工程师来完成,就是体制问题了。如果建筑师本人也觉得做方案更过瘾,不再过问自己的这个方案的发展,而去进行新的冒险,汪克认为这种情形真的让人扼腕。

基于此因,汪克在包装上比较理智。并非每一个方案都同样用力。假如是商业项目,业主需要宣传销售,当然就需要包装得十分精致,透视图画得很提神浪漫,模型做得尽善尽美,拿到哪里都十分诱人,让业主的顾客心旌荡漾,不据为已有就无法平静。但是像行政中心等政府建筑,业主最盼望的是尽快尽美地把楼盖起来,让最后的建筑精彩而不仅是画得精彩。为了节约双方的时间和成本,把资源最大限度用于最终的建筑。汪克往往与业主协商是否选择把方案包装得简单一些,表达到位即可。按马拉松的方式而非一百米的方式完成这第一百米。

业主在通过正式方案时总会有深入的、新的要求提出,建筑师的思维也在深入,调整是必须的。再有就是申报规划、消防等有关政府部门审批,不同的地方、不同的时期和不同的部门要求都会不一样,报建方案一定要事先了解以符合具体的要求,避免反复,保证申报尽快成功。

把以上步骤都按高要求做到以后,汪克说设计师和设计组会发现自己的时间其实很少,他们的每个阶段都会在紧张之中度过。但是时间并不是绝对的。从踏勘场地的第一天开始到后续的三个月之间,汪克及其设计组随时都可能产生灵感,所以汪克常给客户说:"三个月是一个安全周期,假如你给我三个月的时间我还做不好,那就只能说明我自己和我的设计组水平不够,你应该选择其他更强的设计师与设计组。在我们正常发挥时,有时也许只需要一个月,有时三个月的时间一点都不富裕,但它大大提高成功的概率。"

第三阶段:设计发展。

设计院通常称此阶段为"初步设计"、"初步技术设计"或"扩大初步技术设计"。很多建筑师只用二十天就能完成这项工作,原因在于这些建筑师其实只做了其中的技术设计部分,解决了定位的问题,确定了结构体系,确定了各种设备系统,如空调系统怎样安排,电力系统如何处理,如何把设备机房进行定位,安排垂直管道的位置与走向,研究水平管道以确定标高。但这些仅仅是技术设计。

仅做这些技术设计工作也许二十天就够了。但是要成为一个真正有控制力的设计其实远远不够,必须还有一个设计发展工作。

在原设计院的体制下,建筑师完成方案后就交给其它老同志去做,往往会把方案毁掉。一个原因就是缺少设计发展工作这一关键环节。北京市要求方案报建的深度是1/200,有的地区还达不到这个深度,也许1/300的深度就可以了。用1/200或1/300的深度的设计图就直接去做施工图,其控制力很弱,图纸往往会画走形,与原创方案大相径庭。因此,汪克通过设计发展工作,将设计图的深度做到1/50,甚至1/20的深度,这样才可以真正控制住设计。这就是汪克为什么要用两个月来做设计发展的原因。

第四阶段:施工文件编制。

汪克在新加坡时发现别人的施工图作得比咱们的深度深入很多,尤其像美国的贝聿铭事务所和KPF设计公司的图纸都做得很详尽。这种图纸在结构安排上就与国内完全不同。汪克的康佳展销馆施工图在这方面已有所突破,但尚未产生结构性变革。在美国的经历使他逐渐完善施工图的标准。以九三学社和万泉会所为例,18000平方米9层高的建筑,汪克咨询过不下几十个设计师,别人一般做30~40张A1建筑施工图纸,汪克完成127张A1。仅从图的数量上就可以知道汪克所做的深度。

但随着图纸做得越来越深入,汪克发现信息还是不够。通过在美国的学习和切身体会,他明白了图纸只告诉了别人你要做什么东西和用什么材料及什么形状多大尺寸,但是并没有告诉别人对材料的限定要求和这个东西的制作顺序。这已超出图纸本身的极限。

比如选用材料的标准。图纸上简单描述的材料在市场上可以找到几十种不同的样本,价格可能差上许多倍。国内施工单位发现了图纸的这个漏洞,为"低报价高索赔"大开方便之门,造成很多不必要的争端。又如对于建筑材料的保管应提出要求,否则材料性能会大打折扣,甚至不能使用,为避免这些损失,需要说明如何保管。可见，在图纸之外应该有一个详细的说明。

对施工程序的要求，每一步施工完了怎么验收，达到什么标准后才能进行下一道工序，成品保护怎么做，建筑师都应该给施工队讲明。由于国内缺少这些说明的约束，往往出现一个施工队做完上一道工序以后留下一堆垃圾就走了，下一个施工队来了以后也不清垃圾（或因赶工期没时间清理），就在垃圾上面做下一工序。汪克曾有一个项目的柱面喷漆完工后要验收，汪克到了现场一看，漆面癞癞疤疤。汪克就问工人："怎么会是这个样子？"工人说："上一家施工队做完就是这个样子。我没动它。我的任务是让我去喷漆，我这不是喷好了吗！"。这里就有一个工作应提要求的问题，就是当前面完工以后，建筑师应该要求施工队把柱面打扫干净，然后才能交给下一道工序。下一个工序在喷漆之前，必须确认柱子是干净的，不能上面还有垃圾就向上喷漆。这就需要有一个要求和说明。

汪克发现在欧美这是建筑师的标准作业内容。每家事务所都有一个范本，像厚厚的一本书，根据每个工程的不同在上面选项或修改就可以很快完成，并不需要建筑师重新去建立。在VBN就有一位经验丰富的老建筑师专门负责改写设计规格说明。在得到业主支持时，汪克的施工文件就会包含设计规格说明。这也是为什么叫"施工文件"而不是"施工图"的原因。

第五阶段：施工合同管理。

现在汪克的设计组有能力去代理业主管理施工合同，有能力替业主选择施工队，有能力监督施工队按照设计要求、按照施工图纸、按照设计规格说明在设定的时间周期和造价框架内，按要求的标准把房子盖起来，而不要变样，这一切离不开汪克在美国的经历。有很多人问："你们作总包吗？"，不是。施工合同是施工方与业主之间的契约文件。构成这个文件的主要内容是建筑师提供的施工图和设计规格说明。很显然，建筑师是最熟悉这些文件的。何况还有很多文件本身不能完全表达的信息，需要建筑师作出解释。建筑师也是最了解项目应该建成什么样的人，他在现场的责任不可推卸。在美国，汪克深深感觉到对建筑师的知识和经验要求之高，建筑师肩上责任之大。有一天他突然间明白了为什么国外建筑师要到45岁左右才能真正成熟，和为什么国外建筑师社会地位很高的原因。经过几年的悉心研习，他逐渐掌握了施工合同管理的要领。回国后他积极找寻机会开展此项业务。

但国内条件还不成熟时，更多的是工地配合服务。汪克对此工作高度重视，在业主信任的时候他积极主动地为业主分忧解难，一则让施工顺利进行，给业主带来最大帮助，二则了解国内现状，多学现场知识，积累现场经验，为完全服务做准备；三则检验设计在现场的实施状况，以利于下一次改进设计。汪克对此戏言"学雷锋"，越多越好。

以上五个阶段的工作不能孤立进行，他以"目标树模型"方法将其贯穿。

在"目标树模型"的方法中，他将设计构思在以上五个阶段的发展比喻为种子长成大树的过程，设计深入的过程就是目标树生长的过程。前期是筹备种子，方案是选定种子，设计发展是种子发芽，施工文件是温室内培育树苗，合同管理是呵护树苗长成参天大树。

在每一个阶段设计犹如在树苗主干上生成一个又一个枝节，生长时在有利的地方就充分利用，长出更多的新枝；但是发现有问题时，即在不利之处要尽量回避，或是去掉或是改进这个新枝，以减小损失。设计师首先在设计之初不应对最后的树型有先入之见，因为每一棵树都有自己不可重复的种子基因和生长条件。而且在生长过程中不可避免的会有基因发生变异，有的条件会发生变化，所以不应生硬阻止自然的生长；第二要对种子一定会长成大树有坚定不移的信心，并在每一个困难和艰苦的关头坚持而不犹豫，任何放弃只能导致失败；第三要有一种平衡生长的感觉和判断力，并以此主导大树健康发育独特成材。

以上设计理念和设计方法的成型并非一蹴而就。概念设计的雏形可以追溯到1988年的金融中心设计总结，全部成型迟至2002年的《设计组作业准则》，全部付诸完成实施是2004年的乌当方案结算之后。但是这些理念与方法的酝酿和主体是在美国期间完成的，汪克时年32岁，第二年他就回到中国，开始实践自己的梦想。

汪克正式从旧金山搬家回到北京是1999年11月底。但一年前的六月底他就回到中国探路，在中美之间当了一年多的空中飞人。不幸的是与他共同生活了九年的夫人改变了事业和人生的方向，经过一年多的痛苦抉择，她最终选择留在了美国。从那时到现在已有六年，汪克进行并完成了三个职业创新实验。第一个实验是利用红花岗行政中心项目检验他能否用上他在美国学到的职业技能；在得到肯定的答案后，第二个实验是将他的设计方法和作业标准系统化、文本化，以期求得与业主最大限度的深入合作，从而更加高效和完满地为业主服务；同时建立与顾问工程师等合作方的沟通平台，提高合作质量；还有就是用作对设计组成员的培训教材，让年轻建筑师尽快成长。该实验以北京九三学社中央总部办公楼和遵义市行政中心为案例，于2002年取得初步成果，建立了两套作业标准，分别适用于国内发达地区和中西部欠发达地区。最困难的是第三个实验，他计划在2008年前按照国际惯例完成至少一次包括施工合同管理在内的全程建筑设计与服务业务，幸运的是他在2002年就意外地得到了机会，在乌当区行政中心项目中实现了他的梦想，提前三年多完成了自己构想的三大职业实验。

海外时期作品 Works During Overseas

汪克艾林工作室　Wang Ke, Eli & ChunLin Workshop

红花岗行政暨会议中心一期　遵义 1998-1999年
HONGHUAGANG CIVIC & CONFERENCE CENTER I ZUNYI 1998-1999

近期作品
CURRENT WORKS

红花岗行政中心是促使汪克从美国回到中国的直接原因，也是汪克设计生涯的一个重要转折点。年轻的汪克正在寻找事业的契机，正如年轻的矶崎新在他的家乡得到事业起步的机会一样，汪克也是在家乡完成了自己事业的转折。在这个转折关头他常说有三拨儿人给予他终生难忘的帮助，他将永远铭记。第一是亲人，第二是家乡的业主，第三是了解他的老同学。

汪克的母亲是那个时代少有的知识分子。她毕业于贵州工学院机械系，曾任水电工程师。她与从事文字工作的父亲合作默契，给子女提供了幸福的成长环境和良好的教育培训。汪克对母亲一向尊重，在国外的七八年中一直与母亲通家信。后来母亲在信中告诉他现在只有你给我写信了，连农村的亲戚都改打电话了。汪克在感慨中国发展之快后还是继续写信，他觉得信件有电话不能表达的深度和力量。汪克在美国有一段时间陷入信心危机，母亲自己都不知道她的家信曾给了她海外流浪的儿子一种多大的鼓励和安慰。也正是1998年的这样一封来信，改变了汪克的人生轨迹。在汪克刚刚回到家乡后，全家给了他无微不至的关怀。那时常常自嘲处于分裂性人格的汪克重温了久违的亲情，受创的心灵逐渐得到抚慰，失落的自信重新被召回。

年仅36岁的区委李再勇书记在遵义，乃至全贵州省都是一个传奇式的人物。在到任前他担任桐梓县委书记时就在短短的几年内将县城城区面积扩大了两倍，在城市化大潮中创下了奇迹，成为风云人物。雷厉风行的他再接再励，上任后力排众议，拓展城区，将现有区委政府拍卖置换，到新区开辟建设新的行政中心。远见卓识的他看中了汪克的才华和见识，在经过慎重考虑后他作出震惊四座的决定：给汪克以当地人当时不可想像的"天价"的工作条件，让当时尚不为大多数国人所知的汪克获得了一展才华的机会。业主不但有一位出色的带头人，还有一个精诚合作、能打硬仗的团队。汪克很庆幸自己遇到了一个好业主，在后来近两年的紧密合作中，业主的无私奉公和全力投入与汪克的"建筑宗教狂"支持的"拼命三郎"的工作作风不谋而合，结下了深厚的友谊。汪克与决策层如李再勇书记、执行层如项目负责人张继勇局长、现场技术负责人如闵宗康工程师等人均结下深厚友情。他感谢这些家乡的业主。

在他的事业转折关头，了解并帮助他的老同学有两位。第一位给予汪克巨大帮助的老同学是与他合作并提供结构与机电设计的中科院建筑设计院院长（当时任院长助理）高林。在校时他与汪克曾是工作上的搭档，在汪克担任班长期间，高林担任团支部书记。本来就天生为人热情的高林，听说老友回国后发自内心地高兴，他竭力劝说正在犹豫上北京还是回深圳的汪克定点北京发展事业。并亲自出马来到遵义，为汪克完善项目手续提供了决定性的帮助。随后他安排汪克在北京自己家中居住，直到汪克第二次从美国回来租到住房以后才搬出。在后来的几年中他几乎每个周末和节假日都邀请汪克到家吃饭，以排遣其孤独，直到汪克重新建立家庭。

第二位老同学是与他合作并完成海尔大道规划与城市设计的清华大学建筑学院教授边兰春。由于种种顾虑，李书记在汪克回到家乡之初并没有立即接见他，当时是边教授给他解了围。在引荐老同学见到了盼望中的业主后，边教授又向业主介绍了汪克在校时突出的设计才华，以及他所知道的汪克后来的工作成就，给了业主聘用汪克的一个重要的参考，打消了书记的顾虑，帮助业主建立了对汪克的信任。汪克对他们深怀感激之情。

汪克在1992年出国前读到米兰·昆德拉书中有一句话："一个背井离乡的人是可悲的"，在当时的出国潮中汪克还不以为然。但是随着他在国外待得越久，他越来越多地想起这句话。所幸的是汪克有了亲人的关爱、有了业主的需要、有了同学朋友的雪中送炭，他走过了艰难的这一程。

汪克艾林工作室 Wang Ke , Eli & ChunLin Workshop

上一页：红花岗行政中心门前的柱廊
1 主楼首层平面图
2 工作模型鸟瞰
3 建成的红花岗行政中心
4，5 建设中的红花岗工地
6 拟建场地
7 方案总平面图

Previous page:The arch-gallery at the main entrance of Honghuagang Civic Center
1 The first floor plan of the main building
2 Plan view of study model

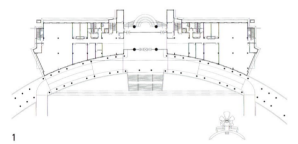

1

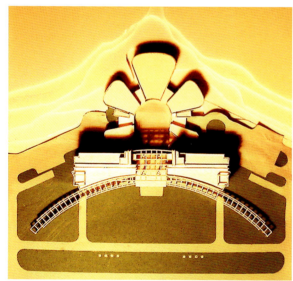

2

3

除了慧眼卓识，选择汪克的另一个原因是李书记面临巨大的压力。

压力首先来自超前发展意识与落后观念的反差。红花岗区政府原来位于遵义市老城区中一个热闹的地段。由于建筑窄小、破旧，不能适应发展要求。这位区委书记以长远的目光，看到了城市化扩展带来的契机，做出一个当时普通人看来异常大胆的决定，将这个老建筑卖掉，还地于民。利用土地置换到南面5公里以外的地方新建一个区行政中心。5公里的距离在大城市算不了什么，可是对于长期生活在遵义这个小城市，而且习惯了办公地点就在家门口的老职工来说，五公里就是十里路了。心中的抵触情绪是难以言喻的。而且当时这个场地是在一片荒野之中，一条规划中的大道正在兴建。尽管不少人也知道，随后这个地区肯定升值，但是，人们的习惯性和惰性还是在潜在地起作用，政府的相当一部分工作人员不太希望搬迁行政中心是当时的事实。

还别说当地干部对发展的判断不明，连从美国总部来的老板艾里·列奥先生也满怀狐疑。当他第一次随汪克去看红花岗区行政暨会议中心场地时，当时路还没有修通，从停车的地方到工地需要走一公里多的山路。当业主指着连绵起伏的山野说行政中心就盖在那儿时，汪克感受到了艾里的狐疑。对于一个第一次到中国内地的美国人来说，在一个汽车都开不到的地方，要建一栋220000万平方英尺（20000平方米）的大楼，有如天方夜谭。

其次是资金短缺的压力。在资源匮乏下搬迁能否带来更好的环境，是众人的一个疑问。还有就是没有成功先例可资借鉴。红花岗区政府的置换搬迁在贵州省是一个创举，他们能否成功，各种各样的人怀着各种各样的复杂心情在等待和观望。其间也曾谣言四起，给业主方造成难以想像的压力。

显然，书记需要一个超前的设计来说服全区人民。这种需要形成了业主方的诚意。

汪克的诚意来自两个方面，即对家乡的特殊感情和他有机会施展在国外深造七八年，尤其是学到有效控制造价的设计方法后跃跃欲试的强烈欲望。

双方的诚意产生了意向，更艰难的就是意向的落实。对比几天前才离开的旧金山，与几天后所在的遵义，其间存在三条巨大的鸿沟。对它的跨越仅仅靠诚意是远远不够的，还要求双方有足够的勇气和毅力、坚韧和理想、创新和智慧，才有可能跨越这三条鸿沟。这三条鸿沟就是工作周期、设计费用和设计合同。

第一条鸿沟：工作周期。国内现在做建筑设计总是很仓促，原因是多方面的。一方面来自客户。因为商业性客户从银行拿到贷款以后，往往每天的利息就是一辆小轿车的钱。政府业主有更大的政治风险和政治压力。在市场经济高速运转的今天，客户急，是正常的。另一方面，国内的建筑师在竞争中将周期作为一个重要的砝码，别人做2个月，我们1个月。别人1个月，我们20天。甚至有几天就给客户提供一个构思方案，使外行的客户产生一种建筑设计很容易做的错觉，以为一拍脑袋、灵感一来就解决问题。如果超出1个月还未出活儿，没有耐心的业主就该换设计师了。而在美国一个设计的正常周期就长得让中国的业主咂舌。比如年轻的史蒂文·霍尔，在他成为知名建筑师之前，他就给业主说这样的话来描述自己的设计周期："当我来设计一栋建筑，从我接受任务的第一天开始到第6个月，我都有可能出现灵感。但是究竟什么时候出现灵感，我自己也不知道。所以你如果给我6个月的时间，我保证可以给你做出一个令您满意的方案。"汪克在美国事务所工作的四年多的时间里，工作周期与豪尔大同小异。但汪克毕竟是一位旅美中国建筑师，他了解国内日新月异、高速发展的现状，他更知道设计周期对确保业主最后利益的重要性。他经过耐心、详细的解释、说明，力图让业主不为流弊所误，同时确认保证质量的最短工期。最后双方达成的方案周期是3个月。

3 City view of finished Honghuagang Civic Center
4,5 The Honghuagang Civic Center under construction
6 Site environment
7 Site plan

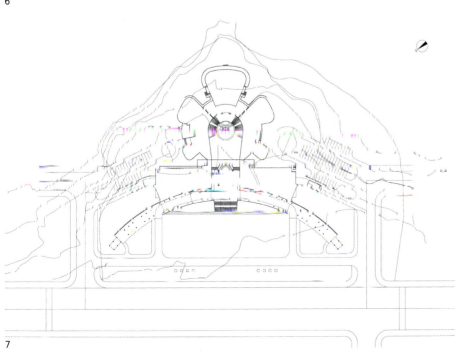

第二条鸿沟：设计费用。汪克首先作出重大让步：在国内组建设计组进行设计工作。他深深明白家乡的经济支持能力。如果在美国作设计，这件事勿需开始便会结束。对他而言放弃美国的优裕生活回国创业只是时间问题，他将这个机会留给了自己的家乡。即使这样，他三倍于当地设计师的工作周期不可能让他做低价竞争。经过双方长达两周的密切磋商，最后达成费用协议。对于家还在旧金山的汪克而言，这样的费用与他将要承担的义务比较是有相当的压力的。然而这个费用已经在当地引起哗然，让很多当地建筑师愤愤不平。但后来当地设计师纷纷承认汪克的收费让他们受益，这是后话。

第三条鸿沟：设计合同。汪克立场坚定，他愿意为家乡作出贡献，但必须在签定合同、定金支付后他才能开始作设计。因为设计是一个团队行为，有太多的教训告诉他没有适当的工作条件，他不可能要魔术般作出优秀的设计，其结果只能是浪费双方的时间和感情。何况当时汪克还在美国继续读书和考取美国注册建筑师的计划。由于上面提到的压力和对汪克初步的了解，红花岗区委政府的领导已经属意汪克为建筑师，同时他们也看出汪克与本地设计院不同，如果像国内的惯例那样，叫汪克先做一个方案是不可能了。

由于双方的努力和诚意，持续了14天的填平鸿沟的谈判工作一直没有断裂。年仅36岁的红花岗区建设局局长张继勇为业主方主谈人员，其副手齐局长是一位50多岁的老同志。张继勇在设计院工作过，很有经验，在谈判工作条件时，有条不紊，一项项具体地谈。这是一项艰苦的谈判。也许是刚向领导汇报完工作，常常晚上都到了11点了，他们又来电话，把准备休息的汪克邀出去谈。谈的内容十分广泛，不仅仅是合同本身，也包括以前的工作经历和对一些事情的看法，更多了解一下汪克的实力，多数都谈得很投机。他们也了解到，在美国，设计建筑不是中国这种概念，建筑师所承担的工作量，比中国建筑师要多出不少。通过交流，双方的共识更多了起来。他们每次都是以两个人出现，可能是为了避嫌，也可能是为了好向领导汇报。

谈判终于结束，汪克觉得可以松口气了。然而在最后签字的前一天晚上，年轻的区委书记要求汪克再给红花岗区的区党委、政府、人大、政协四套班子的负责人作一次正式汇报。这一次，汪克看出了这位年轻的区委书记的压力。为了做好这个工作，汪克从遵义医学院借来了一部老掉牙的幻灯机，人工辅助机器，通过在美国早已准备好的幻灯片，汪克让四人班子的领导了解了他。工作条件终于争取到了。

随后，业主理直气壮地提出三个设计要求：第一造价要低，第二材料要新，第三意义要深。

第一造价要低。土建造价1100元/平方米，加上中央空调、内装修和环境2200元/平米。因为老的区政府只卖了3500万元，加上其他资金，总金额不足6000万元，能用于造价的只有4400万元。年轻的区委书记给汪克讲了实情："加上地价和拆迁，只有5800万元！多一分钱我都拿不出来。"还有一句话："你从国外回来，我信任你。"

第二材料要新。"建筑外墙不能用面砖，因为好的面砖我们用不起，差的面砖就像公共厕所。不能用涂料，因为遵义的外墙涂料还没有做成功的。好的用不起，便宜的涂料假的太多。"

第三意义要深。"建筑要表达黔北文化板块的惟一性和排他性。"出国7年，汪克没有想到，现在国内的年轻干部已经能够在较高的抽象层次上运用过去只有学者才使用的代码和术语，给建筑设计的风格提出要求。

上述三点都离不开技术的创新和建筑师职业技能的落实。

汪克感到心里有一种沉甸甸的压力。以国内标准的设计费和工作方法去替业主考虑造价控制有力不从心的风险。可是这一次不同于常，业主答应了他的工作条件，他虽无退路但有资源。汪克必须要研究材料，也必须要控制施工，否则，这几千万元一下子就会花掉。汪克感到压力的同时也感觉到了一种信任，他也下了决心，一定把握此次机会，要

汪克艾林工作室 Wang Ke, Eli & ChunLin Workshop

动与静是造型艺术在物象置陈中的相互对立的两个方面。汪克的红花岗行政暨会议中心就是注意到了大的体块上的物象静止与前面柱廊所内含的动势倾向，静与动的对立统一关系，在汪克的作品中得到妥当地处理。

（下接68页）

1

1 主楼严肃、庄严，满足业主希望的权威性表达（航拍照片）
2 建筑融入环境
3 主楼前的列柱长廊隐喻长征时代的红色文化
4 曲直复合的建筑隐喻遵义的新文化
5 花瓣形的会议厅，隐喻农耕时期的沙滩文化
6 列柱长廊的柱廊长度为125米，喻意12500公里，合25000里隐喻25000里长征

2

3

4

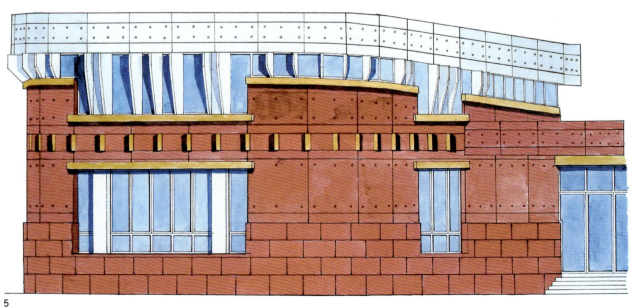
5

1 The seriousness and grandeur of the main building expresses the client's authority
2 Intergrated in to nature
3 The arched-gallery in front of the main building represents the red culture of The Long March
4 The mixture of straight and curved style represents the New Local culture
5 The flower shaped conference room represents the Sa Tan culture of the phlase of cultivation
6 The Number in the collonade represents the Red Culture of the long March

尽心尽力地为客户着想。

经过市场调查和技术分析，汪克心中有底了。假如在北京，像这样规模的一栋楼5800万元就够呛了。可是在贵州、在遵义，5800万元可不是一个小数字。汪克是遵义人，他了解到当时遵义的一般商品房才450元／平方米，最便宜的低至280元／平方米！只相当于北京同等建筑价格的十分之一不到。素混凝土300～400元每方，钢筋混凝土也就700～800元每方。在当时，5800万元在遵义确实可以做不少事了。

在汪克的设计生涯中，这是他头一次设计如此低造价的建筑。他十分小心谨慎，在方案阶段非常节制，一反常态没有使用他惯用的复杂构图，方案显得简单有序，四平八稳。但他还是给他的业主带来一些让他们满意的人文解读。用象征性的花瓣、长廊和曲直交合的主楼造型来表达遵义历史上辉煌的沙滩文化、红色文化和当今新文化。中国人喜欢在建筑的数字上玩味。像天坛的圜丘上的铺地石头共九圈，第一圈是九块石头；第二圈再加九块，成为十八块石头；以此类推，到第九圈，铺地的石块是八十一块。因数字"九"等级最高，象征皇帝至大。这里也没有舍弃数字游戏。遵义市红花岗区行政暨会议中心的建筑面积，业主要求是19988·28平方米，象征开工日期1998年8月28日。柱廊总长125米，喻意12500公里，象征二万五千里长征等等。

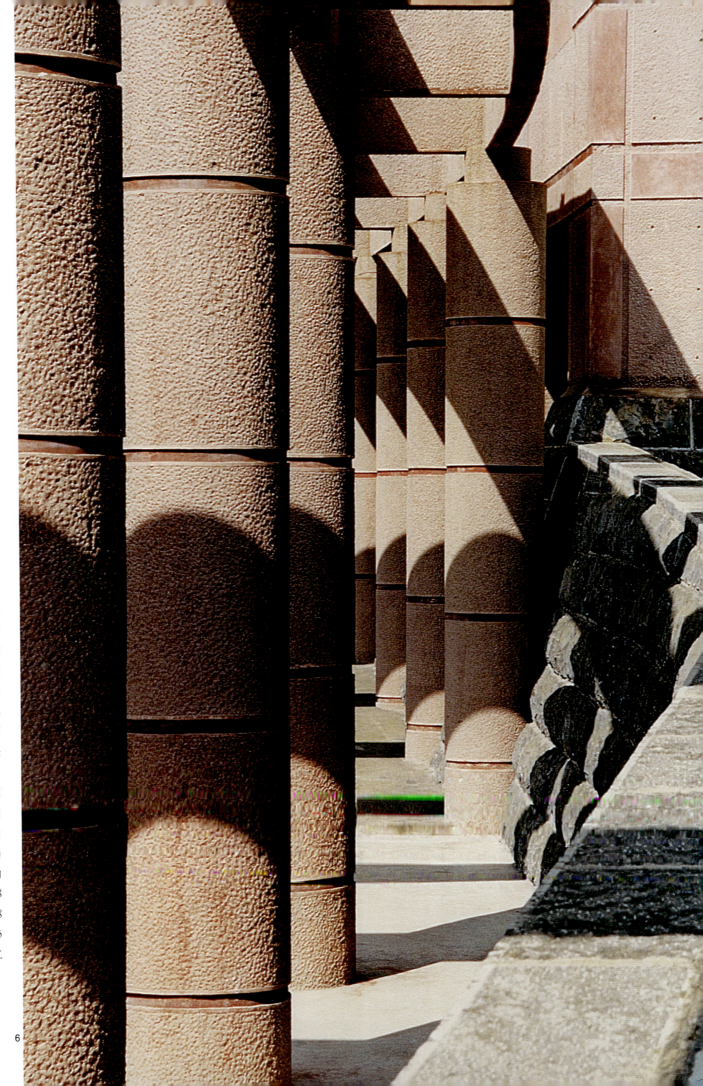

汪克艾林工作室 Wang Ke, Eli & ChunLin Workshop

1　从会议厅外窗所见景观
2,5　花瓣形的会议厅外窗
3,4　会议厅侧立面图

1　Hillside view seen through the conference room window
2,5 The flower shaped conference room
3,4 Side elevation of Conference room

中国的政府建筑需要体现某种权威性，需满足业主所追求的一种视觉效果，因此主楼较严肃。严肃的政府建筑的后面是一个活泼的杜鹃花平面的会议厅。杜鹃花又叫做映山红，是很受当地群众喜爱的一种花卉。而且在前面门厅的雨篷下面的结构也做出五个杜鹃花瓣的形状，实际上这个雨棚上的每一个花瓣的尺度就像一艘舢板一样大。花瓣凹进的形状对称，而花瓣的结构是不对称的，花瓣叶筋中线的一侧有玻璃，而花瓣叶筋中线的另一侧却没有玻璃。汪克的意图是让花瓣叶筋中线的两侧有一明一暗的光线效果。这样阳光投射下来以后，地面上会产生花瓣的光影效果。后一设计是在施工中建筑师的灵机一动，没想到真的就实现了。

他回避了对定义模糊的"黔北文化"的语义和涵义纠缠，代之以对地方材料的独创性运用，将注意力集中在"惟一性"与"排他性"的实现上。虽然他的方案文本中也提到分别用花瓣形会议中心、列柱长廊和曲直复合主体建筑隐喻当地农耕时代的沙滩文化、长征时代的红色文化和当今遵义的新文化的构思。

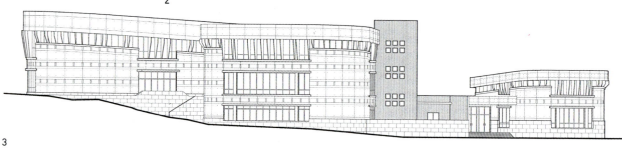

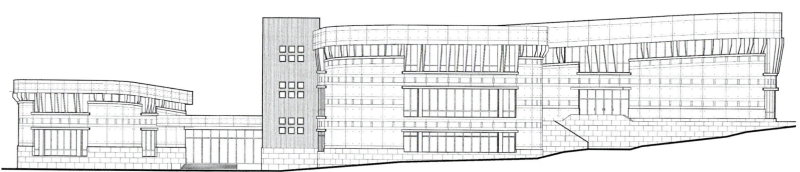

汪克艾林工作室 Wang Ke, Eli & ChunLin Workshop

这种选择导致汪克的建筑设计观由纸面关注转向建造关注。为了使红花岗的外墙材料能在便宜的情况下取得好的效果，汪克开始冥思苦想。遵义这个地方没有什么建材工业，充其量也只能烧烧建筑用的红砖，就连青砖的产量都不高，况且粘土砖是国家开始限制使用并最终淘汰的产品。真的不可能找到什么既现成的又价格便宜的地方材料？

根据在美国取得的经验，汪克首先想到的是素混凝土外墙，这样可以节约成本。然而，清水混凝土要求很高的技术条件，而且中国人目前还不能接受比较灰调的素混凝土墙面。汪克回忆起他做辽宁闾山山门的时候，同样的墙体材料实验他只成功了一半，也就是把质感和肌理作出来后，颜色不被接受，业主认为灰暗的色调不适合旅游建筑。因此不得已在完成的混凝土表面又喷了一层3毫米厚的金刚砂，来完成最后的色调。如果用混凝土就必须改变颜色！

"丹霞石！"熟悉家乡的汪克脑海中跳出一个形象。

由于当地特殊的丹霞地貌所致，那里有一种呈现出红色的丹霞石，色泽鲜明，但又十分典雅，有沉稳的感觉，不会很刺激。如果用丹霞石作为骨料来做清水混凝土墙体，颜色问题不就解决了吗？汪克豁然开朗。

然而想法一提出来，汪克自己工作室的同事就对使用素混凝土表示反对。第一是施工技术与施工质量能否达到设计师的美观要求？第二遵义不但经常下雨，而且酸雨严重，做清水混凝土的墙面，很容易被污染怎么办？第三清水混凝土表面不可能做得很光洁完美，如果业主不能接受怎么办？汪克做的第一件事是耐心说服自己工作室的建筑师，以统一思想，然后解决一个又一个技术难题。在基本技术措施具备后，业主接受了汪克请求施工现场做实验样墙的要求，汪克深深感激这些年轻开拓的业主。投标时施工单位都满口答应可以做，似乎一帆风顺。

设计过程中汪克曾回美国总部去咨询自己的公司，被建议采用在美国做外墙肌理时所用的一种抛球机，可以将混凝土的墙面打毛，形成一种意想不到的肌理效果。这种机器并不太贵，大约只要两万多美元一台。施工队在没有接到工程以前，什么条件都满口答应。可是合同签定以后就马上改口了，说他们没有外汇，没法去买美国的机器，因此外墙不能这样做。他们积极做工作，设法说服业主

1 局部立面渲染图(1:50)
2 红色丹霞石凿毛外墙，既有独特的质感和地方性也能有效地控制成本

1 1:50 facade rendering of conference external wall
2 Hand hammered red nepheline concrete external wall producd locally with unique quality and lower cost

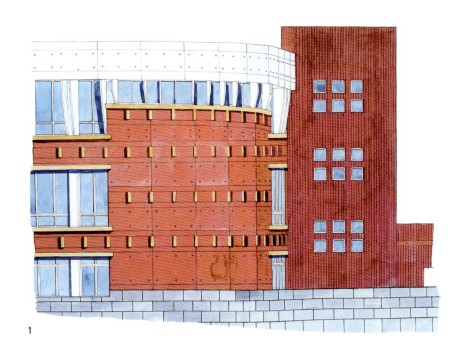

1~6 经过多次试验才成功的凿毛丹霞石混凝土外墙，可做出多种肌理效果

1~6 Hand chopped red nepheline concrete external wall with various textures developed through extensive experimentation

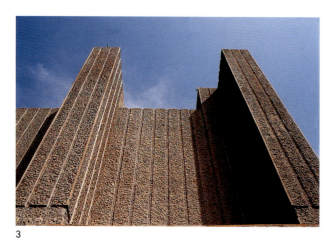

和汪克，还是使用贴面砖比较保险划算。

汪克和业主作出局部让步，放弃进口抛球机的要求，但约定不到万不得已绝不能使用面砖。要求施工单位继续实验。才思泉涌的汪克又想出另外一个主意，就是在混凝土墙体表面涂抹缓凝剂，等到里面混凝土完全凝结，表层混凝土90%凝结的时候，用水来冲刷，其原理类似于传统的水刷石。汪克的预期，是得到一种暴露骨料的自然肌理效果。于是他们便在样墙上进行试验。用样墙来比较和选定外墙材料是汪克的工作室的一贯做法。因为外墙材料对于建筑的造价和效果来说非常重要，而且汪克的工作室总是在墙体材料的特殊使用和墙体设计上倾注精力。

试验失败了。冲刷过后的未干混凝土简直就像是蛋糕上流下来的奶油，完全没有毛刺刺的粗糙感，取而代之的是稀溜溜癞疤疤的感觉，简直不能看。正当业主和汪克探讨原因时，施工经理走了过来，从他那貌似极富同情的脸上，可以看得出那难以掩饰的内心喜悦。他幸灾乐祸地说："嗨！我早说不行吧！试都不要试，你一说我就知道不行。干脆还是贴面砖吧！"

汪克与业主不信这个邪。他再一次感受到在风险面前有一个好业主的巨大支持力。顶着烈日，张局长与他一同蹲在工地现场的样墙前长时间研究，思考出对策，然后要求施工单位继续实验。

他那段时间就像是走火入魔，吃饭、睡觉都在想着红花岗的外墙材料。玩过电脑游戏"俄罗斯方块"的人都有这样的体会，一旦沉浸到游戏之中，不管是走到哪里，看到什么，好像到处都是各种各样的"俄罗斯方块"正在一块块地掉下来。汪克当时也是这么一种感觉，看到什么建筑都去留意是用的什么样的外墙材料。甚至连火车、汽车经过身边，都要看看用的是什么"皮"。和朋友一起吃饭，话题很快就切入外墙材料这个主题。大家都知道他着迷了。

汪克心里压了一块石头：这次设计是家乡亲友对自己的信任。做不好，真的无颜去见江东父老。另外，房子造得不好，信任自己的年轻的区委书记也骑虎难下呀！

一次，汪克去天津时，发现天津20世纪30至60年代的建筑的外墙材料使用类似于斩假石、剁斧石之类的做法很普遍。这些方法古朴、有传统。从老式洋楼的外墙中，汪克受到启发，他想到了人工斧凿的加工方法。人工斧凿，是最为传统的工艺，而且不会随着人们审美观念的迅速更新而变得过时。因此，使用这些传统的工艺，易于取得感人的艺术效果。

天津之行给了他很大

汪克艾林工作室 Wang Ke, Eli & ChunLin Workshop

1

2

1,3 人工凿毛的丹霞石墙面，具有独特的质感
2 工地1:1足尺样墙实验

1,3 The hand hammered red nepheline concrete external wall with unique textures
2 1:1 full size sample wall

启示，汪克苦苦思索：除了天然石材，贵州到底还有什么资源？

——人工！

汪克终于想通了。遵义虽然没有什么建材装饰品生产，但是贵州人工便宜，这不就是当地的优势嘛！想到这里，汪克一下子就兴奋起来，赶快来到现场，又在样墙上试验起来。通过实验，他们进行了不同的纹样和肌理比较实验，终于达到了预期的设计效果。

旧的矛盾刚解决，新的矛盾又出现了。原来遵义附近没有这么多符合要求的丹霞石可供利用。没有丹霞石，那么一切试验都等于零。为了找到石材，红花岗区行政中心指挥部的有关人员干劲十足，不但查对图纸，找地质专家分析判断，还驾车外出，四处奔波，寻找石矿。被业主的敬业精神所感动，汪克本人也曾四次随他们驾车外出寻矿。他们一个村一个村地打听，一个个的采石场去勘查，真可谓是踏破铁鞋。他们总共为此奔波了10多次，才得到较为准确的数据。经过计算得知，假如全部使用丹霞石，从当时了解到的储量来看，肯定是不够的。

实验中还发现强度不稳定，高的达到C35，刚好够用，但低的仅C15，低于设计要求，不能作为结构构件使用。怎么办？

应对措施是将墙体分为两层，可以理解为后浇带原理。里层用普通的混凝土做结构层，双向每隔一米，露出一个钢筋头，外面挂网后用丹霞石混凝土做面层。这样，又需要做试验。因为要把丹霞石打碎，和水泥一起搅拌成混凝土砂浆。3厘米的丹霞石面层需要分三次做，每一次做1厘米厚，然后挂网，再抹1厘米，如此反复。这样做才比较牢固。5厘米的丹霞石面层需要分四次做，因而更加复杂一些。经过十次试验，证明方法可行。这预示着一种新的外墙加工方法就要在遵义市红花岗区行政暨会议中心的建筑上使用了。

样墙实验终于成功了！看到一块块精彩的样墙，工地上每一个人都喜笑颜开。原来幸灾乐祸的施工经理积极表白自己在样墙制作中的功劳。每一个人都深信不疑这就是建筑将采用的墙体了。然而，年轻的区委书记专门组织有关人员在红花岗区行政暨会议中心的施工现场开了两个小时的现场会议。主题是：行政中心使用什么样的外墙材料？

答案是统一的，结果无

容置疑。一个账单摆在众人面前：用高档的外墙涂料或者用高档的面砖，需要100～200元／平方米。用人工斧凿的丹霞石，不过100元左右。虽然用外墙涂料或者用面砖更保险，因为这些材料整体被施工队拿来使用，但最终的效果就是一种随处可见的常规效果。使用人工斧凿的丹霞石是一种独创的尝试，如果主体施工与样墙一样成功了，效果将惟一而独特，价值无可比拟。

但毕竟这是第一次使用，并不能排除用在整栋大楼以后，整体效果有失败的可能。经过会议研究，虽有风险，还是通过了使用丹霞石的方案。为确保最后成功，汪克要求施工队进行五大检测实验：强度实验、硬度实验、酸雨实验、冻融实验和抗腐蚀实验。

散会以后，年轻的区委书记还是一个人蹲在那里看着样墙沉思。许久，他严肃认真地讲了一句令汪克莫名其妙的话："我们这栋楼有一个缺点，会有老鼠。""嗯？"汪克一时不知所云，想不出样墙与老鼠有何关联。"因为丹霞石混凝土斧凿外墙面毛毛刺刺的，老鼠可以爬上来。"汪克忍俊不禁了，但同时他感到一种深度震撼和惭愧。震撼的是自己做了十几年设计，从来没有如此直接而深刻的体会过业主的压力和忧虑。惭愧的是在理解了业主内心的巨大压力后回想起自己曾闪念过中途撤退的想法，汪克觉得自己作为一个建筑师一下成熟了许多。

（上接56页）

知道如何以动显静、静中求动，是汪克对于动与静构成的心诀。像这个红花岗区行政暨会议中心是对称的布局，前面柱廊的动势感为建筑增加生气是不言而喻的。在这幢建筑中，汪克巧妙地将动静互依互显。徘徊在这座建筑空间里，心中自然联想到水流静无声、澄江静如弦、山间乱云飞等静中寓动的神妙。在汪克作品中细心品味，我想到动与静这种互补现象，的确是有些玄奥。

红花岗区行政与会议中心，可以说是"主静宾动"，因而亦静亦动，动静互依，相辅相成。动者能达到动中传神，静者能做到静中寓情，这就是汪克作品的诱人之处。

1 丹霞石柱子的独特肌理
2,3,4,7 阳光下的柱廊
5,6 柱廊剪影

1 The special texture of the artificial red nepheline column
2,3,4,7 Arched-gallery in the sunshine
5,6 silhouette picture of the arched gallery

2

3

4

7

5

6

红花岗行政暨会议中心一期 Honghuagang Civic & Conference Center I

汪克艾林工作室 Wang Ke, Eli & ChunLin Workshop

1

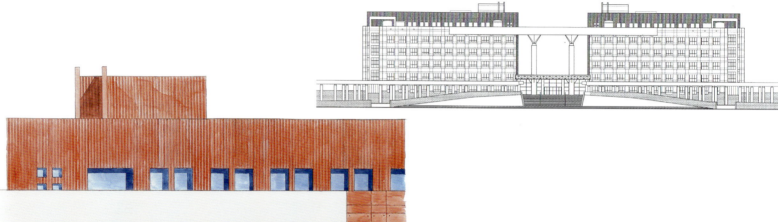

2

3

5

4

6

1 主楼沿街正立面
2 主楼正立面图
3,7,8 主楼局部立面渲染图(1:50)
4~6 主楼红色丹霞石外墙肌理

1 Facade view along the main street
2 Facade of the main building
3,7,8 1:50 facade rendering of the main building
4~6 The texture of the hand hammered red nepheline concrete external wall

汪克艾林工作室 Wang Ke, Eli & ChunLin Workshop

1

2

1,2,6 主楼上部的格架处理
3～5 红色的丹霞石外墙与银色金属漆外墙匹配，营造出具有现代感的外观效果
7 主楼侧立面图

1,2,6 The tower framing detail
3～5 The hand hammcred red ne-pheline concrete external wall complemented with sliver metallic paint to produce a modern exterior appearance
7 Side elevation of main building

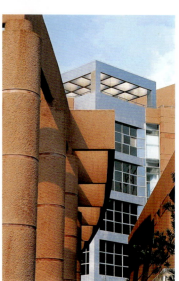

3

4

5

6

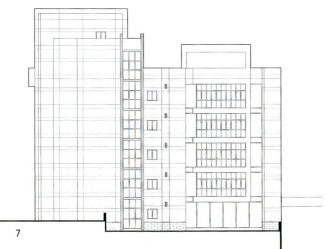

7

大面积使用丹霞石混凝土外墙，达到了使红花岗区行政暨会议中心这个建筑省钱的目的，但还必须有一种类似金属色泽的外墙匹配才能产生汪克设想的高雅、现代感的外观效果。如果是在出国前，汪克的做法就是直接选用质量最好的金属铝合金板材，后果往往是在施工中因为造价原因被业主更换，建筑师剩下的只有抱怨。这次汪克用上了他在国外学到的造价控制技术，结果是在建筑许多常规用金属铝板的地方，找到一种金属漆来取代金属铝板。这样也能产生金属质感的效果，但价格可是有天壤之别。建成后效果理想。

另外在建筑完工前进行周边场地平整时，在建筑

8,9,11 在施工过程中发现具有观赏价值的自然石，由于保护得当形成了天然景观
10 建筑完工时，业主举行了盛大的庆祝晚会活动
12 银色金属漆的效果，远视酷似铝板，但造价低廉

8

9

10

11

12

8,9,11 Valuable natural stone views were found during construction and with suitable protection became a natural scene.
10 Grand celebration was held after the completion
12 The effect of silver metallic paint looks like aluminum but at a lower cost

东侧土壤中发现了表土下埋藏着形状自然、造型丰富的石头，具有很高的观赏价值。汪克正好在场，他取得业主同意，决定让施工队调走机械，用手工取土，小心保留岩石，成为了天然景观。

施工并非完美无缺。国内常见的急功近利地赶工期赶任务的悲剧也在这里发生了。对于主楼局部外墙利用金属漆来产生金属质感外墙材料效果的施工，施工中业主到现场查看，嫌进度太慢，催着工人快做。工人解释说，水泥都还没有干，没有办法做面层。着急又外行的某业主说："这是政治任务，要赶快漆。不然你就下课。"工人嘟囔着说："这样漆上去也是要掉的。"但也无奈，只好遵从。水泥没干就开始刷底漆，底漆没干就开始刷面漆。这样产生的结果可想而知。该部分的油漆已经脱落得不像个样子。同样是这栋建筑，后部会议厅部分的涂料是按照施工顺序一步一步做的，4年过去依然十分精彩，没有任何问题。

瑕不掩瑜。在建筑外观完成以后，心花怒放的业主抑制不住内心的喜悦，专场在刚完工的建筑前广场举行了盛大的庆祝晚会活动，礼花燃放，演员演出，群众参与。这在汪克的设计经历中尚属首次。

业主的判断没有错。在建筑落成后的两三年中，人们都用"轰动效应"四个字来形容。其成功可以从业主满

汪克艾林工作室 Wang Ke, Eli & ChunLin Workshop

1,2 局部
3 环境优美的内庭
4 明亮的走廊
5 红花岗行政中心纵剖面图
6 开阔的屋顶平台
7 从会议厅室向外可看到郁郁葱葱的山景

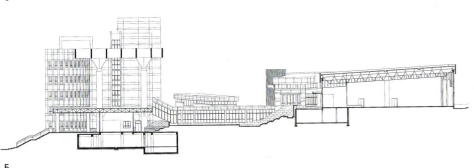

意、领导喜爱、专家称赞和社会效应四个角度来衡量。

项目经理、原建设局张继勇局长郑重评价："这个设计的成功之处在于建筑与环境结合得很好，建筑师敏感地处理好了会议厅与山体的关系。"副区长李学芬女士讲："在汪克设计的（这座）办公楼中工作，简直就是一种享受。我任何时候抬起头来，看到的都是一幅风景。"区委书记李再勇先生在向第三方介绍该作品时说："我这些年来做了很多事情都引起很大争议，有人说好，有人反对。惟独这幢建筑，建成以后人人说好，还没有听到反对的声音。"

后来他们都从不同途径给汪克介绍了新的项目，可以看出他们对汪克工作的肯定。正是"一个心满意足的客户（A Happy Client）"。

一向沉稳不轻易表态的各级领导，一到现场都没有吝惜他们的赞扬之声。各地各级政府部门纷纷前来参观取经，一时间门庭若市，应接不暇。据业主不完全统计，高峰期当年每天不少于两起参观接待。贵阳市市委书记曾连续两次带队前来参观。参观的结果是笔者见到至少有五座新落成的行政中心受到其或多或少的影响。省委领导在现场高兴地对李书记说："你这个区委建得比我的省委还好！"然后转身对陪同的遵义市市长说："我听说你们要建市府大楼，只能建得比这个楼好，不能比这个楼差。"于是从这里又缘起另一段故事，这是后话。随后的领导班子换届，业主方所有的领导都得到了晋升嘉奖。

专家的高度评价可以从国内专家和国外专家两方面的反映看出。由于汪克异常繁忙，一直没有将该作品发表，所以业界知道这个项目的人不多。但凡了解这个项目的专家都没有吝惜自己的高度评价,佩服汪克的毅力实现了难度巨大的地方材料的成功运用。重庆建院的一位教授认为建筑的整体感很强,成功创造出了一个地标性的场所。北京的一位资深望重的建筑师,在看到照片后沉默了片刻,然后慎重地对汪克说:"你们这一代回国的建筑师比梁先生他们回国的那一代有了长足的进步。"当汪克带着他在美国工作时的老板,美国建筑师协会城市与区域规划委员会主席艾里·列奥先生来参观这栋建筑时,艾里先生十分惊讶,他看到外墙全部是人工雕琢的红色石料,疑惑地问汪克:"你不是告诉我这是一栋低造价的建筑吗?"汪克回答:"是啊!这就是当地最便宜的墙体材料。""怎么可能?这在美国是很贵的做法!"汪克想起来了,由于人工费飞涨,有很长时间美国已经做不起这种大量用人工的建筑,只有最花钱的房子才会使用人工斧凿的外墙。而中国人工便宜,尤其在当地,这种在美国专家看来最昂贵的做法竟然是最廉价的作法。这又是汪克没有想到的。现在中国的人均年收入只有500美元,假如再过若干年,中国的人均收入增加,而且东西部地区的差异缩小以后,人工斧凿外墙的做法,在中国也许会变成一种奢望。在地域特征之外,这不就是一种时代特征吗?!

轰动的社会效应是汪克以前设计的建筑中不多见的。事实上与全中国热火朝天的建设活动量相比,群众对新建筑的反应是冷淡、甚至是消极的。业主炒得火热的建筑或事件在大众中没有回应。这让对建筑热情似火的汪克感觉有些不够劲。但这一次不同了。当地老百姓以该楼为自豪,不但自己到广场上走走,而且有外地的亲戚朋友来时也带他们来参观;这里还成了"情人岛",小青年们乐意到这里来约会;这里更成了"婚纱拍摄点",市内不少影楼有在这里拍婚纱摄影的"标准取景"处。于是,这里成了当地继著名的遵义会议会址后的又一个参观景点。

社会效应的另一表现是,大量模仿建筑的出现。在红花岗区行政暨会议中心建成前就有好心人提醒汪克应尽快去注册专利,因为马上会有人模仿。汪克不以为意。在建筑落成后,果然由于材料便宜,效果极佳,附近相当多的建筑都争相模仿,在建筑整体或局部采用同样做法。2004年8月,当我坐车行驶在行政中心所在的长达5公里的海尔大道上,看着一栋又一栋的同样材质、甚至同样色调的模仿之作时,我感到一种异样的力量。我粗略数了一下,模仿品超过20多栋的独立建筑。当然,后面做的都没有原作的设计精良和做工严格罢了,由于不理解汪克策划的材料对比,大部分仿制品都显得较单调。

社会效应的第三个表现应该问汪克本人。这栋建筑的声誉给他带来了很多委托项目,以至于在之后的四五年中他都有作不完的委托项目而无须参加设计招投标。

红花岗区行政暨会议中心的成功,不仅仅是设计的成功,更是因地制宜,顺应自然,利用材料的特质,并将其特点发挥到极至的成功典例,尤其是使用外墙材料的成功。在我看来,这个建筑的成功,对汪克来说有很多偶然性的因素。这包括汪克是本地人,家乡人对他的信任使他有一个任意驰骋自己想像力的空间;另外是年轻的区委书记的压力,对汪克在材料上的不断探索起到了保障和促进作用;还有就是他十几年前在清华大学毕业时做的闾山山门的设计和工程经验,对此次材料实验起到很大帮助。但是这次成功又有其必然性。因为从他设计第一栋建成的建筑到那时已有12年的经验,其中在国外工作了7年。对汪克这个工作狂来说,这些国内外的实践经验加起来,用于设计遵义市红花岗区行政暨会议中心这栋建筑,是够用的了。

在多年的工作中,出色而敬业的汪克虽然总是令业主满意、受到领导的首肯、专家的称赞,但是这一次得到群众普遍的喜爱,对汪克来说很新鲜,并且给他很大触动。过去做设计,他总是想表达自己那种超越的气质,不太关心别人怎么看。虽然口口声声在说建筑艺术是与大众最紧密相关的一门艺术,但他自己都忘了,既是如此,就应当有打动人心的一刻。所以,当他亲耳听到这样多人向他倾诉他们的感动之情时,汪克不能不感慨万千。在享受成就感与荣誉感的同时,他向自己提出新的问题:既然人家口口声声称建筑为艺术,那自己今后的作品能否具有与小说和戏剧、电影和音乐等其它艺术形式相等同的艺术感染力呢?

这次经历是汪克的人生和设计思想的新的转折。

1,2 Detail
3 The beautiful inner courtyard
4 sunlit Corridor
5 Longitudinal section of Honghuagang Administration center
6 Open roof terrace
7 view from the conference hall interior, exhibiting a serene mountain scene.

8

A civic and conference center, Hong huagang District, Zunyi city, is fituated on Haier Road. Its functional program includes the district committee, government office building and a conference center. The buildings group spread over the landscape and are integrated into the beautiful surrounding environment. To meet tight budget local construction materials are used to reflect the pristine and composed style of government complex. It is a perfect unity of economy and art. The arch-gallery at the main entrance with its unique style of a sculpture, provides a stroug signature character to the structure. The flower shaped conference room, the arch-gallery and main building forms represent three typical Zunyi Cultures: Sha Tan Culture, The Long March Culture and New Local Culture.

汪克艾林工作室 Wang Ke, Eli & ChunLin Workshop

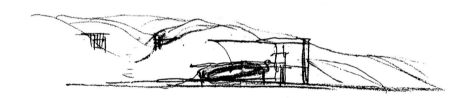

遵义市行政暨会议中心 遵义 2000-2002 年
ZUNYI CIVIC & CONFERENCE CENTER ZUNYI 2000-2002

汪克的设计生涯中有很多顺利的篇章，同时也有许多曲折的故事。下面就是一则充满波折的设计故事。但不论顺利和曲折，汪克都在尽心尽职地走一条职业建筑师之路。无论成功与失败，欢笑与感伤，都是他职业生涯的组成部分。他勇敢地面对这一切，因为他知道，无论金光大道还是沼泽泥潭，都是他的成长之途。

前面讲到在红花岗建成后，省委领导曾对陪同的遵义市领导说过一句玩笑话："我听说你们也要建市政府大楼，（我要求你们）只能建得比这个楼好，不能比这个楼差"。没想到一句戏言变成了无形的压力，也为汪克承接遵义市行政暨会议中心项目带出一个故事。

在2000年底，汪克被邀请为遵义市行政暨会议中心作建筑设计。汪克兴致很高地来到现场，看完现场后就被告知回去设计方案，这使汪克产生了两点疑虑：其一，场地非常零乱。市委和市政府两块用地各居两个角落，中间的军分区占了主要用地。然而由于历史原因，轴线与纪念广场成一个斜角，非常奇怪。一问军分区，被告之占地绝对不能动。两边难以形成被接受的城市空间。用地显然有重大问题，然而没有人给他解释；其二，他没有见到业主方任何决策人，询问业主方的设计要求也没有回答。汪克的直觉判断是：第一，项目不成熟；第二，业主决策人不重视。设计这样一个项目，决策人不重视很可能流产；第三，他没有看到业主邀请他做设计的诚意。第四，没有业主决策人的反馈，他不可能设计出一栋高品质的建筑。于是他决定等待。

汪克艾林工作室　Wang Ke, Eli & ChunLin Workshop

半年过后，业主再一次找到他。说你是对的，那块地的确不行，我们找了另一块非常理想的用地。身在北京的汪克表示愿意安排设计，同时提出了他的三项工作条件要求，即周期、费用和合同。之后业主再次失去回音。又过了几个月，汪克再一次接到业主的电话，这次主要决策人之一亲自与他通了话。汪克确信业主的确希望由他来做这个设计，于是立即飞到遵义。上午踏看了现场，下午与分管城建的叶市长见面。叶韬市长介绍了项目基本情况和要求，特别强调了业主方面临的巨大压力。他们是一群富于生气、年轻开拓的新型干部。做事非常认真，此前已经北上东北，南下深圳，广寻名师，做了三十多个设计方案，但仍然不满意。晚上汪克用PPT幻灯演示向业主方介绍了自己的设计理念、工作方法和建成实例，并将准备好的设计合同提交给业主。第二天一早，他就被业主请到现场办公室，经过短暂的讨论和谈判，设计合同签定。由此可见业主方的决断和高效，同时也可以看出业主对汪克有极高的期望值。汪克事后才对此有深刻体会。

这是签得很快的一个设计合同，但业主的要求也非常高：

第一，设计要超过红花岗区行政中心，然而不能与红花岗项目有任何雷同之处；

第二，造价高于红花岗项目，要跻身于全国一流的行政中心，但依然是低造价；

第三，要成为山水园林城市的龙头建筑。

最后一条在建成作品中得到明显体现。第一条汪克却这样理解：有人付费给你，要你超过你自己，何乐而不为？第二条，汪克认为自己在设计中有重大判断失误，高估了业主的财政实力，设计过于超前，没有把握好分寸，引以为深刻教训。

上一页：遵义市政府主门厅
右图：从广场前端的高九河看遵义市行政暨会议中心

Previous page:The main hall of the civic center
Right: View from the Gaojiu River in the front of the square

围绕凤凰山南麓一西一东，曾经呈蝴蝶状静卧着老城与新城，因此遵义在近代史上号称"双城"。

随着改革开放，尤其是西部大开发以后，城区面积不断扩大，有近百年历史的"双城"格局被迅速打破。红花岗区行政中心所在的海尔大道如同一条细线，连接原蝴蝶状的底部，原蝴蝶状由于北部开发区的围合已形成回字型，因此蝴蝶形变成了"回字形的风筝"。风筝的中部，也就是城市的中央，是一个由群山组成的禁伐、禁猎、禁建的巨大森林公园——凤凰山。它空气清新、景色秀美，引得外地人艳羡不已。凤凰山公园北边的开发区打破了传统格局形成纵深，颇有现代化城市的模样。再往北横卧一条东西走向略偏北的龙形山脉把城区结束。

1　遵义"双城"及扩展
2　拟建场地与城区和凤凰山公园形成一条轴线
3～6　拟建场地背山面水，风景优美

1 The twin city of Zunyi and its extention
2 The site, city area and the phoenix mountain garden are planned in an axis
3~6 The site is very scenic with a river in the front and mountain at the rear

7

8

7 The dragon shaped mountain at the back of the site
8 Computer model study: the relationship of building, mountain and water.
9 Site view diagram
10 vertical planning diagrams
11 program diagram
12 Landscape axis diagram
13 Looking south from the building, there are scene axis several miles long

汪克即将设计的市行政中心就在北端龙形山脉脚下,背山面水、坐北朝南,建筑前是一个200米×200米的市政广场,广场前端中部高九河穿流而过,再向前是一个城市公园。让人惊异的是场地正中的南北方向上有一条长达数公里的景观轴线,正对群峰簇拥的凤凰山主峰。更妙的是在远景的轴线中间还有一座绿色的案山。真是一个不可多得的精彩场地,让现场的汪克暗暗称奇。对景轴线左右200米的地带在建筑高度上已经被规划部门控制起来了,不准建高楼。所以对景是不会再变化了。从古代风水的角度来说,这也是一块上乘好地。花了很大工夫选中此地的傅传耀市长自豪地发问:"不明白当年的土司杨应龙为什么没有选择这块地?"傅传耀市长的确眼光独到,未有言过其实。以至于后来筹建的市委用地,找了几年后最终放弃,因为实在找不出更好的用地了。

7 拟建场地背靠的北端龙形山脉
8 三维模拟场景,研究建筑与山、水的关系
9 场地分析图
10 场地竖向分析图
11 场地形象分析图
12 场地轴线分析图
13 由建筑向南看,有长达数公里的景观轴线

9
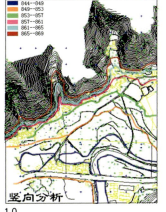
10

11
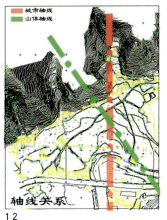
12

13

6

遵义市行政暨会议中心 Zunyi Civic & Conference Center

汪克艾林工作室 Wang Ke, Eli & ChunLin Workshop

上一页：研究用工作模型　　Previous page: study model
1　功能分析图　　　　　　1　Functional diagram
2　建筑南向穿过市政广场，　2　View through the center square
　　正对凤凰山主峰，中间还有一座　the building faces the main peak of
　　绿色的案山　　　　　　Phoenix Mountain with a green hill
　　　　　　　　　　　　between them

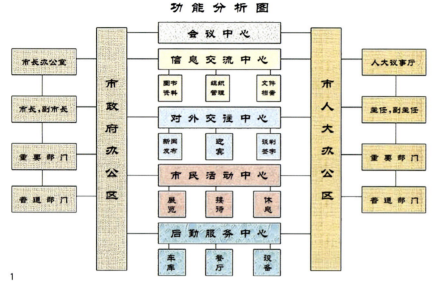

1

对于这样一块好地，汪克自然不敢怠慢，他多次踏勘现场，摄取资料。在北京工作室里，他做了不同比例的环境模型来还原场地，反复分析研究场地的各种关系。在进行场地研究的同时，他花费巨大的心血进行构思，小心翼翼地安排建筑、山水和广场之间的关系，惟恐自己有先入为主之见，破坏了场地之完美。

在每一个设计之初，汪克都有一个"回零"的程序。这个程序确保建筑师的的确确是为该项目量身打造而进行的原创设计。因此在项目之初汪克宁愿将自己当成是没有做过设计的新手，用一种新鲜的眼光来开始设计之旅。宁愿笨一点将所有项目的分析工作做完，也不要走捷径导致硬伤。他常说，如果第一次和客户见面时，建筑师就胸有成竹地说建筑应该这样应该那样，那他不是行骗，就是抄袭。说是行骗，因为他在用他的专业知识应付信息不对称的业主，是一种不负责任的行为。假如建筑师还没有去分析场地和使用要求就大谈设计结果，就算有了想法也很危险，里面可能陷阱重重；说抄袭，还没做工作就有了结果，不是抄袭是什么。抄袭成风是当前设计界的流弊，高手津津乐道的是如何巧妙抄袭国外的，或者常人不知道的，或者自己以前的作品。殊不知，抄袭别人是抄袭，抄袭自己也是抄袭。

随着分析的深入，他发现如此精彩的场地，居然也有缺陷！也许上帝为了公平，拒绝简单地把完美赋予任何一个单个的个体。既然如此，完美就只能靠人来创造了！汪克对自己说。(从汪克当时的心态来看，显然他雄心勃勃，并未预见到此项目的曲折和复杂。)

2

场地背后的环山呈椅子状，可以读出一个明显的轴线，但整体却和正南正北的子午线形成一个大约30度的斜角。因此两条轴心不重合。在模型上呈椅子状的后山向西北偏斜，另外有一座小山头占据了通常放置建筑的椅子中间位置。后山轴线与前方恢宏对景的偏斜，加上占位的小山，成为设计时最难处理的问题。

另一难题是行政暨会议中心前面的市民广场，其规划尺度达到200米×200米，也就是4公顷。由于经济原因业主要求不能盖高层建筑，按设计规范也就是说建筑只能是低于24米的多层建筑。设想一下，在200米的尽端去观看一个24米高的房子，那是一种什么样的情况。像这样大的一个广场边上，就是建一栋三十万平方米的建筑都不过分。而这栋建筑只有不到30000平方米的不大体量，摆布上去后果堪忧。

3　场地风景轴线和尽端框景门洞的分析图
4　从建筑西侧的小山头看前广场
5　从建筑顶层的房间向南望
6　山体轴线与正南北景观轴线有所偏斜
7　总平面图
8, 9　从室内不同的高度透过门洞向南看

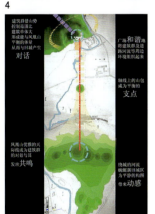

3 Diagram showing relationship of axis and the gateway
4 View of the front square from the small mountain to the west
5 Looking out from the top floor room
6 Mountain axes has an incline angle to the north to south scenic scene axis
7 Site plan
8,9 View looking south from the different lobby elevations

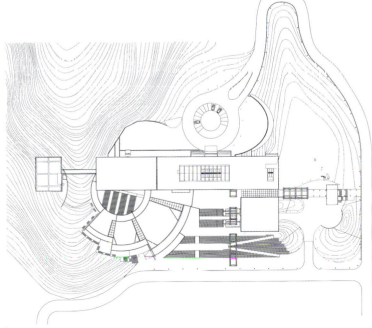

遵义市行政暨会议中心 Zunyi Civic & Conference Center

在一时不能解决所有问题的时候，汪克首先抓住最主要的脉络。显然，恢宏的对景资源是设计必须重视和利用的第一要素。可是如何处理南北子午线上的一系列关系呢？汪克产生了用一个门洞来形成景框的想法。景框有两种读法：由建筑向对景方向看，可以将广场、河流、案山和远山尽收眼底。由于这一系列元素的巨型尺度，决定门洞是一个城市的尺度而非一个建筑的尺度。最后形成的门洞有10层楼高，加上下面的1层车库，实际上是11层楼。同一个对景在这个城市尺度的大门洞中定格后，以不同的形式在建筑中不同的位置反复出现，形成一种不断重复、不断巩固、从而不断强化视觉的冲击力。另一种读法是由广场向建筑不断接近的视觉体验。在广场外的远处，山高于建筑，读到的是建筑与群山和谐共生的整体关系。在桥上是一个临界点，群山大部分高于建筑，但在大门洞的上方，建筑轮廓开始高于山界，门洞被建筑物后面的青山所充满。当人越走越近时，由于楼和人之间的角度会越来越大，背景的山就会在门洞中急速下降，显得越来越低，同时近处的楼显得越来越高。当踏上楼前两层楼高的大台阶时，向上仰视是8层楼高的门洞及一片天空，被背景中越来越低的山映衬得无比高大。人在运动的时候，人、建筑、山之间产生一种互动关系，使得任何一个人在这个现场都会感到来自建筑的无形张力。从而升华出某种超越的效果。

2

3

4

1 The gateway is as tall as a ten floor building
2 View in distance
3,4 The gateway also frames the square, river and far mountains

1 10层楼高的大门洞
2 主楼远景
3,4 门洞亦是景框,将广场、河流和远山框成景

遵义市行政暨会议中心 Zunyi Civic & Conference Center

汪克艾林工作室 Wang Ke, Eli & ChunLin Workshop

1

1,2 与山体共融的二元方案工作模型
3～6 方案模型可看出建筑和山体的共生关系
7～10 利用工作模型，演示建筑对场地的改变和重组

3

1,2 The binary design working model melded with the mountain
3～6 The balanced relationship between the mountain and the building
7～10 The working model displays the site transformation

4

6

5

7

8　　　9

10

2

11,14 三维电脑工作模型，模拟建筑与山的关系
12,13 工作草图探索在这样的体量下立面的处理方式
15 功能分析图

11,14 Computer model study: the relationship between mountain and building.
12,13 Sketch massing studies
15 Function at diagram

后来汪克在征求业主意见时提交的中间成果包括：三元方案和二元方案两类，共六个概念提案。

在三元方案中汪克将前景、后山和建筑分为三个独立元素处理。设计中建筑成为连接前后关系的纽带。由于前后的斜角关系，建筑通过各种方式来分别取得与前后的关系。但建筑本身则成为一个复杂的组合体。业主认真研究了此类共五个方案，认为每一个方案都很出色，都取得了与环境的呼应关系，如果没有更好的创意，就可以定案了。然而，这时候他们的眼光不由自主被另一类更简洁的二元方案所吸引。

此类方案只有一个提案，因为它做得如此的巧妙，从而独特且不易重复。

提案的特色从广场尽端需要一个大体量的建筑这个思路出发，就很容易理解了。将建筑和这座小山头联系起来，用山来烘托建筑的体量，的确是一个好主意。当建筑和山体紧密结合，会给常人一种建筑的一部分是深入在山体里面的错觉。这个错觉一下就将建筑扩大了一倍体量。广场尽端的建筑也从24米就一下飙升至40多米。

建筑和这个山头结合起来以后，就形成一个新的整体，从而简化问题，将三个独立元素化减为两个独立元素。就不用再去担心后面椅子状山头显现出的轴线，而呼应的重点则放在前面的子午线的对景上来。由于建筑坐落的这座山头背后是非对称的背景，因而汪克把建筑设计成为不对称的均衡，这样从造型上和后面的山体取得某种关联，从而走出与"山水"共生的重要一步。

11

12

13

14

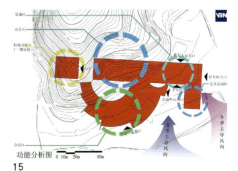

15

遵义市行政暨会议中心 Zunyi Civic & Conference Center

1 The relationship between hill and building introduces a sense that the building is integrated with the mountain, to increase the sensation of suitability
2 The generous square in front of the building
3 View of the Gaojiu River steps from the bridge.
4,5 Landscape design by Zhong Song

1 建筑与山体的结合，给人一种建筑深入山体的错觉，提升了建筑的体量感
2 建筑面前巨大的广场
3 从桥上看，高九河水的叠落
4,5 景观设计方案（仲松）

下一步是水的处理。巨大的广场需要引入组成元素。汪克敏感的触角延伸到了设计红线范围外的高九河。在对河流进行现场考察和资料分析后，汪克产生了灵感。他巧妙地利用重力水流原理，在广场边缘河流上游处设置栏板坝，在正常水流下将河水引入到180米开外的广场深处，接下来流入广场中央喷泉水池，（可惜未能实施），再流入连接河流的深水池，形成从桥上观看建筑的倒影水池。最后形成水量变化的瀑布，在广场前部形成动人景观。只可惜业主已经委托专业园林设计公司进行广场的施工图设计，因此汪克只做了概念设计，没有能做施工图，是一大憾事。

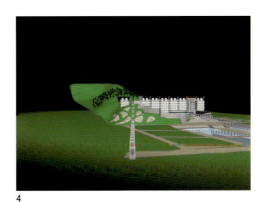

遵义市行政暨会议中心 Zunyi Civic & Conference Center

1 借用布达拉宫的手法，使复杂的建筑物与山体水乳交融
2 CAD辅助设计轴测图

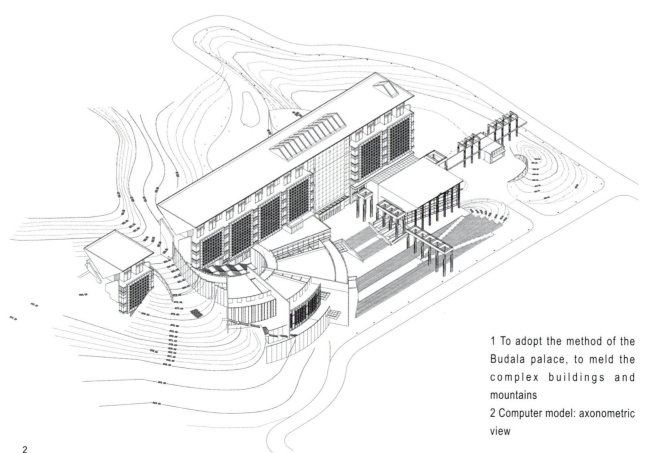

灵感有了，但距离一个完善的设计还有很长的路要走。

为此，汪克认真研究了布达拉宫的构成要素及其相互关系。从大的关系上看，布达拉宫是一栋融入山体、与山体共存的整体建筑。将建筑分解后看，布达拉宫是由东部白宫、中部佛殿和灵塔殿的红宫及僧舍三部分构成。更为绝妙的在于，布达拉宫的西圆堡、东圆堡和前面的虎穴圆道的设置，使方整的主建筑体块产生出迷人的弧形体块的变化。不仅如此，僧舍、印经楼、大唐卡库等附属建筑物，将布达拉宫与山体之间的明确边界给以破解、减弱，从而产生错综复杂的建筑物与山体水乳交融的密切关系。正是由于这些构成要素的成功运用，才使布达拉宫成为当之无愧的世界文化遗产，成为人类文明的重要标志。这些成功的手法，应该使今天的建筑师有传统可继承。其同一的深层结构关系是汪克最感兴趣的。汪克在遵义市行政中心暨会议中心建筑的前面，也设置了几个会议室，形成大的圆弧体块，我认为是通过认真学习传统，分析布达拉宫设计成功的原因而产生的想法。在遵义市政府这栋建筑的附属体块中，屋顶层层错落，形成趣味，都是汪克认真研习传统建筑文化的结果。

汪克凭直觉判断，目前在中国设计政府建筑，还必须要体现出某种或多或少的威严感，业主所追求的这种视觉效果是不容忽视的。上一次的红花岗区行政中心设计，汪克选择了传统的对称布局，借用一种公认的手法获得了效果的基础。然而，他渴望有更加独特的设计手法，传达出自己的语言。而"椅子地型"中央的小山恰当地给他提供了契机。

1 To adopt the method of the Budala palace, to meld the complex buildings and mountains
2 Computer model: axonometric view

建筑体量的动与静和视觉心理关系密切。垂直的、平等的、立方的、圆柱的物象以静态呈现。而倾斜的、曲折的、穿插的、切割的物象则以动态呈现。汪克的作品，其动态物象的置陈是他艺术手段的一部分。当然，像遵义市政府大楼这样的作品，基本属于静态的范畴，但汪克却在前部插入几个弧形的体块，使之产生动态感觉趋势。

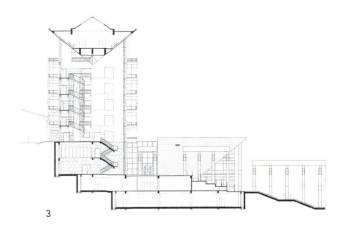

3

4

3 建筑自北向南纵向剖面图
6 圆弧体块的会议室,顺应山势层层错落
4 建筑南山面图
5,8,9 会议室与中心建筑之间的大台阶
7 非对称的山势产生了非对称的设计

5

6

7

8

9

3 Transverse section from north to south
6 The conference rooms reflect the mountain's contours
4 South elevation
5,8,9 The large steps between the conference hall and the central building
7 The asymetrical contours mountain produced an organic asymetrical design

遵义市行政暨会议中心　Zunyi Civic & Conference Center

在完成的遵义市政府建筑中，不对称中有一种均衡感，现场感受是很强烈的。

看到完成的建筑，许多人都会感觉房子有一部分体块是在地下。其实地下什么都没有，这是汪克有意让人产生的一种错觉。当人们产生这种错觉的时候，就会感觉建筑体量大，从而达到汪克的设计意图。简言之，也就是通过"布达拉宫效应"，使一栋不到30000平方米的房子，让人感觉是一栋60000平方米甚或更大的建筑。事实上是既利用山的体量来和巨大的广场抗衡，也利用山的体量，来烘托政府建筑的威严感。

1　与山相融的建筑给人以体量变大的错觉，而产生"布达拉宫效应"
2　建筑的屋顶平面图
3　建筑的地下二层平面图

1 The building in the mountain produces an impression of generous size
2 Roof plan
3 Minus 2 level plan

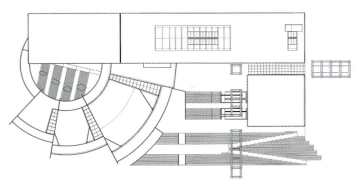

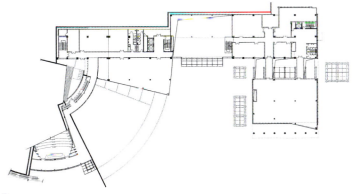

遵义市行政暨会议中心　Zunyi Civic & Conference Center

1 建筑自东向西横剖面图
2 从建筑正面看,有10层楼高的体量感

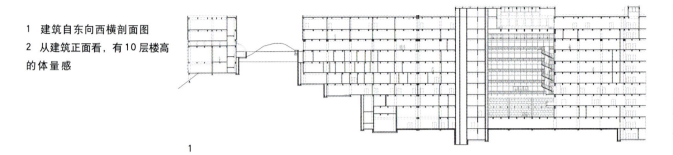

1

假如用普通的构思来设计,24米高的房子只是一个6层楼而已。现在房子骑到山上,建筑的后面是车道,汽车直接开到建筑后面的停车坪,其实这时已经到了4层的高度,从这里再向上,建筑只有6层而已。而建筑后面的道路,同时也为防火扑救提供了条件。这种房子在重庆经常可以看到,但是汪克把这个手法应用到这里,使建筑的部分正立面产生10层的高度。由于大部分建筑是坐落在山上,使人错觉以为整栋建筑是一个高层。这样,用低层建筑的规范和便宜的造价,得到了一栋高层建筑的体量感和艺术效果。由于在后面山腰设有车行入口和消防扑救面,该建筑可以通过前后两条消防道保证消防安全,成了两栋叠在一起的多层建筑,巧妙而自然,可以看出建筑师对于山地建筑和消防规范十分熟悉,并能灵活运用。

通过上述3个月的设计工作,其中汪克两次与业主讨论中间成果,思路逐渐明朗,双方形成共识,一个原创的方案终于成熟。

1 Transect from east to west
2 View from the square. The structure is ten floors in height

2

3 View from the back of the building, where there are only six floors
4 Transect from west to east
Overleaf: The finished building creates an extremely balance impression, though the building is asymmetrical

3 从建筑后面看，建筑只有6层而已
4 建筑自西向东横剖面图
下一页：完成的建筑虽然是不对称的体量布置，却有强烈的均衡感

遵义市行政暨会议中心 Zunyi Civic & Conference Center

汪克艾林工作室 Wang Ke, Eli & ChunLin Workshop

这是一个大胆而原创的方案。刚提出概念时汪克以为不被接受的机率会较高。所以他将此提案精心准备、小心翼翼地推出。没想到在他让业主明白了他的设计以后，业主方立即选择了此概念。在接下来的前述方案设计中，设计组保持了高度兴奋的状态，向业主提交了一个前所未有的设计。针对提交成果，业主方慎之又慎，除了市区两级规划主管部门从始至终介入把关以外，还在政府办公会集体讨论，在绝大多数人赞同的基础上通过了方案。可这些还远远不够，人大和政协举行了专题会，在更大的范围内取得了赞同。关于此次会议，时任市长傅传耀先生来北京时专门约见了汪克。他说道："一个好的作品必须要经得起考验。到目前为止，大家对你的设计是认可的。在人大会上，有几位平时眼光很高的同志，这次出乎意料，非常欣赏并赞同你的方案。当有同志提出是不是将建筑向前移到山下时，他们立即反对并认为这些同志没有理解方案。"

第一次波折发生在另一次向市委汇报的会议上。一天汪克接到业主方急电要求立即赶赴现场。到达后一了解，原来是在向市委的汇报中，当时的书记提出了疑问，没有像预想的那样顺利地接受方案。他的疑问有三条：第一，没有做成对称布局，门偏向一边，是否能够表达政府建筑的庄严？第二，建筑骑在山上，是否会破坏生态环境？第三，广场纵深长达200米，人民群众来办事是否会不方便？要求给出合理的解释才能同意方案。汪克得知，如果是一般的汇报，书记有这样多疑问时就意味着方案被否定了。但是这一次业主大多数人都对此方案有信心，因此他们紧急请来设计师，要他针对书记的意见立即作出修改。汪克向业主表示，他有信心设计出一个他的业主喜欢的方案，但前提是他需要了解业主的品位和价值取向。目前的问题出在他以前从来没有见过董书记。现在汪克知道情况了，他表示一定能作出书记喜欢的方案。于是他回到北京，一方面继续改进原方案，另一方面重新作了一个方案。新的方案在保留利用山势增高体量的构思上，同时充分考虑了董书记的个性特征，最后成型的是一个具有柱廊特征的整体形象。虽然柱子本身的柱径由左至右有着微妙的变化，但明显具有较强的传统特征。大家都认为这是一个董书记可以接受、甚至喜欢的方案。

汪克艾林工作室 Wang Ke, Eli & ChunLin Workshop

1　骑在山上的建筑
2,3　工作模型二，有明显的传统特征
4　调整后的方案表现图
5　建成的遵义市行政中心

1 The building is floating on the hillside
2,3 The option 2 working model with strong traditional character
4 The perspective after modification
5 The completed civic center

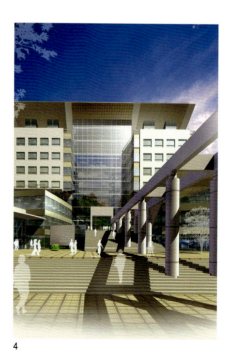

最让汪克记忆犹新并深表敬佩的是，叶市长代表业主到工作室否定新方案时说的话："哟……你在给我们做人民大会堂呢。"因为这个方案无疑会被董书记选中，但大家都认为另一个方案更切合时代特征，最后业主决定不要提交新方案，但对原方案做了一些改进，也做了一些折衷。修改出来的方案，由叶市长亲自向董书记汇报，半小时后叶市长面带笑容回来，方案通过批准。这一次风波平息。

对于业主和建筑师，现今的中国无疑是一个充满机会，也布满陷阱的时代。

一方面，现在是中国创作环境最好的时期。现在的业主来找建筑师时，往往会给建筑师提出这样的要求："你给我设计一个大家都没有见过的样子出来。"业主的接受能力高得惊人，甚至高得怕人。哪怕是一个建筑师自己都尚未肯定的想法，只要具有某种表面的吸引力，不容建筑师想明白，已经给你盖起来了。另一方面，中国的文化已经完全进入了多元化的时代。改革开放带来对文化观念、价值标准风暴般的冲击。各种眼花缭乱的流行浪潮的持续冲击，使持有固定观念的人士不断遭受打击。最终导致无人有能力对各种怪现象作出有说服力的判断和发出有影响力的声音。建筑依附于经济、文化，建筑的"实用性、经济性、美观性"的传统标准，在商品欲望的驱使下受到冲击，建筑被虚假、炫耀、夸张、诱惑或暴利所包围，建筑自然会反映出某种不安和焦虑。反本质、挪用、复制、解构、多元化、无中心等后现代艺术的一些主要特征无遮掩地表露出来，从有理性的设计到商品设计这一不可逆转的变故，便成为了后现代产生的基石。在艺术多元化的今天，业主不仅仅受建筑风格的影响，而且更多的是受物质英雄、明星规则、影视传媒、广告艺术和流行音乐的多重影响。后现代主义认为：压抑是文明不可逆转的代价，所有的矛盾、差异、个性和色彩在单一的凝固的逻辑之下统统被宰割。一切知识和认识要通过科技思维向知识能量的转化过程中才被承认。建筑师通过自己的作品，将艺术语言转换为机器语言，艺术创造通过科技思维在机器复制的过程中作为符码而存在。这样，社会提供的开放与宽容的氛围使得建筑师可以比较随心所欲地表达自己的语言，而其作品成为交流的工具。

5

在当今中国，传统的权威已经丧失，新的权威尚未出现。花样翻新的各种新奇式样的建筑层出不穷，这也给我们的建筑师带来了极好的创新契机。汪克在遵义市行政中心的设计中显然把握了这样的时代特征，设计出一个具有天才构想的、十分罕见的"山水园林城市的龙头建筑"。外架落下来以后，得到大家的一致喜欢。叶市长特别高兴，说："汪克，你看，我们的这个房子比你的模型还好看。"汪克也高兴地回答："这正是我们工作室给客户的承诺，盖起来的房子比画的还要好。"傅市长立即邀请汪克进行市委新办公楼的设计工作，但由于用地迟迟没有落实而作罢。副指挥长曹凤泉在现场的大台阶上自豪地说："这样多人来看我们的大楼，大家一致公认这栋楼至少是西南第一。"

有一次设计方的顾问工程师在遵义乘出租车到现场进行验收。司机并不知道他们就是设计师。一路上向他们大谈行政中心，骄傲之情溢于言表。年轻的设计师心花怒放，深感满足，回京后逢人必讲。在北京，几乎所有见过该建筑或照片的人士都不由自主发自内心地感慨："北京也没有这样精彩的一栋山水园林建筑！"

遵义市行政暨会议中心 Zunyi Civic & Conference Center

汪克艾林工作室 Wang Ke, Eli & ChunLin Workshop

1,2 建成后的建筑室内
3 通高的中庭
4,5 门厅后的小水庭可以调节小气候
6 全空调设计需要足够的运转费用（图示为空调机房）
7 原办公室布置平面图采光和通风良好的环境
8 阳光走廊

1,2 Interior views
3 Atrium view
4,5 The small water pond can regulate the micro-climate
6 The air conditioning design required funding
7 With the orientation, the offices did not need air conditioning, in original design
8 Sun light corridor

然而汪克也没能逃过时代的陷阱，双刃剑的另一面也无情地落到他的头上。抢工期是国内工程尤其政府工程的一大弊病；造价不足甚至资金不到位，是影响工程质量的一大杀手；运行资金不能达标，甚至不能保证，是建筑使用的重要障碍。以上几个方面加上汪克设计时的高定位，投入使用后发现运转预算不能支持设计额定的能耗值，造成了使用上新风、空调冷风或暖风的相对不足，使用舒适度打了折扣。视作品如同生命的汪克痛彻心扉。

在早期与汪克同样乐观的业主，在整个建设过程中满怀希望、兢兢业业，超负荷工作、高强度投入工作。他们对使用上的缺陷更加痛心疾首，自然会对身为专业建筑师的汪克的预见不足深感失望。加上汪克的本地人身份，对他就更抱怨有加了。

汪克反思这个刻骨铭心的惨痛教训，外因当然有很多社会和行业的弊病。但汪克认为检讨自身内因才是积极进取的有益态度。他认为早期的项目研究阶段在设计定位上有冒进。在红花岗区项目成功的光环后，汪克有些过于乐观，希望在后一个项目上再创辉煌。加上业主是红花岗业主的上一级机关，当业主表示经济实力有很大提升时，汪克把这种提升主观地夸大了。由于业主所提的设计要求也非常高，直接要求全封闭中央空调系统，汪克误以为业主可以支持全空调运行模式。因此在设计中有意减少外墙面，加大进深，意在节省能源。在前一个项目建成后，艾里先生曾惊叹汪克戏剧性地将遵义一个区政府的办公环境提高到如此高的水平。成功的汪克飘飘然中下意识地试图把他曾经居住和工作过的"加州模式"引入遵义市府的设计中。这种冒进又影响了业主。在实际使用中业主体会到气候适宜如春秋两季时，就完全可以不用空调，以节省大笔电费。此想法显得相当合理，当业主论及此项时，汪克无言以对，后悔莫及。

汪克艾林工作室 Wang Ke, Eli & ChunLin Workshop

1,2,3　会议厅室内
4,5　会议厅外环廊
6,7　会议厅墙面细部
8　会议厅室内设计方案草图

5

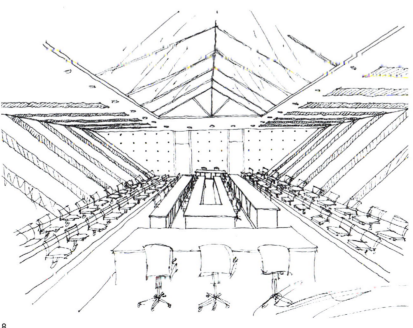

8

6

7

1,2,3 Interior view of the conference hall
4,5 Corridor of the conference hall
6,7 Detail of the conference hall wall
8 Interior design sketch of the conference hall

遵义市行政暨会议中心 Zunyi Civic & Conference Center

1,3 入口大厅的通高玻璃幕墙
2 幕墙立面图

1,3 The glass curtain wall at the entrance hall
2 Elevation of the curtain wall

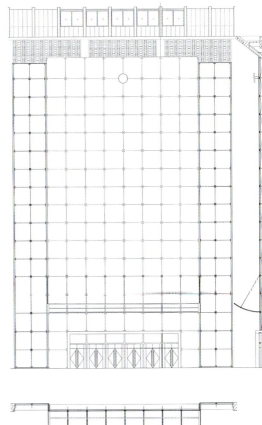

这将是他终生难忘的一课。

除了这些重大波折外，汪克说自己还有不少小教训。而我从这个小教训中看出来汪克对自己的作品精益求精的严谨态度。

在去参观的路上他就对我说，遵义市政府这栋建筑有一处没有做好，让他深感遗憾。在现场他带我由大楼后面来到入口大厅，让我向前面看。原来玻璃幕墙上的一条横向金属杆对人们观赏远处的景观时，视线有局部遮挡。其实由于景观很大，对于局部的遮挡一般人根本看不出有任何问题。

但是追求完美的汪克"挑剔"到不能容忍有任何瑕疵。当生产玻璃幕墙的厂家第一次将加工图拿来给汪克看时，汪克就指出了这个问题。他的大门洞设计意图是要这个玻璃墙很通透不被遮挡，而在每一层拉的钢结构，其高度刚好在人的视线位置，破坏了汪克的这一构想。于是汪克与生产厂家商量将每一层一根结构变为每两层一根结构。看到在修改后的图纸中厂家取消了一条横杆，匆忙中汪克只让设计总监拿到他自己的图纸上再复核一遍。然而总监没有注意到生产厂家去掉的那根杆恰好是无关紧要的那一根，而想要厂家去掉的那根挡住人视线的杆偏偏被保留了下来。这使得他更加重视思考

遵义市行政暨会议中心 Zunyi Civic & Conference Center

汪克艾林工作室 Wang Ke, Eli & ChunLin Workshop

1 阳光透过门厅的玻璃幕墙，投下美丽的影子
2~5 玻璃幕墙细部

1 Beautiful shadow effects of the glass curtain wall
2~5 Details of the glass curtain wall

2

3

4

5

遵义市行政暨会议中心 Zunyi Civic & Conference Center

怎样将设计意图更好地贯彻的问题。

以我在现场的感受,整体建筑具有很强的现场征服力。任何人一旦见过该建筑,一定会在他心目中留下独特而深刻的印象。我以为这是中国现代建筑史上一个独树一帜的原创设计。以下我从中国和世界两个层面来解析。

从中国来看,这个设计第一确保了其时代性。无论从穿孔氟碳喷涂金属铝板材料的使用还是混凝土结构与幕墙技术的表达来看,这无疑是一个不折不扣的当代建筑。第二是设计手法的原创性。利用山形地利的布局手法无疑是一个独具诗韵的绝妙之作。虽然设计师曾从世界遗产布达拉宫中吸取养份,但这是一个适宜场地和功能的全新设计表达,有着内在严密的逻辑关联性。不管对专家还是外行,这个设计都有一种让人瞬时传导的内在感染力。第三是它"衔山吞水"、大气磅礴的整体气势。尤其在夏天,高九河高水位形成瀑布时,观者站在桥上,远看城市北端的龙形山脉蜿蜒而下,从动力副楼和主楼之间的留空中进入到城市广场,让人惊叹和遐想。依山端坐的行政中心主楼长达168米,在这个宏大的整体效果之下,门洞与留空、梯级会议中心和斜向市民中心,各个局部取得一种随意轻松然而又精妙绝伦的动态平衡。在阳光的移动下组成一幅幅光与影的生动景

1,2,3,8 The aluminum perforated panels on the external wall
5,6 1:50 elevation rendering
4,7 The aluminum perforated panel view as seen from the interior

2

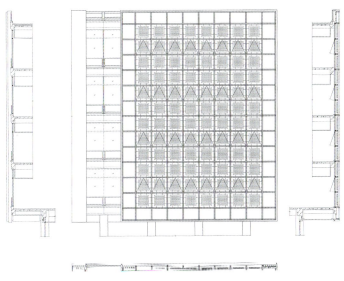
5

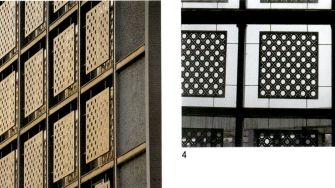
3

4

7

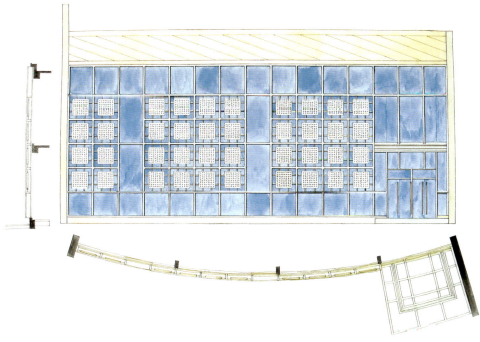
6

8

1,2,3,8 采用氟碳喷涂金属穿孔铝板材料的外墙
5,6 应用穿孔板的1:50比例局部立面放大图
4,7 从室内看穿孔板的效果

遵义市行政暨会议中心 Zunyi Civic & Conference Center

汪克艾林工作室 Wang Ke, Eli & ChunLin Workshop

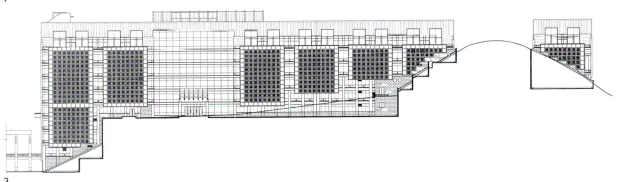

1　局部立面渲染图（1:50）
2　氟碳喷涂穿孔铝板立面效果
3　建筑北立面图

1 elevation rendering 1:50
2 The aluminum perforated panels
3 North elevation

遵义市行政暨会议中心 Zunyi Civic & Conference Center

1,2 会议厅环廊外墙采用穿孔板材料
3,4 环廊室内阳光通过穿孔板投下多变的光影组合
5,6 环廊外的小景框

1,2 The aluminum perforated panels on the exterior wall of the conference hall
3,4 The shadow effects of the perforated panel
5,6 Framed scenery

致。好一副山水城市的美妙画卷。

从世界范围来看，在第二次世界大战以后，建筑艺术就放弃了在政府建筑领域的表达。其原因有三：①绝大多数欧美的行政建筑在二战之前业已建成并沿用至今，在整个西方世界，此类建筑的新建需求量很小；②由于民主思潮的泛滥和两次世界大战的阴影，在西方世界中流行一种对权力的抑制倾向，因此新的行政中心建设纷纷强调对民主意识的表达，或者简单放弃象征权威的努力；③沿用至今的或古典、或浪漫、或折衷的坚固耐用的老建筑，事实上已经完成了对当地政府所需要的权威的表达。然而中国具有完全不同的国情，汪克的这一次设计追求如果放到上述的背景中来考量，确实具有耐人寻味的意义。

虽然美中不足，毕竟瑕不掩瑜。我相信这项设计的成功在时间长河中将会得到验证。

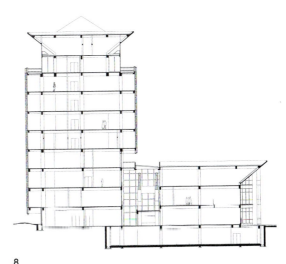

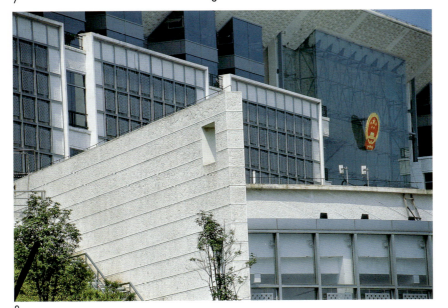

8　建筑自北向南纵剖面图
7, 9, 10, 11, 12　穿孔板、凿毛、白云石外墙和玻璃幕墙的组合应用形成了现代与地方特色的协调

8 Transverse section from north to south
7,9,10,11,12 Combination of perforated panel, hand hammered dolomite wall and glass curtain wall enhance the harmony of contemporary and local styles

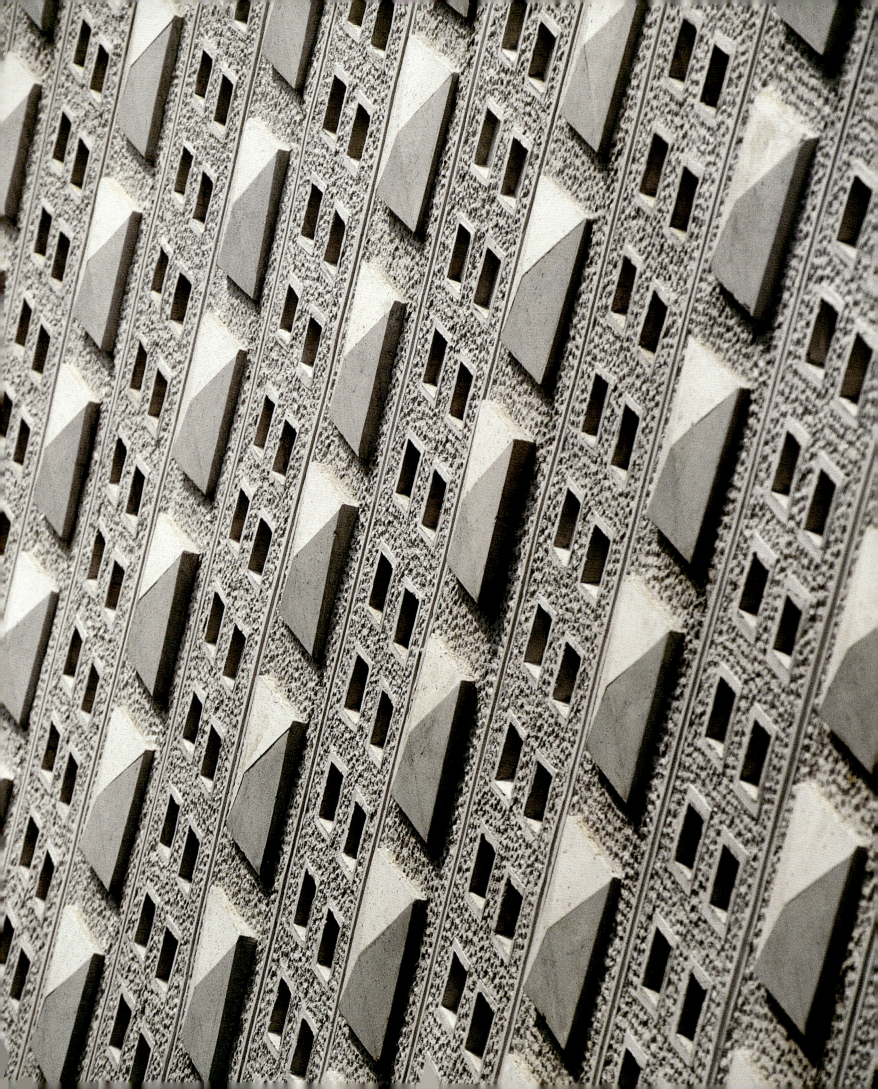

1 具有工艺美感的白云石凿毛墙面
2 白云石凿毛肌理
3 顶部倒三角型墙面肌理图案立面图
4,5,7 具有当地特质的白云石凿毛墙面和穿孔板、玻璃幕墙组合具有独特的效果
6 局部立面渲染图（1:50）

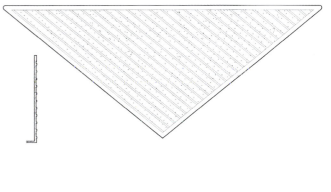

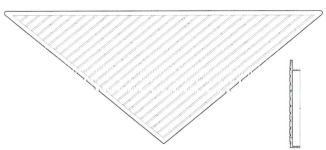

1 The artistic hand hammered dolomite wall
2 The texture of hand hammered dolomite wall
3 textured triangular form wall texture on the top
4,5,7 The local hand hammered dolomite wall combined with the perforated panel and glass curtain wall introduces a unique character
6 elevation rendering 1:50

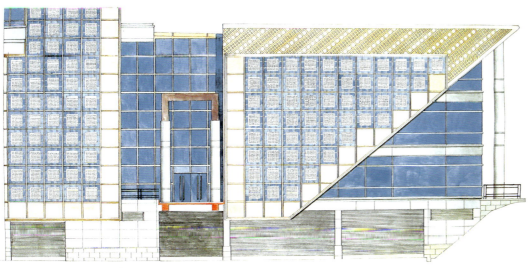

遵义市行政暨会议中心 Zunyi Civic & Conference Center

汪克艾林工作室 Wang Ke, Eli & ChunLin Workshop

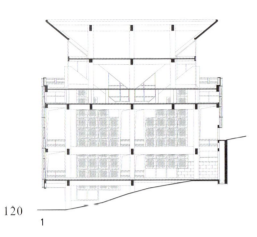

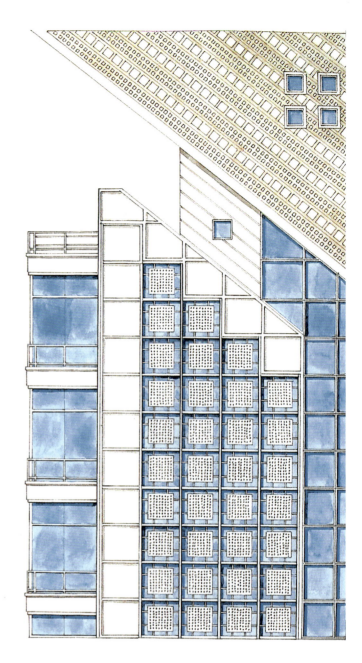

1　建筑剖面图
2　建筑局部立面渲染图（1:50）
3,4　建筑头部石墙面与幕墙相交处细部

1 Section
2 elevation rendering 1:50
3,4 view of top

5

5 建筑局部立面渲染图（1:50）
6,8 建筑顶部，白云石墙面与幕墙肌理细部
7 建筑东立面图

5 elevation rendering 1:50
6,8 Detail of top
7 East elevation

6

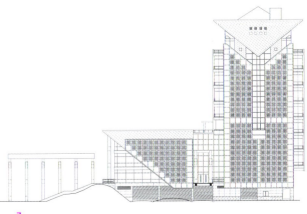

7

8

遵义市行政暨会议中心 Zunyi Civic & Conference Center

1,2 会议厅的入口雨篷
3,4 建筑北入口的雨篷
5 雨篷细部
6 会议厅外墙的片墙局部

1,2 entry canopy view of the conference hall
3,4 entry canopy view of the north entrance
5 entry canopy details
6 exterior wall details

7

8

9

7 柱廊仰视
8 夕阳下的柱廊
9 从室内看柱廊

7 Skyward view of gallery
8 Sun set gallery
9 View from the interior

遵义市行政暨会议中心　Zunyi Civic & Conference Center

汪克艾林工作室 Wang Ke, Eli & ChunLin Workshop

Client's requirements: A contemporary building integrated with nearby "hill and water".

A great site. There is a grand view of distant mountains at the deep end of the axis. A hill in the middle way, a river in the front of plaza, and a 200x200 meter plaza in front of the proposed building, that forms a strong visual axis in front of the proposed structure. At the other direction, there are mountains at back that form another axis at behind of the building. Unfortunately there is an angle of 30 degree in between the two axes. Another challenge is that the client asked a multiple-story building at the end of 200 meter plaza.

The first attention is paid to frame the front view by an 8-story high gate, with a corridor served the same purpose. Main building is L-shaped, both benefit to the view and the functions. While the front view is well organized, a bold idea is generated after a lot of failures of trying to arrange the back axis. That idea is to eliminate the back axis by putting the building right on the nearby small hill.

This idea is bold but logical: first, a complicated three items situation is simplified to two items; second, building height is increased by place the building on top of the hill, that height is better fitted into the plaza scale; third, the building links water/river and hills/

mountains, that is required by the client. A further treatment is introduced by the stepped conference halls, and a slanted line in between the halls and office slab is cutting into the side wing to create a triangle panel which balances the overall elevation in a surprising way.

The aluminum perforated panels and the cutting-edge technology curtain-wall are responded to the client's desire of a contemporary image. That is based on the massive use of hand chopped, "Bai-yun stone" exterior wall, that massive use of local material is efficient to cut off the cost of building.

Some other high lights are front view introduced to and share by many different rooms of the building in different ways, and a waterpool and a waterfall created by chance in construction to reduce earth refilled quantity.

汪克艾林工作室 Wang Ke, Eli & ChunLin Workshop

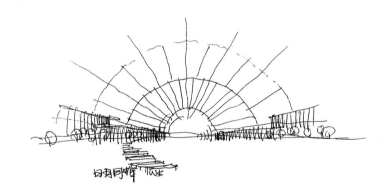

乌当区行政暨会议中心一期 贵阳 2000-2003年
WUDANG CIVIC & CONFERENCE CENTER I GUIYANG 2000-2003

在接下来进行的乌当区行政中心暨会议中心的设计中，汪克进行了他计划中的第三阶段职业创新：全程设计及管理服务。这个预计需要八年的计划被提前三年完成。

一直封闭落后的乌当区其实离城区很近。由于地处有"林城"美誉的贵阳市环城绿化带，森林覆盖率很高，环境优美。当时的区领导团队敏锐地利用了自身特色，将这一环境优势转化为后发优势，使得乌当区经济排名由1998年全贵州省的第19名，奇迹般地飞跃至2002年的第四名。

奇迹的背后必然有着某种非同寻常的张力。这种张力也必然与某种精神力量相关联。对于大多数人而言，在西部城市边缘的穷山沟建设一个现代化行政中心的梦想似乎是不可企及的。然而，在这种精神力量的支持下，他们拿出了一套涵盖了整个区级权力机关的整体搬迁计划。首期工程由区委办公楼、区政府办公楼、人大办公楼、政协办公楼、开发区管委会办公楼暨会议展览中心、武装部办公楼、接待中心和武装部生活区8个子项组成。二期工程为检察院、法院、公安局、政法委、司法局和党校五个子项组成。三期工程则是包括工商局和税务局在内的所有其它权力机关。总规模超过10万平方米，分三期工程完成。

乌当区行政中心项目于1998年开始策划，于1999年开始选址，在条件未成熟时项目一直处于准备阶段。在准备阶段里，乌当区的领导们共考察分析了16个基地，从中挑选了6个候选地点。在进一步的反复比较后，发现其中位于新天寨的燕子冲地块优势较多：场地容量可以满足三期分期建设；场地自然环境优美，易出效果，易于维护；距离现

汪克艾林工作室 Wang Ke, Eli & ChunLin Workshop

上页：站在对岸向北看区政协办公楼在阳光下融入自然

1　概念设计草图，对同心圆控制第一步探讨
2　模型视角A
3　模型视角B
4　模型视角C
5　模型视角D
6　基地原为采石场废墟
7　拟建场地有山水景色，但采石场废墟在其中触目惊心

Previous page:West view from the bank, the office building is beautiful in nature
1 Concept sketch
2 A view of the model
3 B view of the model
4 C view of the model
5 D view of the model
6 The site was originally a discard stone quarry
7 The site has scene of mountain and water, but there is a scar of discard stone quarry

有人口中心新天寨仅几分钟车程，方便老百姓办事和干部职工上下班；场地搬迁量小；充分利用中央投资立项的航天路；建设可以改善国家级高新技术开发区所在地的环境质量等等。乌当区政府最终在新天寨新区选定了燕子冲这片背山面水、环境优美的区域作为新建行政中心的选址，他们相信这一选址必将促进作为乌当区龙头的新天寨在本区域的飞跃。

与任何有远大抱负的业主一样，选择建筑师是他们早期的另一项重要工作。

在项目策划之初，业主内部即制定了选择建筑师的标准：①设计师应具有全国一流的设计实力，有专业能力处理复杂的山地地形，能够完成一个低造价工程的设计任务；②设计师应具有强烈的专业精神，能够有效地与业主沟通，全力为业主着想；③设计师应具有高度的社会责任感，认真投入，对工作一丝不苟，能够承受压力，圆满完成任务。

开始业主有两种选择：①省内各家设计院；②省外知名设计院。

早在选址初期业主就在不断接触这两类建筑师，然而一年下来，业主深感失望："这些建筑师知识结构不全面，我们在选址中问到他们问题时往往得不到满意的回答。早期请来的建筑师几乎起不到什么作用，他们大都不能与业主进行对话。只会被动地听业主的（意见），业主怎么说，他们就怎么画。"其实业主在项目初期很想听到的是建筑师的意见，而不是建筑师模棱两可的赞美、奉承。建筑师的专业意见可以将业主模糊的想法条理化和明晰化，一个认真理性的业主明白自己潜意识中存在着某种需要，但苦于不熟悉建筑方面的知识和术语，往往不能充分表达出来。这时候他们迫切需要的是该领域的专家的专业意见。往往一个建设项目的投资额都很大，周期很长，对业主而言责任也很重大，在压力面前业主并非需要一味迎合他们口味的词汇，更想听到一些中肯的意见。

在与很多前两类建筑师接触后感觉不理想，工作很难推进。2000年4月，就在业主一筹莫展之时，他们目睹了红花岗区行政会议中心竣工使用后产生的轰动效应。该建筑以远远超出众人期望的品质，赢得了一致的赞赏。

汪克艾林工作室 Wang Ke, Eli & ChunLin Workshop

他们了解到红花岗业主的不完全统计：在建成后的第一年平均每天不少于两拨人群前来参观。他们了解到不但有业主的满意、领导的表扬和专家的肯定，此外这个项目还得到了当地群众的喜爱。当地老百姓的自豪感，"情人岛"和"婚纱点"的传闻，以及他们参观现场时所感受到的冲击力，不禁让业主怦然心动。业主开始想办法接触这位贵州籍海归派建筑师汪克。

汪克的出现让他们眼前一亮，他的第一次作品演讲就将业主深深吸引住了。汪克广博的专业知识，让业主耳目一新，茅塞顿开。汪克的执着和敬业精神让业主受到感染，引起共鸣。汪克丰富的实践经验，让他们大获裨益，深感放心。经过考察，他们对汪克的评价有三条：有才、狂妄、做事认真。业主还专程到北京汪克的工

1，4 概念设计深化工作草图，尝试建筑与景观山、水、广场共生、共融的关系
2，3 交通分析图和景观视线分析图
5 1：500比例的概念设计深化工作模型完型构想，已初步成形

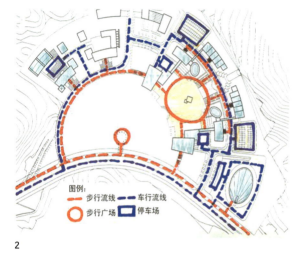
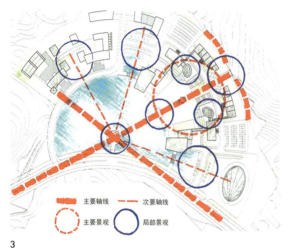

1,4 Concept design development: establishing the principle of the building, mountain, water and the square
2,3 Traffic and view analysis
5 1:500 draft model

6,8 一期建筑功能组成、分析图表
7 1:1000 比例的总体工作模型研究
9 概念阶段总平面图：广场、建筑与山体的秩序已清晰可见
10 一期基地纵剖面图，水、广场、建筑、山体沿轴线层层升高

6,8 Functionae diagram of the first phase
7 1:1000 draft model study
9 Concept site plan: the principle of the building and mountain is clear
10 Longitudinal section

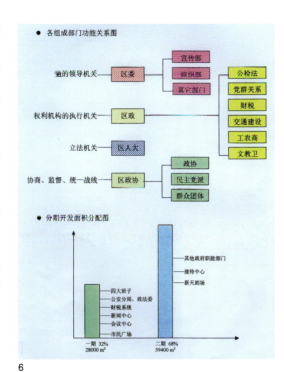

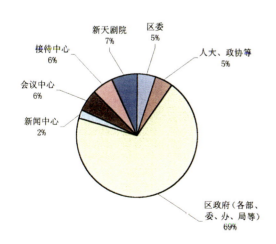

作室进行现场考察。在那里，业主看到"一群年轻的精英在充满热情地工作着，这些设计师所表现出来的正是乌当所需要的创新精神"（来自对王书记的采访）。经过近半年之久的多次考察，反复讨论，他们认定"汪克就是我们需要的建筑师"。

另一方面，当时汪克正在忙于其他的项目而不能立即开始设计工作，于是他在以前的三个常规工作条件，即时间、费用、合同之外，附加了第四个条件，就是档期排队。因为当时很忙，他必须保证签约业主的利益，同时也是对新的业主负责。汪克对业主说："如果你们工期不允许等待，建议立即找别的建筑师以免耽误进度。假如工期可以等候，两个月以后我们交付手上项目后就可以着手你们的设计。"业主居然同意等候。

2001年1月设计正式开始。汪克发现他面临三大挑战：

第一大挑战是场地异常零乱。所在地新天寨正在进行城市化改造，两条主要干道贵开路和航天大道都正在建设中。乡镇格局的新天寨没有一栋高质量的建筑和一条象样的街道。受到山地的制约和长期贫穷的局限，当时没有一条像样的路，没有一个完整的片区，甚至没有一个可实施的规划。如何在场地上建立秩序成为一大挑战；

第二大挑战是采石场的环境破坏。接受任务后汪克反复踏勘场地，发现拟建

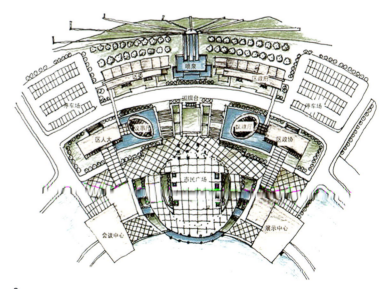

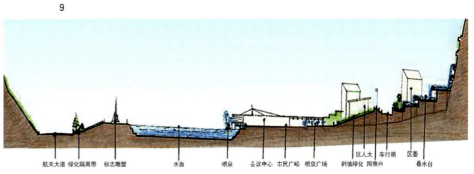

1

1 从由鱼塘改建的湖的对岸看整个建筑群,山水交相辉映
2 一期建筑群主体南立面图,四大班子和山体图案形成一个整体
3 概念草图

1 View from the other opposite of the lake
2 South facade, four buildings merged with the mountainscape
3 Concept sketch

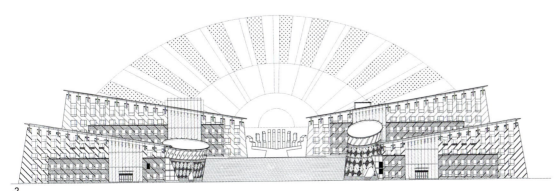

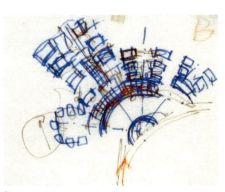

乌当区行政暨会议中心一期 Wudang Civic & Conference Center I

汪克艾林工作室 Wang Ke, Eli & ChunLin Workshop

1

1~5 扩展概念设计阶段工作模型,单体、环境已慢慢完善

2

3

4

1~5 The working model study:
evolution building design

场地郁郁葱葱,地处"林城"环城绿化带,有山、有水、有景,异常优美。然而美中不足的是,场地重要地带赫然有一座200米长、70米高的采石场,在青山绿水中如一道刀疤般触目惊心。怎样克服场地的这一严重缺陷?

第三大挑战来自于业主。能够在短短的六年内由全省排名第十九位飞跃进入前四名的业主,是一个创造了奇迹的业主。奇迹的背后总有某种强人的张力。这个张力也支持业主向建筑师提出一个命题或挑战:在执政50余年后彻底改变了中国人生存状态的今天,当诗歌和戏剧、电影和小说都对执政政权这个宏大的社会现象做出了经典表达的今天,为何唯独建筑艺术一片苍白?何时听到"石头的史书"打破失语的尴尬呢?

面对挑战,建筑师以饱满的创作热情和一套深入而严谨的工作程序,沉着应对,有条不紊地展开了一次牵动了所有参与者心魄的设计工作。两个月的规划和三个月的单体方案设计,从无到有、由浅入深,建筑师引导业主开始了一次发现之旅,其中有曲折、有困难,有峰回路转,也有柳暗花明,最终勾画出了一副动人的远景。

第一个灵感来自于第一个月的规划概念设计工作中,建立了场地的控制性秩序并解决了分期建设划分。但这个答案来得并不容易,已经到了第一阶段工作结束前的紧迫时刻,第一次真正的灵感才终于来临。一天下午,汪克找到了一个圆心,画了大半个同心圆,将所有的建筑都沿着同心圆的弧线布置,从而得到一种非常简单,控制力又极强的几何秩序。大家看到这个概念草图时眼睛一亮,意识到他们终于找到了出路,他们找到了一种秩序,一种规律,一种与大山体的关系。汪克重视格式塔理论的实践和完形心理学的运用,他试图用一种单一的形式感来统一所有的项目元素。在设计时,总会有一些元素游离于主体之间,但整体的关联是清晰和完整的。

第二个灵感产生于接

5

汪克艾林工作室 Wang Ke, Eli & ChunLin Workshop

某采石场改造的成功实例
1 为改造前
2 为改造后，公园般的环境给业主增强了信心
3 为场地拥有的山水景观的优势
4 为场地中央采石场对景观的严重破坏（200米长，70米高，在青山绿水中触目惊心）
5 山体方案

An example of a quarry restoration
1 Before
2 After
The site's environment
3 The positive view of the scene
4 The negative view of the scar
5 Design of scar treatment

下来进行的单体概念设计阶段。该阶段的设计探索一直围绕"原型的建立"。这是汪克设计的第三个行政中心项目，他已经很熟悉常规的功能设计。但这一次，他想在超越功能之外融入一些更深层次的哲学符号，尝试建立一个新时代行政中心的建筑原型，以回应业主的挑战。结合场地，他将主体建筑设计为四栋独立的楼房，功能分别为区委、区政府、人大、政协。在西方国家讲的是三权分离，我国现行的是四大班子。四个体量自然围合并形成一条虚无的、开放式的中轴线，轴线两边的建筑造型各异，因地形而高低错落，从而暗合业主理想的"四大班子"模式。虚位的轴线留给了大地，并承启了后山前水，山水与大地在这里成为人民的象征。所以轴线上没有设置任何建筑，因为那是封建帝王的习惯做法而不合当今时代精神。在新世纪初的中国，党委的领导高于一切，政府行使行政职权，这两个机构在现行权力结构中份量无疑是最重的。这两栋建筑被放在地势最高的一个台地上，并特意设计区委的门厅高度超过两栋单体。宪法规定人民代表大会是最高立法机关，因此人大的议事厅不但本身空间做得最高，同时也是建筑群的另一个制高点。政协是各个民主党派与社会各阶层参政议政的地方，会议厅稍矮一点，但大一些，象征人民大团结。人大与政协的屋顶上都留出较大空间，并通长开窗，象征人民政权的透明度。门厅都没有设台阶或踏步，象征新时代的人民政权没有门槛，朝向百姓，为民服务，倡导民主。

由此，汪克进行了一次对当今中国权力形式的一种建筑表象传达的原创探索。

第三个灵感产生于最后的单体概念设计阶段之末，成熟于业主追加的扩展概念设计阶段。该答案直接面对的是刀疤一样的采石场。在无数次失败后眼看无计可施时，执着的设计师终于得到回报。那时汪克意外

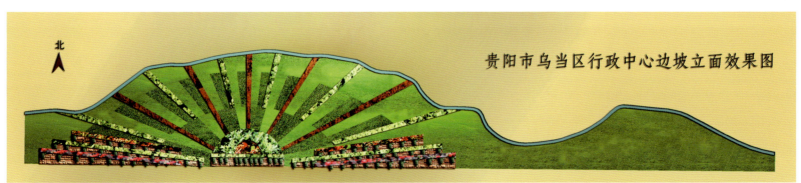

贵阳市乌当区行政中心边坡立面效果图

6 The completed buildings convey a sense of balance, order and serenity. Their reflected image serves to magnify the compositional elegance

6 建成的单体既有强烈的个性，又有均衡的总体感，水面的倒映，更平添不少色彩

1

2

1 建筑群夜景，四个通高门厅有如四盏明灯
2，3 开阔的人工湖与建筑群连同远山构成一幅山水画卷
4 方案总平面图
a 区委办公楼
b 区政协办公楼
c 区政府办公楼
d 区人大办公楼
e 会展中心
f 武装部

3

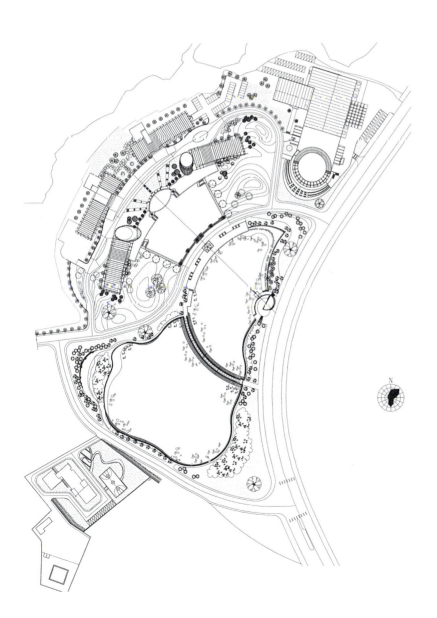

遇到一位岩土工程师,通过他了解到乌当区区政府准备动用300-500万元清除采石场危石、封闭山体并恢复植被。业主按常规认为这个信息是岩土工程师的事而没有想到建筑师。然而这个看似无关的信息却给了汪克灵感的启发。他突发奇想,何不化腐朽为神奇?既然要花这么多的钱,为什么不把它做成建筑的背景图案呢!将封闭危岩恢复植被的工程图案设计成群体的背景,不但点化主题,而且产生多义性联想。援引"乌当"地名的原意是"初升的太阳",加上将鱼塘改建为新月形湖面,那么山体图案在湖中倒影就可形成日月同辉之景象。

总体思路确定后,下一步就是空间和材料的谋划,该方案有独到的考虑。空间上将四个门厅设计为通高空间。白天从门厅看出去获得四幅山水画卷,夜晚灯火通明的门厅成为四盏定位明灯。为了控制成本,主体外墙均采用地方石材,但两种做法与以前全然不同。在建筑的下部使用当地常见的青石砌筑,形成厚重的质感直接与土地相连,体现石材最本源的意义;建筑中部采用遵义市行政中心实验成功的白云石凿毛外墙,价廉而质精,是石材在现代技术下的一种扩展使用,建筑顶部为轻钢结构,轻盈而逸致,建筑整体形成由下而上,由重而轻的质感变化,产生一种抵抗重力的视觉张力。这种有着内在逻辑联系的材料安排,加上晶莹通透的四个门厅,具有极强的时代感。从而表达了业主期望的升腾与飞翔的主题。

在单体方案设计中,汪克打破常规的对称格局,解放了每一个单体的形式力量,让每一栋单体建筑都有十分强烈的形式演绎。然而,均衡的总体布局又给人一种传统的安定感,再加上诸如"日月同辉"的人文元素,让这几栋被戏称为"歪门邪道"的单体得以通过了方方面面的审查。

乌当区委王晓光书记对这组建筑群的设计十分满意,他高兴地比喻说:"咱们这个行政中心,看起来就像是一架喷气式飞机。"乌当经济和社会的全面起飞与升腾,终于在凝固的建筑中传达出了永恒的气息!

有了一个理想的构思,接下来比构思更重要的是建
(接160页)

1 Nighttime view : four entry hall appear as four bright lights
2,3 The open artificial lake merges with buildings to form a landscape painting
4 Site plan
　a Office building of the district committee
　b Office building of the district political consultative council
　c Office building of the district government
　d Office building of the district people's representative conference
　e Conference center
　f Military dept

乌当区行政暨会议中心一期 Wudang Civic & Conference Center I

汪克艾林工作室　Wang Ke, Eli & ChunLin Workshop

1

1,2,3 区委的门厅高度超过其他单体以体现党的领导，门厅的天花图案由钢结构衍架组成，既是结构又是装饰
4 政协入口

1,2,3 The entry hall of the district committee is higher than the other building to represent the leadership of the Communist Party. The ceiling image is produced by the decorative steel structure
4 The district political consultative council building entrance

2

3

汪克艾林工作室 Wang Ke, Eli & ChunLin Workshop

1

1 在湖的对岸看区政协办公楼，有如飞翔的翅膀
2 区政协办公楼南立面图

1 View from the opposite site of the lake: the building appears like a flying wing
2 South elevation of the district political consultative council building

建筑形式美赖以存在的条件之一，是建筑造型以直观性呈现。建筑的造型和空间的意蕴，必须通过人们对于建筑造型的视觉神经的反应和对于建筑空间的亲身体验过程中所产生的心灵感应，才能被观者所理解并接受。

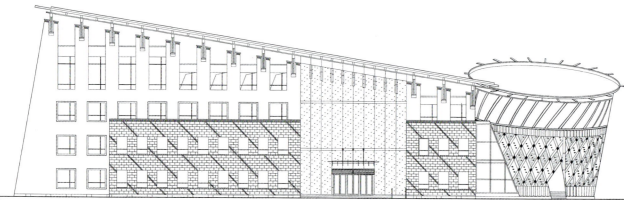

2

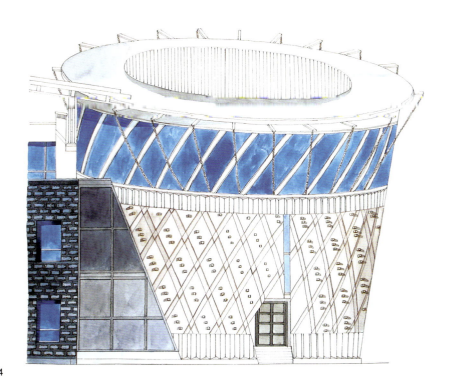

3 从区政府二楼看区政协会议厅与远山融为一体
4 区政协会议厅立面渲染图(1:50)

汪克的建筑设计作品,重视人们的直观视觉效果,同时也注意利用视觉对于人们审美的重大作用,而调动观者的感知作用。他熟知,建筑的形式美要尽力发挥其构成方式的艺术感染力,使观者、业主与他的作品产生共鸣,并利用室内外空间的有序组织,使对视觉审美感受（下接145页）

3 View from the second floor of the district government office building
4 1:50 elevation rendering of the district political consultative council auditorium

汪克艾林工作室 Wang Ke, Eli & ChunLin Workshop

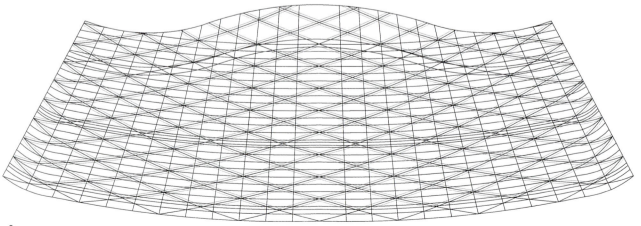

1 沿湖东侧小路看区人大办公楼
2 区人大办公楼立面展开图

1 View from the lakeside pathway
2 angular geometric pattern of the district people's representative congress council auditorium

3

4

5

3 Conference room
4 East view of the building, hand hammered dolomite wall and green stone wall interact
5 The stair style is similar to the one in the district government office building

3 会议室
4 区人大办公楼东侧一角，凿毛白云石墙面与青石砌筑墙面相互穿插
5 室内楼梯

（上接143页）
有着直接影响的视觉心理因素产生美的愉悦。

人们对于建筑空间的认识与感受，是用抽象综合的方法简化事物的复杂性。汪克的乌当区政府行政中心的设计，由总体着眼，并从局部单体的设计入手，注重整体形象给人的视觉冲击。当然，依照内养与修为的差异，业主及观赏者对于建筑造型的认识以及空间审美的好恶，会因人而异，可谓"仁者见仁，智者见智。"

反过来说，建筑师本人修养的高低，也鲜明地表现在其设计建筑的空间架构与造型处理当中。汪克具有良好的哲学修养和艺术基础，苏轼在《超然台记》中说："凡物皆有可观，苟有可观，皆有可乐，非必怪奇伟丽者也。"在乌当区政府行政中心建筑组群的设计中，汪克并不去追求怪奇伟丽的外在形式，而是运用均衡、静幽和相对稳

汪克艾林工作室 Wang Ke, Eli & ChunLin Workshop

1 从广场东侧望整个建筑群，四个体量因地形而高低错落，并暗含业主"四大班子"的模式

1 View from the east, the building group is organized in a heirarchical order to indicate the different leadership position of the four unit

定的古典美，是很富感染力的建筑形式。

乌当区行政中心融入于青山绿水美好的环境之中，产生了一种意境。这不仅是理想和感情同客观的景象事物相统一而产生的境界，而且也是言外意、弦外音、境外涵。清晨，一抹阳光刚刚爬上山岗，晨雾还飘浮在行政中心前面的湖面上。起早锻炼的人们便在这个宜人的外部空间里活动。在这一瞬间，我想到邓椿在《画继》中的感叹："世徒知人有神，而不知物之有神。"的确，汪克的建筑作品是艺术，我已经感受到了他（下接155页）

汪克艾林工作室 Wang Ke, Eli & ChunLin Workshop

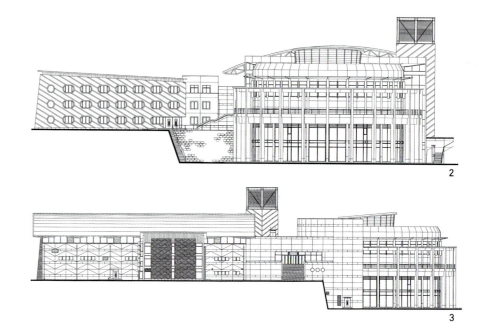

1 会展中心外廊
2 会展中心东立面
3 会展中心西立面
4 会展中心立面渲染图(1:50)
5 会展中心外墙

1 View of the corridor outside the conference center
2 East elevation
3 West elevation
4 1:50 elevation rendering
5 The exterior wall of the conference center

1 会展中心二层会议厅	1 The conference hall
2 会展中心的大会议室	2 View of the meeting room
3 会展中心活动厅的阳光板材质的半透明幕墙	3 The translucent curtain wall of the conference center interior
4 会展中心的大会议厅的背景采用和大山体相似的图案	4 Background image is similar to the giant pattern designed to cover the scarred mountain

乌当区行政暨会议中心一期　Wudang Civic & Conference Center I

1

2

3

4

5

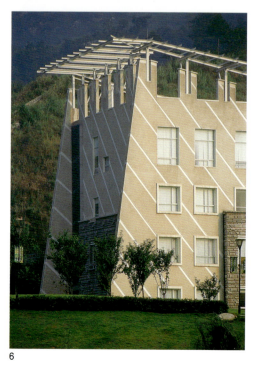

6

7

1,2,3,7 建筑主体外墙采用地方石材，下部用青石砌筑，形成厚重的质感，中部采用白云石凿毛外墙

4,5 建筑顶部的轻钢结构与下部的墙体形成一种自上而下由轻到重的质感变化

6 在遵义市行政中心项目实验成功的凿毛白云石外墙的运用

8 厚重的石材外墙与晶莹通透的门厅形成了强烈的对比

8

1,2,3,7 Local materials are used on the main building. The massive greenstone base with hand hammered dolomite concrete in the center

4,5 Light steel structure on top of the massive base creates changes in quality along the exterior facade

6 The method of hand hammered dolomite exterior wall were also used in the of Zunyi civic center project

8 Contrast between the massive stone wall and the glass clad entry hall

（上接146页）

的设计作品有形有神，有神有气，其意境渺渺。

物象置陈矛盾统一的法则之一是均衡。汪克设计的乌当行政中心就不是一种对称的手法，而是对称的升华。从表面形式上看，这个作品是破坏掉了对称，但实质上是将对称的内在规律予以保持，并隐含着对称的法则。

汪克的作品善于将建筑的形态、体积、重量感、强弱对比，以及色彩变化等多种构成要素，根据视觉原理与构成原理合理配置。乌当行政中心数幢建筑组合的结果，在均衡之中构成视觉的满足。我在现场体验时，获得一种平衡、稳定的视觉感受。其构成形式，还是保持了国人传统的均衡合度之美。

（下接176页）

乌当区行政暨会议中心一期　Wudang Civic & Conference Center I

乌当区行政暨会议中心一期 Wudang Civic & Conference Center I

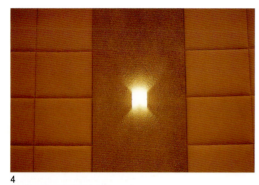

1~3 穿过门厅的连接交通核和办公区的走廊
4 人大议事厅墙面细部
5 政协会议厅墙面细部
6,10 政协会议厅室内
7,8 办公区内走廊
9 武装部办公区内尽端采光的走廊

1, 2 会议中心大屋顶施工现场
3 建筑师参加招标会现场
4, 5 场地平整现场
6 区委门厅施工现场

1,2 View of the roof of conference center under constr-uction
3 Architect addressing the bidding conference
4,5 Site work
6 The district congress council entry hall under construction

（接139页）造的实现。如何达到这个目标呢？承接任务时王书记对汪克提出了一个要求，就是要超过红花岗和遵义市两个行政中心。可怎样超过呢？

汪克开出的良方"全程设计＋建造服务"，这虽是国际通行的建筑师负责的全程设计和管理服务，但却是汪克归国后就跃跃欲试的重型武器。

创造奇迹的张力让业主有一种深远的前瞻性和超凡的洞察力，也正是这个张力给建筑师创造了实现"全程设计＋建造服务"的机会。虽然与汪克的八年计划相比，这是一个提前到来的机会，但稳重的业主并没有在一开始就答应汪克，直到在设计发展阶段时，业主在场地平整中遭遇了困难和风险。

平整场地由2001年7月开始，由于场地情况复杂，尤其采石场没有准确测量图纸，给平场工作带来了很大麻烦。到年底时仅完成了两个台地的成形，工作量浩大的采石场大山体平整尚未开始，而原先预算的200万元，已经花出去400万元。工期和费用的严重超出，业主着急了。如果是一个常规的设计，也许业主也就应付了。但这是一个全区人民关注的、又有很大的设计难度的工程，应付是不可能的。这还只是开头，想到其后艰巨的任务和压力，业主深感事态严重，这样下去，整个施工造价怎能控制得住？虽然已经抽调了区内的技术骨干，业主指挥部还是力不从心，他们意识到必须要有专业技术人员来有效的指导施工监督管理工作，否则后果不堪设想。他们想起汪克曾建议的国外通行的建筑师项目合同管理能够有效控制工期和造价，于是立即打电话给汪克，让他马上准备项目合同管理的资料。

汪克的天才组成部分包括他的说服能力，他能够让很多业主转变观念。这一次在此紧要关头，争取梦寐以求的施工合同管理服务机会就是一个精彩的实例。对于一个没有做过建筑的业主，汪克更容易说服他们，因为他们没有被扭曲，而汪克的方法本身是先进的，一说业主就明白。不过对于一个国内"经验老道"的业主，尤其有一些技术专长的业主，就比较困难。因为他们几十年来已经习惯了那种固定的模式，这种模式的低效率让他们焦头烂额，但又将任何一点改变都视为畏途。所幸乌当是一个新发展的城区，传统的阻力还不是很强。经过汪克的详细介绍和耐心解释，业主动了心。他们进行了反复讨论，最后相信这种管理模式是科学的、先进的，也相信汪克工作室有能力来完成这项工作。加上业主一直在寻找一种办法来加强监督，以杜绝这项工程中的贪污腐化，做一个真正的"阳光工程"，这种管理模式正好被认为是一个好方法。

为了让大家理解这个

"提前到来的机会",有必要引用汪克的两次讲话来对比一下西方与我国建造体系的差别,从中可以看出汪克的预见性所在:

"在全世界早期都实行工匠制,自文艺复兴以后欧洲建筑师从普通工匠中独立出来,成为'专业人士',继而成立专业协会,制订规范,逐渐进入近现代社会的'传统建造'时期。

"这个时期的规范首推号称'日不落帝国'的英国皇家建筑师协会RIBA制定的JCT合同系列。该系列合同创立了英国体系(UK System)的构架,成为全世界仿效的典范,其后的美国建筑师协会在其基础上创立了美国体系(US System)的AIA合同系列。

"以上两大体系均属于'传统建造体系',其特点为'建筑师'地位的设定。在施工过程中,业主只能通过'建筑师'对施工方发号施令。除了建造维护自用小住宅之外,业主必须委托建筑师进行设计并取得各种政府批文,必须委托建筑师进行施工监督或合同管理。建筑师也必须在较长的教育和实习期后通过一系列职业考试后方可上岗。很难的资格获取加上较丰厚的收入和较高的社会地位,导致建筑师不愿轻易犯错而放弃自己的职业权力和利益。通过现场监工和配合,建筑师指导并监督承包方进行全程施工,达到满意后方可验收付款,最后交付业主使用。

"'传统建造体系'的原则至今仍然不变。但随着社

7　2002年6月10日施工现场
8　2002年10月30日施工现场
9　2002年11月2日施工现场
10　2002年11月28日施工现场
11　2002年12月10日施工现场
12　2003年1月7日施工现场

7 View on 10th Jun. 2002
8 View on 30th Oct. 2002
9 View on 2nd Nov. 2002
10 View on 28th Nov. 2002
11 View on 10th Dec. 2002
12 View on 7th Jan. 2003

乌当区行政暨会议中心一期　Wudang Civic & Conference Center I

汪克艾林工作室 Wang Ke, Eli & ChunLin Workshop

1　2004年建成后第一年，从湖边小路看建筑全景
2,6　2003年5月24日，峻工现场
3　2003年1月7日，施工现场
4　2003年2月16日，施工现场
5　2003年6月29日，施工现场

1 View from the pathway near the lake, 2004
2,6 View on 24th May. 2003
3 View on 7th Jan. 2003
4 View on 16th Feb. 2003
5 View on 29th Jun. 2003

会的发展变迁，项目规模越来越大，技术设施越来越多，社会分工越来越细，英国土木工程师协会在原基础上推出NEC（New Engineering Contract）合同体系。随后，国际咨询工程师协会推出影响深远的FIDIC合同系列，'建筑师'的称谓扩展为'工程师'，以适应日益广泛的多种复杂项目情况。专业人士从建筑师扩展到更广泛的工程师，但有设计权的专业人士代理业主进行施工监督控制的实质不变。

"'AIA体系'至今沿用，"那么，我国的情况呢？

"在我国，清朝以前的工匠制度在20世纪初以〈中国建筑行业协会〉为代表继续存在，而以留学归国的新型建筑师组建的〈中国建筑师协会〉开始试验推广欧美〈传统建造体系〉，这个过程由于战乱和社会动乱推进缓慢，并与改革的行业协会共存。

"50年代开始的社会改革中止了上述两种制度的发展。建筑行业成为计划经济下条块块的组成部分。业主是大中小各级国有单位，视情况成立永久或临时的基建局、基建处、基建科等执行甲方职责，设计院变成国家政策的执行人（不收取设计费），施工方为国有大中小各级施工单位。以上体系虽具乌托邦色彩，但相对稳定、相互制约，一直保持到八十年代初受到的建设大潮的严峻挑战为止。这个时期的任务、材料、人力均由国家计划调配，有计划表调拨单但没有施工合同，也就不存在所谓施工合同管理。

"80年代国家原有建造体系不能适应新的市场需要而受到冲击，政府大量启用专业人才探索改革之路，多种应急的或长远的改革措施纷纷出台，国门开放后各种时期，各个地区的各种经验、体系、方法、主义纷纷传入中国，而建设大潮的湍急让行业中所有的人处于一种紧张、应急和短期行为之中，目前的中国建筑业处于大治之前的大乱洪荒之中。

"改革的重要一步是国家要求所有建设行为必须签订施工合同，并出台相应的合同管理办法。这些办法中强调的是政府监督和管理（如各级建设主管部门，业主上级主管部门、计委、工商局和各级质监站等），尚未提到专业人士地位。

"而后是应国际贷款项目要求而进行的FIDIC条款应急监理试验。在制度不健全的情况下靠人才的素质而完成了相应建设并积累了经验，如小浪底工程。也催

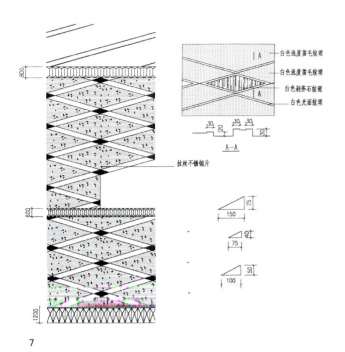

7

7 区政协会议厅外墙肌理详图
8,12 青石砌筑下部外墙肌理详图
9,10 区政协和区人大会议厅外墙现场1:1比例放样
11 施工中的区政协会议厅外墙

7 Texture detail
8,12 Texture detail of the green stone base
9,10 1:1 samples of the district congress political consultative council and district congress councils
11 View of the exterior wall under construction

生了90年代开始尝试建立并全国推广的工程监理制度。该制度是针对行业混乱局面的一大改革举措,但该制度由于先天不足出现运行困难,注定是一项过渡性措施。监理工程师大都行使监工的责任,至多是'参与'局部项目合同管理,并不能起到主导作用。同时原有模式即由业主执行的非专业、或半专业的自主管理仍然盛行,专业人士的合同管理不能实现。为什么监理工程师不能实现施工合同管理的职责呢?

"1.现行体制下监理工程师没有设计权,因此国际通行的工程师/建筑师,根据施工进展签发指示单和修改单的职能必须由有设计资质的设计单位签发,导致监理不能应急处理工程问题,业主认为监理作用有限;

"2.除非监理在项目前期即成为业主的代理人,一般情况下监理并不掌握业主项目目标和业主财务状况,大部分业主没有理由将管理大权交与监理,因此监理多数行使现场监工职能。管理职能仍由业主行使;

"3.监理行业横空出世,作为专业人士却没有人才培养和供应链条,大学无此专业设置。监理人才主要来自设计院或施工企业,而对人才的吸引力并不能超出上述单位。低水平的专业素质导致监理在现场失语;

"4.没有融入项目目标和设计目标。监理在项目中成为没有使命感的第三方,再加市场竞争,业主压价,导致投入减少的恶性循环,因此多数监理能做的只是坚持'照图施工',签发'情况属实',更多的时候是在各种问题前'保持沉默'。

"因此,监理工程师多数行使的是现场监工的作用而非合同管理的职责。那么,中国的建筑师呢?

"在20年前的计划经济体制下虽然建设机会不多,但建筑师/工程师在一定程度参与设计和施工监督的全过程。由于代表国家行使设计权和监督权,建筑师/工程师享受甲方追捧(尤其钓鱼工程)。经济大潮下的低收费制打开了设计行业的潘多拉盒子。利益驱动+事业心激发出建筑师/工程师的极大狂热。然而近20年来实践的结果是加速建筑师对事业追求的失望和对利益驱动的强化。先天不足的机制、快节奏和低收费制产生恶性循环,由于职业制度的缺失使得早期建筑师工地行为失范,其结果是普遍造成业主对设计院建筑师的不信任,导致建筑师去工地越来越少,服务数量和质量都在下

9

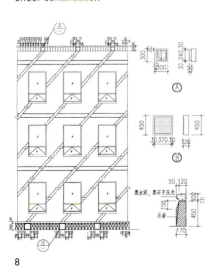

8

11

10

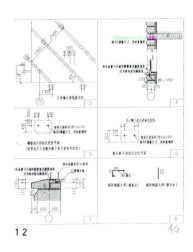

12

汪克艾林工作室 Wang Ke, Eli & ChunLin Workshop

1,2 筒形风口现场设计施工
3 过于集中的管线荷载使中空楼板不堪重负
4,5 现场局部加固以解决承载力不足的问题
6 加固后的中央空调管线

1,2 On site design
3 The hallowed floor can not hold the heavy pipe load
4,5 Strengthening the floor
6 After the strengthening

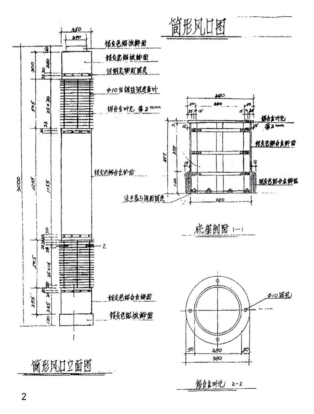

降。服务下降导致尾款难收，收不到款服务更差。此外，一个又一个的项目让建筑师应接不暇，又促成了建筑师从建造管理中的退出。建筑师在建造中（尤其后期）的不在场，使得业主与承包商的关系失衡，产生经济黑洞。国有资产项目的甲方领导人在失衡的黑洞边前赴后继，投资不能控制、工期拖延、预期目标不能实现成为家常便饭。"

"混乱现象的重要原因是建筑师未参与施工合同管理所致。"汪克总结道。

提前到来的机会让汪克像他的欧美同行一样，肩负起1.38亿元投资的实现工作，管理组与业主现场指挥部结盟，开始进行对项目施工合同的全面管理。多年的准备在此机遇下释放，汪克倍加珍惜这次难得的机会，他与他的团队为此付出了巨大的努力。他与业主约法三章，第一，业主应该通过其指挥部向建筑师下达指令和意图，再通过现场管理小组向施工方下达指令和意图，第二，保证资金的如期供应，第三，行使合同中规定的业主职责和义务。认真的业主通过区委常委会决议对此进行了慎重确认。

2002年1月4日委托协议签定后汪克一夜未眠。一方面是压力，他深知肩上的担子之重和未来一年的艰难曲折。另一方面他意识到这个委托的意义非凡，他将是新时代中国第一个行使全套专业职能的中国建筑师。他的时间已经很少，他连夜赶写了管理工作总纲和实施计划，他的工作牵一发而动全身。

根据总纲，汪克与管理团队在管理实施之前建立规则，在管理中尽可能提前界定危机与风险，并利用体制优势化解这些危机与风险，通过深化设计与优化管理实现低造价前提下的最高性价比。

建立规则的第一项是在施工图纸之外，建筑师与顾问工程师补做了"设计规

格说明"，将施工图中未触及的信息量一一补充，最大限度地减少了承包方对设计目标的多意解读。也就从源头上堵住了"低报价、高索赔"的陷阱。然后完善招投标文件，增设设计答疑环节，进一步向承包商明确工程目标。第三是针对国内现行施工合同的不足，参照英美先进制度增补合同条文二十一款，明晰游戏规则，为一个成功的合作打下基础。

施工中汪克与管理团队在每一项设计实施前的适当时候要求施工方提出施工措施和实施加工图，在现场研究讨论通过方可进行施工。施工中与监理配合、严格把关，利用工地配备的先进设备取得所有记录，发现问题立即纠正。完工后严格把关验收，不合格处立即返工，合格处验收后计量签发进度单，并进行成品保护。

汪克求贤若渴，在短期内组建起一个强大的管理团队。其中有所需各专业的经验丰富的监理工程师六名，有从工作室派驻现场的设计师三人，还有从他以前的业主中特聘的富于当地经验的工程师。在现场被委以重任的现场总监理工程师张永钢先生是汪克在清华建筑系的师弟，他后来一直做监理工作，积累了丰富的实践经验，在现场起到了关键的作用。在实验创新的同时，他们没有忘记让所有措施都符合现行管理制度。

在整个施工合同管理的过程中，汪克及其管理团队遭遇了大小19次危机。

在这些危机中第一类为进度危机。比如由于背后主山体处理迟迟不能完工，管理组在以专业眼光判断承包方实力后，提出增加铁十八局抢险的建议措施，得到业主采纳后挽救了工期；比如青石外墙料石供应滞后造

7,8 轻钢屋架，实际建成效果
9~13 施工队第一次做的顶部轻钢结构足尺大样，钢板过薄，以至不能竖立。在按设计要求达到厚度后，竟成了施工方索赔的证据，但这一次显然行不通

7,8 The light guage steel structure at the building's top
9~13 The example of the light guage steel structure, which was rejected by the architect

乌当区行政暨会议中心一期 Wudang Civic & Conference Center I

1 会展中心顶部
2,3 现场管理组与施工方一起在现场解决问题
4,5 出现问题的会展中心屋顶施工现场

1 View of the conference center top
2,3 Construction management team with construction team solving problems on site
4,5 Construction view of exhibition center's roof

成进度可能受影响，工地上临时决定采用留缝后浇措施，证明是一个快速有效的设计配合服务。比如地下车库遇到岩石后的应急处理、比如抢工期时对作业面的判断等等。所有这些措施对风险进行了即时反应，也缩短了风险的循环，从而保证了施工进度。业主现场指挥长李永新先生论及施工合同管理的特长时，提到的第一个就是对工期的优势。他说："如果不是采用设计师现场管理服务的模式，乌当区行政中心根本不可能如期完成。因为从3月18日打桩，到第二年1月25日搬家入住，对于同类项目而言，这是一个奇迹，几乎提前了50%的进度。"业主方还提到同期建设的邻区行政中心建设，"他们比我们先开工，规模比我们的小，但我们已经搬家入住了，他们结构尚未封顶，他们的书记专门带人来我处参观取经，最后还是晚了将近一年才完工。"

第二类是工程的新技术的复杂性和参与人员的知识局限所带来的不可预见的危机。比如公共走廊吊顶内要纳入众多的管线，尤其当地业主和施工单位不熟悉的中央空调管线；比如当地第一次采用的JBF抽芯混凝土楼板的局部承受荷载能力不足的危机；比如钢结构与幕墙的配合工期危机，甚至由于钢结构与幕墙迟迟不能落架造成白云石墙面的污染问题。诸如此类，都是所有参与者在事前没有预料、或者预料不足的问题，实力雄厚的现场管理组与业主同心同德，较满意地解决了问题。正是因为这些原因，一个超常规的领先设计并没有花超常规的工期，而是在预计的工期内按承诺完成了任务，该模式的优势再次显现。

第三类是体制的弊端和业主的改动所带来的不可预见的危机。说到体制弊端，首先是国内现行设计组织体制的弊端及其带来的危机。初步设计成为摆设，其成果被业主忽视。第一没有检查功能是否满足使用，使用问题带到施工图依然没有得到业主的关注，最后带到工地才提出来进行修改，造成很大被动；第二是没有提前利用图纸进行成品设备的招投标工作，使得施工图的信息量被局限于初步设计，到施工中进行的招投标结果与图纸大相径庭，导致现场大量的设计修改，空调主机与末端都受其害。这些改动中最大一例是会展中心的圆形会议厅的修改，带来一系列的连锁反应，迫使该部分竣工分为两步进行，在局部竣工并开放短期使用后再度封闭整修，直到最后竣工。所幸业主在非体制局限外的改动能有效控制，而且在所有这些危机面前，充分发挥建筑师派驻现场团队的专业能力，业主得以处惊不乱，最终战胜困难，克服风险。这部分的风险给项目带来了巨大的工期危机，但最终没有影响总体进度的完成。

所有这些风险的体验

让汪克对建造的风险本质有了更深入的理解。让他更深入的贴近建造,同时也给他提供了更多灵感的契机。比如办公室内仅在局部吊顶,不光是考虑造价,同时发挥空心无梁楼板的优势,获得3.3米的敞亮空间;包括在区委四层走道上的天窗等等。所有这些努力的结果是一系列选用适宜技术的、让人耳目一新的、低造价建造的尝试和由此实现的高性价比的低造价作品。

当地青石实砌为下部外墙的工艺在现场进行了5次实验之后才取得成功,新模式提供了一种新的品质保证。由于所有的石墙都是在建筑师旁站指导下完成,有一双经过专业训练的眼睛审视着每一块砌筑的石块,最后完成的就已经不是普通的石墙了,而是一种首先具有工艺美感,同时又与整体建筑密不可分的有机组成部分,从而获得一种传统手工艺品质在当代的精彩演绎。建成后很多人都表达了对该墙体的喜爱。有人见到石墙后产生了身在欧洲的联想。以如此低的造价能够有此效果,幸耶!

6,7 施工队未经建筑师指导做的头两次样墙
8 建成后的青石墙面效果
9 施工中的青石墙面
10 在建筑师指导下最终完成的样墙
11 窗侧墙面的处理详图

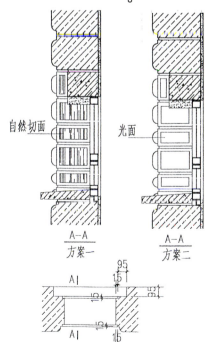

6,7 Sample wall made by construction team without direction from architects
8 The green stone wall effects
9 The green stone wall under construction
10 The final sample wall developed by architects
11 Window side wall detail

乌当区行政暨会议中心一期 Wudang Civic & Conference Center I

汪克艾林工作室 Wang Ke, Eli & ChunLin Workshop

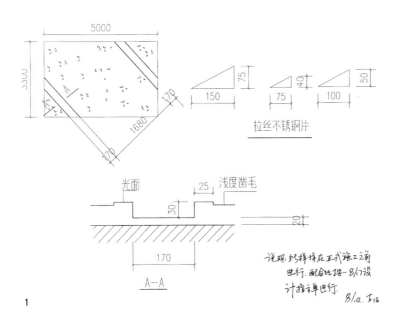

白云石凿毛墙面最早来自红花岗的丹霞石外墙实验，加上遵义市府的实验和运用，已经有几十次实验之经验。这是一种以特殊的肌理构成建筑的主体，强化手工艺特征，使低造价得到保证的措施。汪克在白色效果之外又实验了黑色的外墙，并在墙面上预埋不锈钢三角金属片，获得一种特殊的效果。天下没有免费的午餐。这些外墙，光画施工图，不到现场去做这样多的工作，是绝对做不出这种效果的。大面积的节省带来局部的精彩。门厅幕墙和上部钢架不但点缀提升整体品质，而且最后完成了原型：从毛石到麻面墙体到轻钢结构的逻辑关系。一种由重及轻反抗重力的努力，这种努力恰好表达原型内涵的乌当张力：一种起飞与升腾的力量。

这种力量表现最形象化的代表应首推大山体的处

2

3

4

5

1 白云石样墙施工的图纸说明
2,3 白云石凿毛外墙的现场1：1比例样墙
4,7 预埋三角不锈钢金属片的白云石外墙效果
5 黑色效果的外墙实验
6 不预埋钢片的白云石外墙效果
8 墙体下部处理的样墙施工图纸说明
9 墙体下部处理的样墙

1 Detail of dolomite exterior wall
2,3 1:1 hand dolomite exterior wall sample on site
4,7 Hand dolomite exterior wall with stainless steel sheet imbedded in advance
5 Effect of the black exterior wall experiment
6 Hand dolomite exterior wall without trigonometry steel sheet
8 Detail drawing of the wall base
9 Example of the wall base

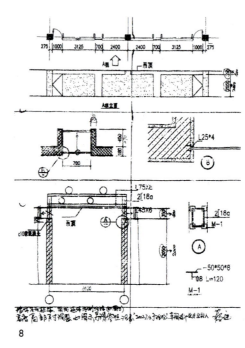
8

6

7

9

理。首先是技术上的严峻挑战。长达210米，最高点超过70米，需要恢复植被面积达20000多平方米，倾角最大达1/8。来竞标的承包者没有一家处理过难度如此之大的工程。其次是设计师的艺术创意，让这种处理有了更高的要求。新的工作条件让汪克自始至终参与所有的技术决策，他敏锐地感受到先进技术对安全和经济的巨大作用，于是他在与业主动员省内外施工力量的同时，请来了中国岩土协会和清华大学的权威专家，实地考察现场，确诊问题所在，研讨最佳技术措施，经过多轮次的反复研究论证，终于确定了最后的施工方案和细则，节约的造价数以百万计算。

在大山体下部是一个点睛雕塑。汪克邀请了几位国内声名卓著的中年雕塑家和较前卫的年轻雕塑家来创作中心雕塑。可是雕塑家的构思都注重雕塑本身的自我完善，而没有从建筑群体与巨大山体这一宏观角度出发来做设计，雕塑家的方案不是圆雕就是浮雕。汪克意识到在这种体量下，需要的是融入格式塔的强烈的远景效果和变化的体块感。最后情急之急之下还是汪克自己设计了一个由放射状的几何体块组成的、经转折后延续到山上的水泥隔板，这样成为一个画龙点睛的后现代雕塑。

同样的图案也延续到了室内。在会展中心的大会议厅内的主席台背后，也采用外面山坡上"初升的太阳"的图案进行设计，不仅

10 11

12 13

14

15

10 初步清危平整的大山体，乍现山体图案。由于尺度太大，只能由工人持灯检测效果
11 建成后的大山体植被恢复图案
12~15 大山体平整施工现场
16,17 初步平整过的大山体

16 17

10 Principium recovered mountain showed the giant image first
11 The completed giant image
12~15 Level ground
16,17 The first treated mountain

突出了乌当的主题，也使人感到艺术风格的统一，再一次强化视觉主题。会议厅外面走廊的顶上是玻璃的天顶，这样人们从会议厅一出来，就感觉像是到了室外，疲倦的心情一下子就会得到放松。

这是汪克迄今最得意的作品之一。因为有很大的参与度和话语权，建筑师在业主的授权下控制整个设计的落实过程和整个工地。尽量使用地方材料，不光是外观，也包括室内。所有的节点都是汪克本人或者汪克派驻现场的工程师们根据首席设计师的意图在现场看着工人一点点做出来的。室内也是汪克工作室设计的，凡是能用家具代替墙体的地方，就连墙体都不要，这样就节约了材料，节省了空间。最具代表性的是用柜子来做中心走廊和两侧房间的隔断，柜子的上面还留出一点空间作为高侧窗，使封闭的走廊也从室内得到自然光。室内用文件柜代替隔墙，既在总价上节省，又为走道获得采光。由于是统一设计，管道都尽量安排在房间的内侧，这样只在房间的内侧作吊顶，房间的主体不用吊顶，室内空间净高达3.3米，采光好，高旷敞亮。而房间内

1 施工中的大山体下部雕塑
2~6 施工中的大山体，采用挂网喷含草籽的合成浆技术来恢复植被
7,8 汪克创作的大山体下部的点睛雕塑，喻示乌当的原意"初升的太阳"

1 The sculpture under construction at the foot of the mountain
2~6 The mountain under construction, recovery vegetation restoration by means of spray Slurry with grass Seed
7,8 The sculpture motif under the mountain by Wangke references the original meaning of Wudang (the raising sun)

不是千篇一律的平吊顶，天花板有了变化，也显得建筑别致，典雅。

项目取得了巨大的成功。首先是工期的如期实现。11个月从打桩到入住是一个前所未有的记录，其次是同样创记录的低造价实现了一个配套齐全的现代化行政中心和公园般的优雅环境，更重要的是一个与山水融合的、具有整体有机性的、富于文化和地方特征的新型场所的落成。满意的业主不但将二期工程的设计权委托他们，而且同样将二期工程的施工合同管理服务工作也再次交给了他们。遗憾的是从头到尾为项目操劳的王书记在竣工前夕升任副市长，一天也没有用上自己梦想并辛苦了四五年的新型办公环境。

汪克的创举引起了国内专家学者的关注。清华大学的姜涌副教授正在研究建筑师的全程设计和服务课题，在研究了英国体制、美国体制、日本体制和国内现行体制后，认为乌当实验具有前瞻性和先进性，于是主动与设计师合作，将其作为专题实例进行研究，其成果即将由清华大学出版社出版（接179页）

9

10

9,10 Bright open office by partial suspended ceiling
11~13 Document cabinet is introduced to replace partition wall to lower the cost
14 Document cabinet effects
15,16 Pipelines are layout together
17 Corridor with natural light

11

12

9,10 采用局部吊顶的办公室，室内空间开敞明亮
11~13 采用柜子做走廊和房间的隔断，在柜子上开出高侧窗，使室内得到自然采光，亦节省造价。施工中的图片
14 柜子隔断的建成效果
15,16 管道统一设计，尽量安排在走廊和房间内侧
17 自然光进入走廊

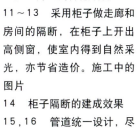

13

14

17

15

16

乌当区行政暨会议中心一期 Wudang Civic & Conference Center I

汪克艾林工作室　Wang Ke, Eli & ChunLin Workshop

Previous page: The beautiful senic gardens
1~3 view of Square
4~7 The beautiful environment and fresh air attracts many people to exercise here

上一页：如同公园般的环境吸引当地老百姓前来游赏
1~3　精心设计的广场
4~7　优美的环境，清新的空气，吸引来晨练者

1

2

3

5

4

6

7

8

9

8~10 会展中心前的叠水景观
11 武装部泳池
12,13 场地内建筑旁的绿地亦成为优美的景观

8~10 Water view
11 Swimming pool of the arming ministry
12,13 Beautiful scene with the green fill adjacent to the building

10

11

12

13

（上接155页）

从汪克的这个作品中，我体会到均衡在视觉艺术中的重要性。建筑的体量、空间，包括平面布局等的考量，都与艺术构成方式密切相关。汪克的作品富含均衡，其体块的开合叠加、穿插变化等对立的矛盾都得到统一。在一种内敛的约束感中，我体会到了汪克作品的构成自由。

汪克始终在追求，他的作品风格多变而无定法，之所以能打动我，是因为其中的合度。在贵州偏僻的山村中，我能看到类似于在美国、加拿大所看到的美的建筑环境，其体会是汪克对于建筑空间规律的合度把握。

在空间的变化中，我看到的是平正，各种复杂的构成要素的矛盾通过均衡的合度而归于统一。乌当行政中心里的两个方向的桶体，就是一种造险破险。桶体上大下小，或上小下大，是一种造险，是对均衡的打破。但桶体又和建筑的方形体块有机地进行了结合，又形成一种破险，复归于均衡的体块组合而化险为夷，使险中寓正，正寓于险。

（下接179页）

1~3 场地环境优美与远山近水协调相融

1~3 The beautiful scenery melds with the nearby mountain and rivers

乌当区行政暨会议中心一期 Wudang Civic & Conference Center I

(接171页)

发行。当然最让汪克欣慰的是当地老百姓的认可和喜爱。每天一大早，这里就积聚了众多的晨练者，享受着空气清新优美益人的环境；白天，众多的参观者络绎不绝，难怪现任刘区长开玩笑地对汪克说："你可把我们害苦了，我一年接待费花了不少不说，接待时间也很惊人。"傍晚或节假日，悠然自得的游人或三五成群，或成双结对，好一幅山水城市的优美闲雅景色。当然，婚纱摄影也是时常出现的动人一景。分管的龙区长说："这样做设计的建筑师将自己的每一个设计都做成了作品，有了这样的好作品，就有了最好的广告。"

汪克将成功首先归于富有前瞻性的业主。有了这样雄才大略的业主，就一定会找到好的设计师，甚至更好的设计师。由于是国内建筑师首次大规模运用新模式进行实验，其中的艰难困苦和辛酸苦辣外人很难体会。最后取得成功，汪克说："要感谢很多很多的各个层面的合作者。"由于不是本文重点，我不能一一提及，但汪克希望我一定要感谢业主指挥部的李永新指挥长。他不但发挥想像、全力支持管理组的各项工作，而且在国内习惯势力难以逆转的情急关头下，以其丰富的经验和超人的智慧为工程分忧解难，与管理组结下深厚的战斗友情，一定程度上促成了国际通行的建筑师成为业主代理人的行业要求的实现。

生性乐观的汪克常常对同行说一句话："中国没有怀才不遇的建筑师。"乌当经验让他更加对此深信不疑。这一次他没有了"业主不让做"的托词，他有了决定工地上的所有技术措施的权力，他全力以赴，但还是留下了不少遗憾。在建筑师真正发挥自己的作用之后还有遗憾时，他实际上看到了自己能力的局限，也看到了下一步用心的着力点。这些遗憾将不断促使他提高自己的专业技能，弥补自己的专业缺陷。正是每一个项目中的这些遗憾，让他攀登一个又一个的高峰。他说自己从这一个项目中学到了平常十个项目也学不到的东西。他坚信照此演练下去，中国建筑师冲出国际先进水平将指日可待。余以为然也！

1 人工湖中的汀步
下一页：如同山水画卷一般的优美景色

1 Steps in the lake
Overleaf: the beautiful scenes like a landscape drawing

（上接176页）

清代刘熙载在《艺概》中说："取境之时，须至难至险，始见奇句；成篇之后，观其气貌，有似等闲，不思而得，此高手也。"汪克就是这样一位高手，他对于均衡合度有熟练地把握和运用。在乌当行政中心的设计中，"至平之中，至奇出焉。"四幢主要的建筑物在摆放时，看似求平正，但汪克却追其险绝，加入两个异形的桶体，因而得其险绝。但汪克将桶体与后面堡坎和建筑的体块进行叠插，使之复归平正。

汪克设计手法，很有中国人的哲学思维，在布置之初，有意打破均衡，造其险而令势张。但接下来精心组织体块的穿插、呼应、顾盼、开合与叠加，利用多种艺术手法，使建筑的整体造型关系产生均衡而使其势敛，于险中复归于平正。达到不见雕琢痕迹的高层境界。

Located at "the around-city-greenery-belt" of claimed "forest city", Wudang District is beautiful. With view, lake and mountains, the site is beautiful. However a scar of discarded stone quarry at a size of 200 meter long, 70 meter high is right in the site and wait-ing to be treated.

The architect is challenged to face a situation by the client, that is whether today's architecture is able to express the deep structure of China today's social structure in an elegant way, to celebrate today china's physical, cultural, historic, and climatic surroundings, to employ local construction techniques and materials.

To answer such a challenge, architect employed an "all-run-design + full service" method that is the first example widely used in such a scale building in today's China.

An absent axis without any building links the mountains at back and the lake in front. Along the axis four buildings in four different shapes form a group. This group of buildings is backed by a surprising designed giant pattern, that originally designed to recover the discard quarry. In this way all the elements of the projects including buildings, plaza, green field, mountains, and lake, form a one-whole "Gestalt", that is full of meaning in several aspects, such as that "Wudang" means a place the sun rises, and a more Chinese idea to worship the sun and the moon.

More important efforts than conceptual design process is the process to realize the concept, especially true in China.

Employed by the client, the architect led a ten persons' professional team to work on site from beginning of construction to the end to complete 138 million Yuan investment besides China's regular professional service on site, like other architects in Europe or America. In this way architect explored suitable technology and the use of local materials and methods:

* A method of new use of traditional "green stone" was successful after five times on site full size mock-up experiments;

* A method of hand-chopped "Bay-yun stone" exterior wall is retested and reused in third time in the architect's practice.

* Document Cabinet is introduced to replace traditional partition wall along corridor, so as to reduce cost and save space, and more, to brings in day light into corridor through windows on top of cabinets.

* Based on massive use of local materials, it is possible to high light lobbies with cuttingedge curtain wall and building top with light steel structure.

The complete exterior wall buildings have an inner logic: massive stone at base, hand-chopped concrete in middle, light steel structure on top, which express a desire to fight with natural weight, as well as a desire to take off and fly. With supperregular fast pace, with supperregular low cost, architect designed and administrated construction of a group of buildings intergraded deeply into natural surrounding and therefore created a wonderful, unforgottable place.

乌当区行政暨会议中心一期 Wudang Civic & Conference Center I

汪克艾林工作室 Wang Ke, Eli & ChunLin Workshop

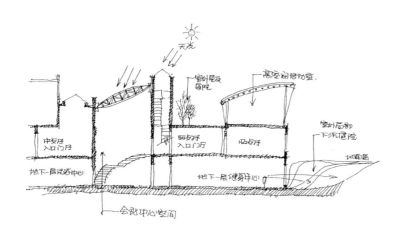

九三学社中央总部／万泉会所 北京 2000-2004年
93 SOCIETY HEADQUARTERS / LEGACY HOMES CLUBHOUSE   BEIJING   2000-2004

在与遵义市政府设计同期进行的北京九三学社中央总部／万泉会所项目的设计中，汪克进行并完成了他归国计划中的第二阶段实验：设计程序和作业标准的建立。

项目设计委托时的名称是"万泉新新家园会所及31号楼设计。"这是由发展商开发的"新新家园"系列的第一个品牌住宅区的最后一组建筑。该楼盘创下了京西公寓式居住楼相同比较空前绝后的最高平均售价，是新千年初期北京响当当的明星楼盘。项目总经理吕大龙先生也是北京房地产界的风云人物，他毕业于清华大学，打下了坚实的素质基础。他性格开朗，意志坚韧，目标远大，聪明过人。将一个并不被人看好的楼盘做得如此出色，使他在京城崭露头角。

一期7000多元／平方米起价的楼盘在他所带领的团队的努力下，价格一路上扬，一期后期开始到二期工程以后的价格稳定在12000元／平方米，创下了奇迹般的辉煌。房子卖得如此的好，如此的贵，各方对画龙点睛的会所的期望值也就越来越高。吕总决定不惜工本做一个精品建筑以回馈客户。然而，他自己说："把京城最优秀的十几位知名建筑师都请来做了方案，却都不满意。"

这时候他参加了一个由北京房地产界组织的访美建筑考察团，在旧金山湾区结识了正准备回国创业的汪克，并参观了汪克在美国工作的VBN建筑设计公司。他对汪克有了一个初步的印象。汪克一到北京，他立即邀请汪克来设计这一项目。当时国内建筑师都是免费做方案，方案得到业主接受之后才会得到委托合同进行后

上一页：沿中央花园的溪水向西看，会所和办公楼与周围相映成景
1 2000年，已建好的万泉新新家园一期
2 拟建场地缺乏吸引力
3 场地周边道路在交通高峰期十分拥挤
4 设计系统图解说明

Previous page: View looking west from the rivulet in central garden
1 The first phase of Beijing legacy homes, 2000
2 The site was not attractive
3 The traffic is conjested during the rush hour
4 Design delivery organization

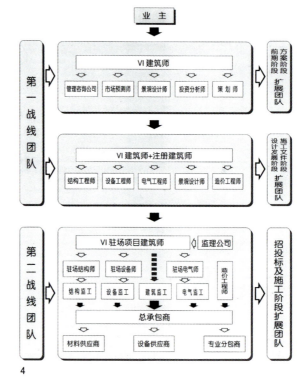

续设计。汪克向业主陈述了自己的工作原则，并一针见血地指出，没有向建筑师提供工作条件其实正是得不到满意方案的原因之一。吕总接受了他的要求签定了设计合同，但把方案设计周期压到了汪克的极限。

其时汪克已经设计了贵州的两个行政中心项目，相比之下万泉的场地就太缺乏自然的吸引力了。当时二期工程正在场地北侧如火如荼地展开，南边是平淡无奇的一片黄土，中央花园包括拟建场地本身还是堆料场，场地内可谓是一片狼籍。场地外东侧有怪胎式琉璃屋顶的万泉小学，旁边依次是垃圾站和锅炉房，再远处是一栋栋丑陋单调的高层住宅楼。在当时一片混沌的天空下看着这样一块场地，第一次踏勘场地的汪克实在兴奋不起来。

汪克告诉自己不要灰心，这是一个迥异于山地项目类型的另一类型项目。首先有造价的支持，造价资源可是决定性的因素；其次，北京是中国最发达的地区之一，有先进的技术和人才支持，可以发掘出无限的潜力；况且北京是中国六朝古都，闻名于世的历史文化名城，人文潜力很大。于是他静下心来，开始工作。

这是他回国后完成的全程设计的第二个项目，但在北京是第一个项目。前面提到汪克回国时给自己计划了三个职业创新实验。第一个通过红花岗项目已经完成并取得成功。现在进行的万泉项目正好是第二阶段实验的重要组成部分之一。在这次实验中，他计划将自己的设计方法文本化，建立两个或更多的作业程序，明确每一个阶段的作业目标，并建立每一个阶段的作业标准，从而树立一个大家可以把握的方法中介。通过这个方法中介，业主可以了解建筑师的工作安排，更好的发掘和利用设计师的潜力，并有效的综合安排工作，将施工之前阶段的效率最大化；对于顾问工程师等合作方而言就有更实际的意义，有了它大家可以更深入地了解相互的安排和规则，可以减少很多误会，可以大幅度地提高工作效率；对于工作室内部来说，除了团队合作的规则以外，还是一份实效的培训教材，让新员工尽快进入工作状态，让各级员工可以参照

5 1:1000比例的方案模型沙盘，建筑物与中央花园的有机联系，向西侧扭转的角度直指远处的颐和园公园

6 北京市地图局部可看出，位于海淀区万柳地区的万泉小区与著名的颐和园相邻不远

7 概念草图——场地与颐和园的对话

8 万柳地区沙盘，可见楼盘的北部是巨大的城市公园，尽端蓝色水面是昆明湖

5 1:1000 community planning model : the buildings and central garden are connected; the angel pointed to the Summer Place

6 The map of Beijing: the site located in Haidian district is not far from the famous Summer Place

7 Concept sketch: the conversation between site and the Summer Place

8 Large scale planning model: the big city garden is visible in the north of site

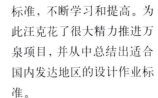

6

7

标准，不断学习和提高。为此汪克花了很大精力推进万泉项目，并从中总结出适合国内发达地区的设计作业标准。

方案设计分为项目分析、概念设计和完成方案三个阶段，被压缩到2000年的4～5月的两个月内完成，其间汪克还回了一趟美国，时间显得非常紧张。但因为有了这套标准，一切工作进行得有条不紊，紧张而有序。

由于时间关系，项目分析成果在形式上远远比不上后来进行的更完善的文本，但其结果已经如此的经典，从而成为工作室的范例。汪克在经历了第一次现场踏勘的失望之后，进入项目分析工作阶段，开始全时研究项目特征，在工作室的案头作业之外，第二次、第三次、无数次来到现场。他清早来、中午来、傍晚来；他平时来、周末来、交通高峰期来。他已经进入了一个职业建筑师的工作状态，找不到感觉绝不罢休。看地越多，发现问题也越多。有一次正好赶上万泉小学的学生下课，接学生的家长的各种车辆拥挤不堪，场地外尚未拓展的街道更显混乱。

方法的科学性很快显露出来。他首先从临近楼盘售楼处的一个更大区域的沙盘上发现万泉小区的背面是一个由四个城市街区组成的巨大城市公园。随着项目分析工作的不断深入，更精彩的一幕发生了：他发现这个城市公园的北部竟然是颐和园，也就是说我们的楼盘和颐和园之间没有任何遮挡！为了证实他的发现，第二天他再次来到现场。天公作美，这天的能见度很好，在已经完工的一期项目二楼的厕所、厨房和楼梯间他实实在在地看到了颐和园佛香阁！后来他专程到佛香阁上从另一个角度观察场地。工程已经进行到了第二期，此前居然没有一个建筑师发现这一资源，更不要提利用了。汪克后来经常用此实例说明项目分析的重要性。省却这一环节，业主的确节省了一些时间，但浪费了自己

九三学社中央总部／万泉会所　93 Society Headquarters / Legacy Homes Clubhouse

汪克艾林工作室 Wang Ke, Eli & ChunLin Workshop

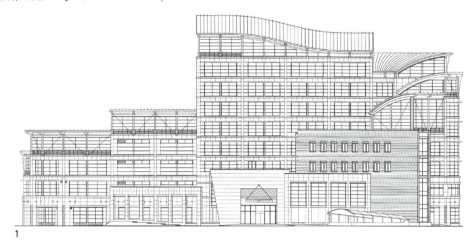
1

2

1 会所及办公楼东立面图，左边是会所，右边是办公楼
2 第一组 1:1000 工作模型
3 会所及办公楼西立面图，左边是会所，右边是办公楼
4 会所及办公楼立面图
5 第二组 1:1000 工作模型

1 East elevation
2 1:1000 working model Ⅰ
3 West elevation
4 North elevation
5 1:1000 working model Ⅱ

多大的资源啊！

由于时间紧迫，项目分析结束后没有向业主汇报而是立即进入概念设计阶段。

会所本身并不大，但加上一个定位不是很明确的31号楼就变得更复杂一些。场地变化较少，汪克将很大精力放到了项目内在的结构关系的创建上。汪克与设计组通过24个草图概念设计将自己兴奋起来，在很短的时间内完成了一个精彩的概念设计。在四月底他向业主的汇报中提出了如下成果。

格式塔的完形设计。格式塔理论最早来自心理学，指人的一种心理认知能力。在世界上众多的形状中有正方形、正三角形和圆形等基本形，这些基本形被认为是最简单的形状，因而叫做原形。人们对原形最容易辨认，甚至残缺的原形也能够被人的知觉补齐。比如一个缺了口的碗，很容易被人读成一个圆形，事实上这是一个十分复杂的异型。在艺术上有不少艺术家利用这种认知特点做文章。比如米开朗琪罗的西斯庭天顶画中，两个手指相对但并没有碰上，但却产生了比两个手指连在一起还要强烈的艺术效果。中国书法中的"笔断意连"也利用了同一原理。完形心理被用到建筑学中后，扩展为格式塔理论，得名最早是从德语音译而来，在英语中也有该词。其涵义有了较大扩展。除了完形联想之外，还通指将所有场地内元素都设计为单一视觉形式的设计方法。会所与31号楼本是不相干的两个独立的建筑，但汪克让他们产生了关联。建筑设计的本质，就是要创造和谐融洽的城市空间和生活场所，项目红线以外的建筑都力图在寻找某种关联，红线内可以控制的元素就更应该作文章了。经过这样的处理，建筑的视觉影响力顿时得以扩展，两栋单体都因为对方的存在而无形之中被放大了许多。

3

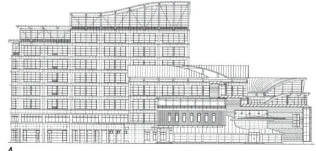
4

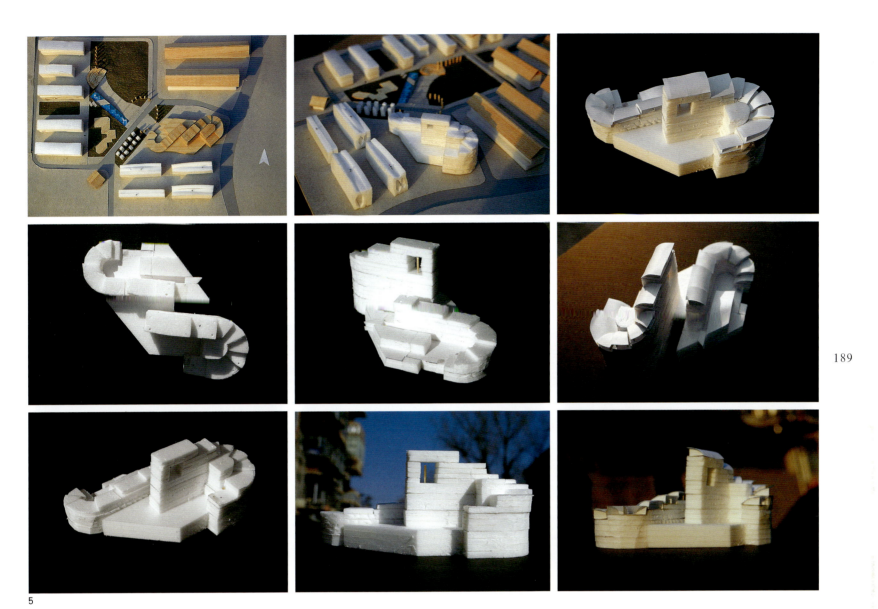

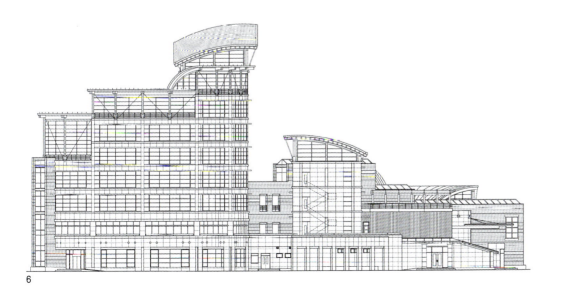

下一页：工作模型

Overleaf: Working model

九三学社中央总部 / 万泉会所　93 Society Headquarters / Legacy Homes Clubhouse

汪克艾林工作室　Wang Ke, Eli & ChunLin Workshop

1　工作模型（1:500）
2　工作模型（1:300）
3　双J反转同构手法，概念分析
　　工作草图
4　CAD轴测图

1　1:500 working study model
2　1:300 working study model
3　Double 'J' Structure diagrams
4　CAD axonometric view

双J反转同构手法。上述格式塔的建构是通过设定单一构图元素"J"形，这是一个适应于两种功能的基本形。事实上要找到一种又简单、又适合两种完全不同功能的基本形并不是一件容易的工作，而且它还要很好的适合场地的特征。汪克最后提交的双"J"形，是从他形成创意之后所比较的几十种备选案中得出。该"J"形巧妙之处在于它的叠合性，未叠合时是两面采光的豪华型小进深空间，适合做领导办公室和高档会所套间。当"J"形弯钩出现一次叠合时，进深立即扩大一倍，可以获得大进深空间，而适应诸如会议室、餐厅或活动室等较大的功能使用。双"J"的巧妙之处还在于其两两相加出现的四方叠合效果，出现可以布满全场地的超大规模空间，适应停车场和各种机房的功能要求。由此可见，这样一种能够满足所有功能要求的构图手法却由如此简单的基本形组成，这种安排实际上为下一步的立面形式设计打下了伏笔。

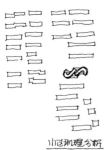

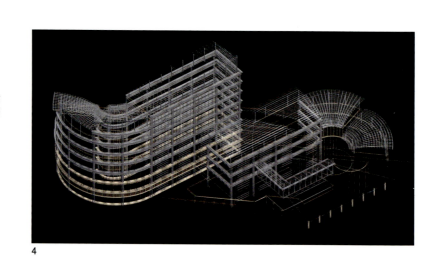

环境整合的大手笔。整体旋转45°是构思中的神来之笔,来之不易。无数的草图比较,大量的不同安排,在多少次失败之后才诞生了这一灵感。于是一切都变得顺利起来,会所所有的房间都取得了中央花园的景观,高处的办公空间直接看到颐和园的景观;办公楼入口避开了杂乱的街道,使得高规格的环境有了一个过渡和情绪转换间隙;该公共建筑对两侧居民楼的压力也得到有效舒缓,从而各得其所。环境整合还因为建筑师的社会责任感而超出了本项目红线范围,汪克提出三条整合建议:一,取消地块西侧的车行道。因为服务功能并不需要,多余的盲肠带来过境穿行,而且还阻隔会所与中央花园的直接联系。二,将连接会所的中央花园设计为下沉式花园,这样可以让地下室的泳池与花园直接相连,可以在花园形成草坡,更好捕捉阳光,还可以形成瀑布而非单调的平面水池。三,本建筑与三期工程的地下室相连,加强小区整体性,减少地下车道出入口以节省造价。让汪克深受鼓舞的是业主从谏如流,全盘接受汪克的环境整合建议。看到将原设计复杂的管道重新一一改道安装,汪克感慨不已。

其次是空间的起伏转承。在会所部分,从一层到

5~6 工作模型(1:100)
7 建筑物与中央花园的关系模型(1:1000)
8 下沉式广场景观分析工作草图
9 景观分析图
10 道路分析图
11 公建形象及影响分析图
12 绿化系统分析图

 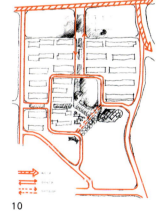  

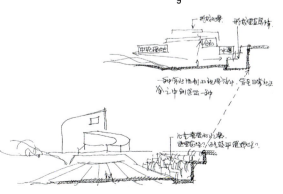

5~6 1:100 working study model
7 1:1000 working study model: the relationship between buildings and the central garden
8 The sketch of the sunken square
9 The scenic analysis
10 The traffic analysis
11 The site influences
12 The greenary system

九三学社中央总部 / 万泉会所　93 Society Headquarters / Legacy Homes Clubhouse

汪克艾林工作室　Wang Ke, Eli & ChunLin Workshop

1~3　工作模型（1:300）
4　工作模型（1:200）
5　分析草图研究建筑采光与景观等多种关系

1~3　1:300 study model
4　1:200 composition of entrance
5　Sketch of relationships between the buildings and the landscape

1

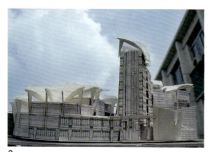
2

3

4

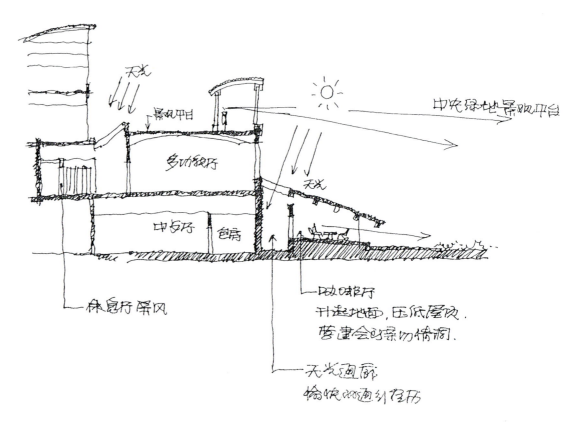
5

汪克也提出了会所空间的创新建议，在方案完成阶段详述。

汪克对概念设计成果没有进行任何包装，而是直接用工作草图、工作模型（1/1000和1/500比例尺各一个）和各种分析草图与说明向业主进行了汇报和讨论。业主喜出望外。也许因为他们已经做过很多方案比较了，在多次失望之后见到本设计后一下就有眼前一亮的兴奋感。吕总惊喜地问道："汪克，你是怎么想出来的？"方案得以顺利通过，业主提出较少功能改进意见后，设计进入到下一个完成方案阶段。

从以下方案设计中可以明显看出汪克的设计思路怎样一步一步发展和深化，并激发出新的灵感，更加丰满和完善了一个精彩的设计。

第一是对双"J"结构的进一步设计。双"J"结构的元素同一性和反转同构性是勿庸置疑的,但通过深入的研究发现,这一结构和谐性有余,而变化性不足;另一方面,双"J"的相对位置没有定位,其结构尚缺少点什么;还有就是该结构过分自我完善,缺乏与南北住宅板楼的视觉关联。设计组对以上三点苦苦思索,不断进行发展比较,最后的结论是两个基本元素之间应该增加一个锁定元素,这个思路导致了最后形成的景观长廊。这个长廊的引入让所有设计师的精神为之大振。首先提升了内部交通成为一种仪式化的活动,其次锁定了两个相互间尚在滑动的"J"形元素,将结构的逻辑性完善,最后在一个完美的格式塔上引入了一个异质化的元素,使得该格式塔在保持稳定和完整的前提下,因该异质化元素的引入而被激活,从而得到一种动力和生气。

 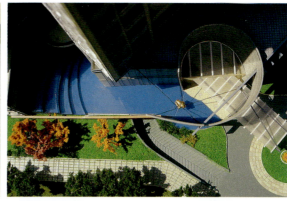

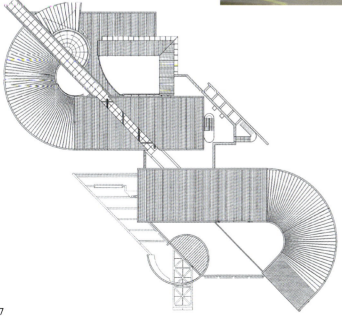

6 The skylight corridor connects the office building with the clubhouse
7 View of the roof, we can find the relation between corridor and the double 'J' form

6 景观长廊将会所与办公楼完整的串联在一起
7 从屋顶平面图,可看出景观长廊与双"J"的联系

九三学社中央总部／万泉会所　93 Society Headquarters / Legacy Homes Clubhouse

1 景观长廊与层层叠落的屋面相映成趣

1 The different levels of skylights responds to the changes in ceiling heights

无论汪克的作品是对称的、均衡的，还是自由的、随意的，也不论其作品尺度的或大或小，体块置陈方式的正偏，其要求的穿插组合，都将动静关系予以巧妙安排。我想，每位有修养的建筑师都有自身的艺术手段，我观察汪克的形体置陈在符合艺术规律的同时，以静显动的手法在不自觉地发挥是勿庸置疑的。

（下接 207 页）

汪克艾林工作室 Wang Ke, Eli & ChunLin Workshop

1,2 会所中的餐厅
3 会所中的美容院
4 会所中的顶层带夹层的咖啡吧
5 会所自南向北横剖面图
6 会所各层交通分析图

1,2 A restaurant in the clubhouse
3 The beauty saloon in the clubhouse
4 The coffee bar at the top of the clubhouse
5 Longitudinal section
6 Vertical functional analysis

1

2

3

4

顶层一气呵成的长廊，在方案中有一种简洁与明晰性，将所有活动场所明确地连接起来。而各个单个的活动场所又有各自的空间特征：顶层为红酒廊和雪茄吧，空间紧凑合益，在弯曲的金属屋顶下有半挑的夹层，形成一种LOFT空间效果；三层更大的空间是为模拟高尔夫和其他球类活动室，跌落的屋顶正好为每一个活动室找到一种恰如其分的空间安排；二层是大中小各类会议室，最大的无柱空间不但留出了大会议室体积，还留出了宽敞的休息厅；首层有中餐厅、西餐厅和各自的出入与加工空间，两个餐厅及其出入空间高低趣味各不相同，形成互补的丰富效果，主入口门厅为追求一种益人尺度而一反通常此类建筑常见的大空间衙门气派，空间小巧精致，因连接长廊、光庭和咖啡廊的不同方式的变化而丰富多彩；地下层的游泳池与下沉的室外花园直接相连而得到一个与自然亲近的空间，本来全地下的健身房也因关注入微的设计而得到另一个下沉的室外小花园而与众不同。

办公楼的空间因其高度而有更多设计效果。最精彩的首推顶层带景观的办公

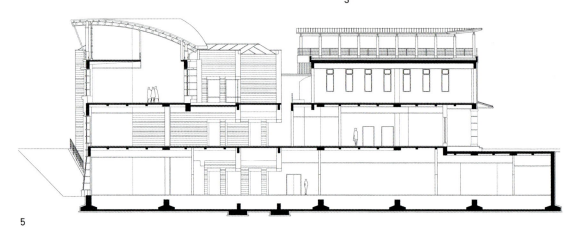
5

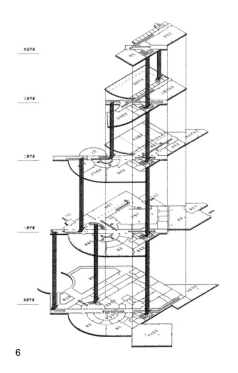
6

7

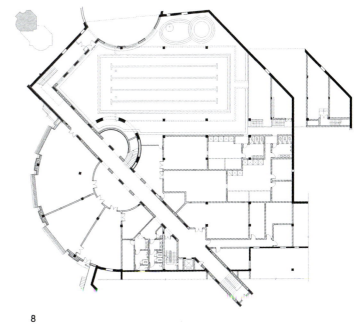

8

9

7 通高采光厅的天窗，带来明亮的天光
8 会所地下一层平面图
9 会所地下一层的游泳池，向右侧窗外看，可直接看到下沉式的室外花园
10 会所自西向东纵剖面图

10

7 The sunlight illuminates the lobby through the generous skylight
8 Basement 1 level plan
9 The swimming pool of the clubhouse, viewed to the west, the sunken garden can be viewed from this area
10 Longitudinal section

九三学社中央总部／万泉会所　93 Society Headquarters / Legacy Homes Clubhouse

室空间。经过45度转向设计后，这个景观可不是一般的景观，而是西山背景下的颐和园景观！在开阔的遗产景观保护带的广阔背景下，虽然有一定的距离，但栩栩如生、历历在目的是一幅属于北京的景观画卷！办公楼的入口序列空间也是精心设计的结果。由于道路拥挤吵杂，汪克利用格式塔结构的内在特点将主入口后推，从而在入口与道路之间形成一个过度性的花园，将道路上的氛围洗礼消退。在进入雨蓬后再次穿过一个叠水庭园才最后进入门厅，彻底改变了进入者的心理感受。入口处的未闭合圆弧状片墙会给人留下深刻的记忆。通过压低的门厅进入大厅后有一种豁然开朗的释放感，会所采光长廊继续延伸进入到办公大厅，造成一种内外模糊的反转效果，加上大玻璃外的潺潺叠水，空间效果独特而感人。

阳光会所。在汪克的功

4　　　　　　　　　　3

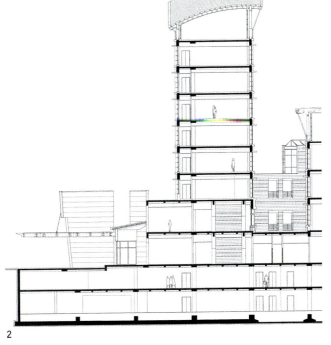

1　办公楼主入口处局部
2　办公楼剖面图
3　从场地东侧路看办公楼主入口处，可看到入口对道路的避让
4　启功题字

1 The main office building entrance
2 Section through the main building
3 View of the entrance looking from the east side of the road
4 Calligraphy by Qigong

2

九三学社中央总部／万泉会所　93 Society Headquarters / Legacy Homes Clubhouse

（上接199页）

汪克的作品都有一种能动的物象形态。无论是北京九三学社总部大楼，还是遵义市政府，以及深圳康佳陈列厅，其中动的趋势是绝对的，即使这种趋势被汪克安排在了一种静止状态，但内在的一种张力始终存在。

1 从小区内向东看办公楼的入口，掩藏在一片弧墙之中
2 从办公楼顶层可远眺颐和园美景

1 View from the residential development: the entrance to office building concealed in the arched-wall
2 View towards the Summer Place looking from the top of the office building.

汪克艾林工作室 Wang Ke , Eli & ChunLin Workshop

1 会所与办公楼相交处的细节处理
2,3 会所二层的室外平台
4~6 建筑物外墙的不同处理手法
7 沿中央花园的小径望会所及办公楼,中间的下沉花园和瀑布下的水池,是小朋友最喜欢的游戏地点

1 Detailed of "wall joint"
2,3 The outdoor terrace on the second floor of the clubhouse
4~6 Details of different systems exterior wall
7 View along the central garden path: the sunken garden and the pool under the waterfall are of the heighborhood children favorites

汪克艾林工作室　Wang Ke, Eli & ChunLin Workshop

1 各种天窗有效地将日光引入会所的中心
2 各种开窗的布置，与外立面的设计协调一致
3 从外立面设计，可看出有较大的采光面积
4,5 标准单元的侧面开窗方式
6,7 顶层较大面积的采光窗，使室内充满阳光

1 Skylights convey sunlights into the clubhouse
2 The curtainwall to the elevation design
3 Generous curtain wall expanse
4,5 A typical window unit
6,7 The skylight on the top floor

能分析和竞争者分析中发现1999年前的北京会所设计受夜总会设计的影响太深。夜总会由于身处闹市、地价高昂，不得已向地下发展，而在郊区已经保证用地的情况下，汪克看到很多会所还是用同样手法将大部分面积置入地下时完全不以为然。夜总会由于多在夜间使用，加上很多居于地下，因此主要利用人工采光而不是自然光。针对这样的状况和弊端，汪克决意要为业主设计一个全新的阳光会所。整体建筑的层层叠落首先有利的是阳光的引入，然后汪克设计了多种开窗采光方式：如多个部位的天窗最有效率地将日光引入，其次是高侧窗保证了高空间活动室的采光质量，常规的开窗也因为立面的现代简洁设计而获得较大采光面。令人意外的是由于大小两个下沉花园的设计，地下泳池和地下健身房都获得了难得的阳光。再加上采光中庭和阳光长廊的点化，一个不折不扣的阳光会所方案就形成了。

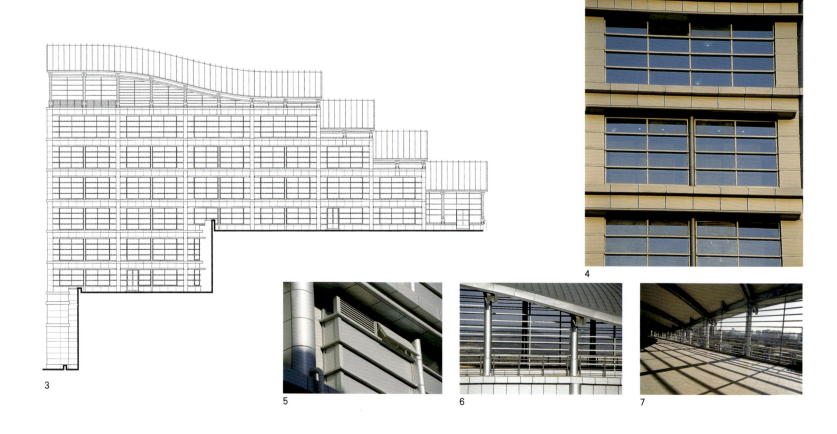

8

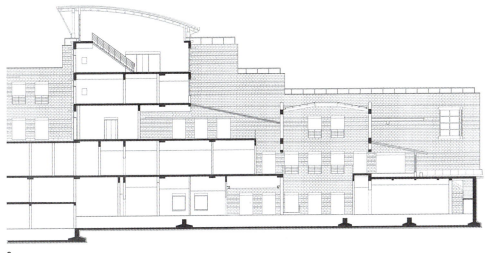
9

8 大面积侧窗设计得宜于现代简洁的立面设计
9 会所自东向西剖面图，可见到屋顶天窗采光方式被多次运用

8 Modern simply design for the window wall
9 Longitudinal section

九三学社中央总部／万泉会所 93 Society Headquarters / Legacy Homes Clubhouse

1 表现图：办公楼主入口，门厅处灰空间
2 表现图：朝向中央花园的会所入口
3 表现图：办公楼主入口侧
4 方案模型，自西向东，由中央花园看会所及办公楼

1 Computer rendering: the gray space at the main entrance of office building
2 Computer rendering: entrance of the clubhouse
3 Computer rendering: entrance of the office building
4 Model view: looking from west to east

方案设计中将比例1∶1000和1∶500的工作模型发展为1∶300的深度，没有这个工具，上述设计的实现是很困难的。设计完成后，汪克对方案的表现和包装也值得一提。他将最后的表现与包装敏锐地与设计分离开来，他认为再好的包装和表现也仅仅是包装和表现，与设计无关，而与业主的使用目的有关。汪克承诺业主的是最后建成的建筑而不是一个方案，更不是表现图或模型。因此在不需包装的行政中心项目设计中，他只进行基本表现和包装，从而节约时间和精力，用在设计发展和施工文件中。节省业主仅用于定案的方案包装，加强业主期望的最后设计建成效果。而万泉项目不同，业主需要利用表现和包装效果在建成之前对项目进行宣传和推广，从而达到招商引店的目的。汪克亲自出马，紧盯表现图和模型的制作。他认为在制作人具备基本技能以后，表现图和模型能达到的最高水平实际上是建筑师的水平，与制作人无关。他的努力没有白费，牺牲"五·一"长假换来的是业主爱不释手、众人交口称赞的出色的"纸上建筑"。

方案报批与设计发展同时进行。由于报批顺利不再多提，单表设计发展。

汪克对设计发展的要

汪克艾林工作室 Wang Ke, Eli & ChunLin Workshop

求是一个接近国际水平的极高的定位。由于工作室刚起步，设计组新近成立，人员来自各方。虽然其中有来自设计院的经验丰富的中年设计师，但所有设计组成员都没有国外工作经验，对汪克要求的符合国际惯例的设计发展要领一无所知，不能领会理解。加上工期的压力，对汪克安排的"特殊任务"迟迟不能贯彻执行，情急之下有时还有对抗情绪。汪克在正面安排效果不佳的情况下心生一计，从侧面入手。对于最困难的1:50比例的立面放大图，他利用给一个五星级酒店做立面咨询设计的机会，安排一位新近毕业加入工作室的年轻建筑师按照他的指令一步一步画图。虽然这位年轻的建筑师没有任何实际工程经验，但他对于安排没有任何抵触，于是顺利地完成了一套初步的立面放大图实例。汪克将此套图纸展示给设计组的全体设计师，他们一下明白了汪克的真实意图，而且觉得也没有想象的那样困难。于是坚冰打开，设计发展顺利推进。为了确保设计效果的准确性，汪克安排设计组做了1:50和1:20比例的立面工作模型，推敲设计效果。设计发展顺利完成，汪克成功总结出一整套工作程序。

施工图有更大的创新。虽然业主没有委托设计师进行施工合同管理，汪克也就没有进行设计规格说明的编制工作，但在施工图上他下了大功夫。汪克对于施工图有一种特殊的情结。他深知施工图纸对于建成效果的重要性，早在1987年他完成的第一套施工图就具有超出常规几倍数量的深度。在华森和机电院时他所做的图纸也是全院的样板图纸，但那毕竟还是国内水准。出国后他一直在施工图纸的组织和编制上花功夫研究，在康佳展销馆施工图设计中，他初露锋芒，不足3000平方米的3层小建筑，竟然做出62张A1规格的建筑施工图纸，成为当年合作注册建筑师单位清华大学设计院深圳分院的优秀施工图纸。但实际施工时，由于业主压缩面积规模，接手修改的建筑师将该图纸做了大量的简化，使得汪克很多独具匠心的设计细节未能实现。经过在美国的几年严格训练，汪克已经成竹在胸。如果说在红花岗施工图设计中他的要求仅仅是略微比当时的国内最高水平高一点，那么，在万泉的施工图设计中汪克将目标定在一个更接近国际水平的地方。为了达到这一目标，汪克做的第一项工作是改革图纸结构，将原来由1:100比例的深度的剖面图上，引出节点的二级结构改革为在1:100比例的立面图上引出1:50比例的立面详图，该详图同时配带任何有变化的平断面图和剖断面图，从这些断面图再引出节点大样图，从而成为一个三级图纸结构。按照国际惯例，这样的图纸安排才具有更加深入的表现力，将设计意图更好的传达给施工方，也利于设计师将自己的思维推向一个更高的高度。

在这样的结构安排下，加上从概念到方案，从方案到设计发展的一步又一步稳健推进，再辅以工作模型、彩色立面详图和电脑模拟图等等手段，汪克带领设计组将设计深度推进到了一个前所未有的高度。一个又一个的新奇境地让设计师们处在创造和发现的亢奋与激情当中。他们夜以继日的沉浸在设计状态之中，放弃了所有的节日和假日。虽然当时的办公室环境也比较简陋，但大家的确结成了一个拼搏、协调的团队，具有惊人的战斗力。对于最后完成的施工图纸效果，汪克一直引以为自豪，并设定为工作室的同类项目作业标准。

1

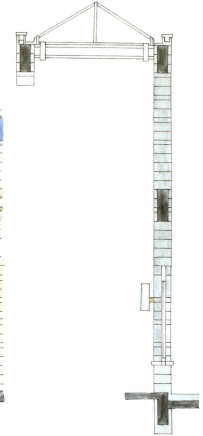

2

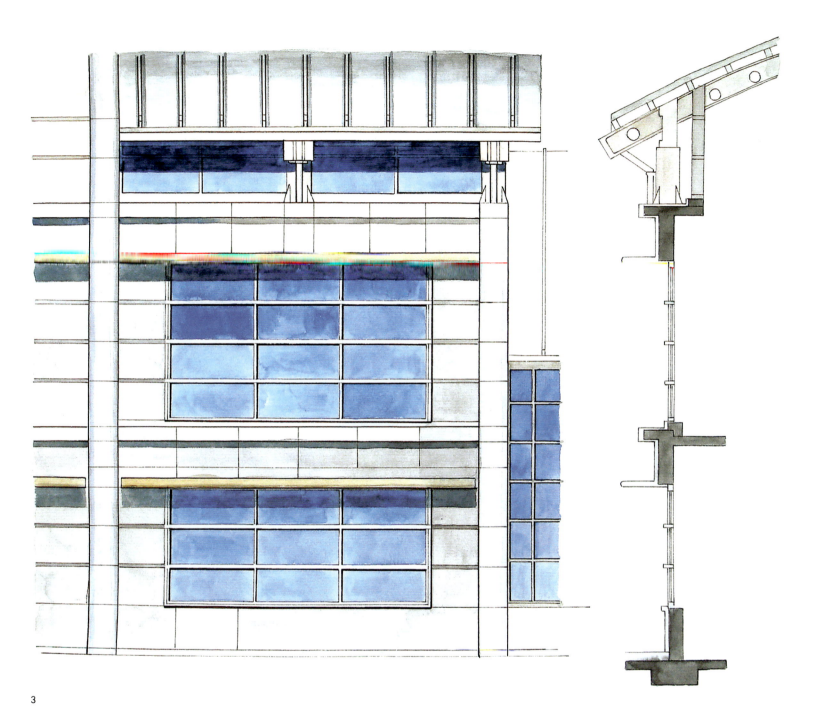

1～3 会所及办公楼彩色立面渲染图(1:50)

1～3 1:50 elevation rendering

汪克艾林工作室 Wang Ke, Eli & ChunLin Workshop

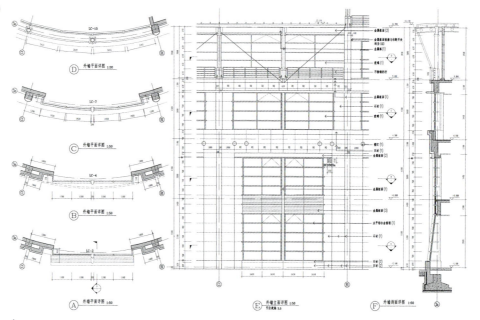

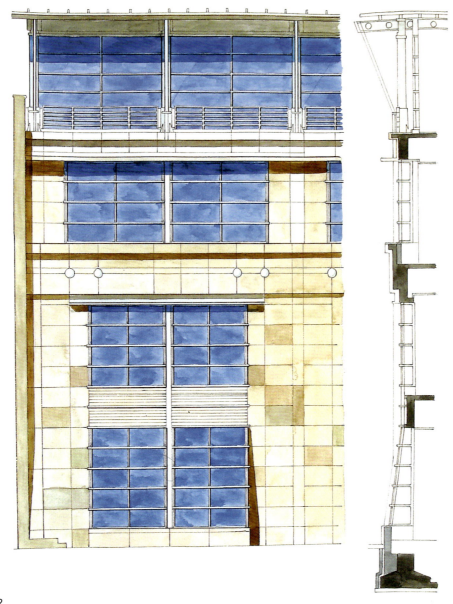

1 会所及办公楼立面1:50放大图
2 会所及办分楼立面1:50渲染图
3 办公楼外景，现为九三学社中央总部办公楼

1 1:50 elevation
2 1:50 elevation rendering
3 View of the office building (at it is the 93 society center headquarters present)

有一个数字可以看出这套施工图的分量。对于一个9层18000平方米的公共建筑，2002年常规的建筑施工图纸为30至40张A1图纸。遇上有经验、水平高、有事业心的建筑师，这个数字在提高。但从曾非正式调查过的几十家设计单位的结果看，分别是中国建筑设计院和北京市建筑设计院的两位知名建筑师不约而同报出了60多张A1图纸的最高纪录。然而对比之下汪克设计组完成的图纸是多少呢？127张A1图纸！当然这个图纸量的实现不可能仅仅依靠数量的增加，而必须依靠结构性的创新。汪克因海王大厦施工图的遗憾而在国外工作近8年，潜心考察、研究英美体系施工文件编制的先进经验，这一次终于得到一个演习的机会。有日本、新加坡和美国的建筑师看过这套图纸后宣称：这已经非常接近他们的深度和水准了。

汪克艾林工作室 Wang Ke, Eli & ChunLin Workshop

1,3,4 从不同角度看办公楼
2 办公楼各层交通分析图
5 模型
下一页：建筑顶部细节

1,3,4 Views of the office building
2 Circulation analysis of the office building
5 Model
Overleaf: Detail of the building penthouse

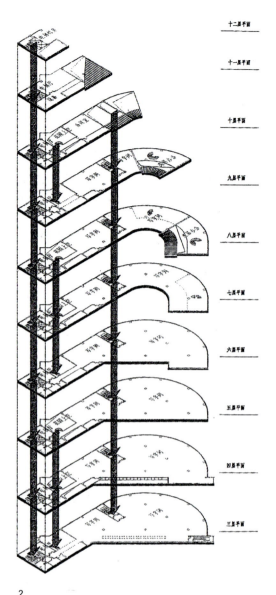

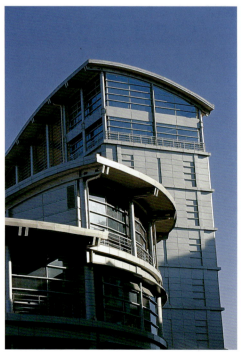

建筑竣工使用后有遗憾，也有惊喜。令人遗憾的是会所部分由于业主使用功能重大改变，室内设计没有延续建筑构思，使得绝大部分的空间效果没有最终形成。原设定的辅助入口改为主要入口，使得流线曲折太长而不合理。室外的广告标牌设计没有原建筑师的介入而没有与原空间意图吻合。令人惊喜的是，由于办公楼建成效果的独特和精彩，九三学社将整栋楼买下，从而成了九三学社的中央总部办公楼。业主感慨，如果不是设计师慧眼发掘了颐和园的景观资源，是否有此结果还很难定论。当然办公楼和会所获得成功，成为万泉小区乃至整个京西的一个亮点，原因是多方面的，有位置的因素，有机遇的偶然，更重要的是业主的投入和重视。有了这样的投入，汪克才有机会演绎这样一套高深度的施工图设计，才有高品质的材料和构造给建筑师施展才华的平台；有了业主的重视，汪克才有如此充沛的精力和激情进行如此大胆的实验和如此超前的尝试，从而总结出一套具有国际先进水平的设计体系，并初步建立了相应的作业程序和评价标准。然而九三学社/万泉会所的实验止步于施工图结束，真正按国际惯例执行建筑师全程设计/管理服务作业的梦想是在后来的乌当项目中得以实现的。

汪克艾林工作室 Wang Ke, Eli & ChunLin Workshop

1

2

3

1~8 采用夹芯压型屋面板体系的会所及办公楼的扇形层面

1~8 Detail views of roofing system

4

5

6

8

7

9

10

11

9,10 实墙与玻璃幕墙的交接与穿插
11 贴光面花岗岩的柱廊式片墙
12~14 柱子与墙和窗之间的交接
15 有温暖色调的混凝土砌块，墙面与万泉小区中建筑的外墙材料相呼应

9,10 Detailed between the concrete wall and glass curtain
11 polished granite wall
12-14 Detailed of the connection
15 the concrete material with warm color, is according with the texture of the community

12

13

15

14

九三学社中央总部／万泉会所　93 Society Headquarters / Legacy Homes Clubhouse

汪克艾林工作室　Wang Ke, Eli & ChunLin Workshop

The concavo-convex pattern is derived from the landform and street-pattern with two similar "J" shapes from the same protype to create a Gestalt. Organic links are found by the extension of the houses in dispersion thus stressing the area image and integrating activity space, The strong sunlight gallery provides ridge line for an overall projection of the Gestalt style with more opportunities for space evolution. Sky growing feeling brings about necessary release of dynamic motions that derived from hi-tech. And such release pushes to the climax from an elevated viewing.

1 办公楼首层平面图
2 在办公楼主入口的庭园中向上看，弧状片墙围出一片天空之景

1 The first plan of the office building
2 Skyward view from the entrance

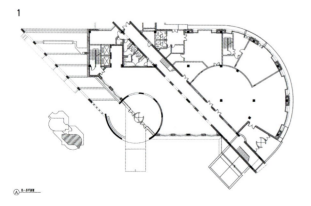

除了以政府行政中心项目系列为主进行的三大设计实验这条作业主线之外，汪克艾林工作室还完成了以北京SOLO系列项目为代表的四代小户型住宅系列设计作品，正在进行设计以义乌国宾馆为代表的酒店设计系列作品。因为篇幅限制，在此我们只能简略的做一个介绍。

2001年底业主吴驷先生找到汪克当时的合伙人罗劲先生，邀请汪克接手一个一年仅售出一套的困难楼盘的改造设计工作。由于双方有深入而融洽的探讨，这位年轻而富于市场嗅觉的业主提出的小户型设想得到了设计师的积极回应，汪克的研究型设计方法在设想的落实过程中得到了淋漓尽致的发挥。他将这个过程变成了一个富于发现、充满惊喜、引人入胜的探险过程。借助于设计方法引伸的各种介质和手段，汪克带领设计组以出乎意料的思维和广泛翔实的材料向业主打开了一个全新的世界。当汪克以令人信服的PPT向业主演示了概念设计的成果后，业主毫不犹豫地接受了"分时个性空间"和"精确设计"的思想。业主特聘的日本建筑师顾问评价说："你用的是日本建筑师的设计方法。"其实汪克当时还没有去过日本。由此可见先进的理念和方法都是相通的。本来每户160平方米的大进深户型，在汪克的精心和精确设计下，被成功地改造设计为四至五户、每户30~60平方米的小户型，以及18平方米的极端超小户型。在已经封顶的主体上，在外墙材料都已定货到位的不利条件下，汪克还是作出了一个适合年轻人的有个性的建筑。信心倍增的业主在市场运作上也投入了巨大的力量和激情，SOLO I 在第二年的春季房展会上推出后一举轰动，开创了一个全新的产品领域，引发了北京房地产市场上的小户型开发和销售热潮，也引发了一场关于小户型相关社会问题的讨论热潮。业主也一举成为业界名人，当时忙不暇顾的汪克避开了所有的采访和邀请，以专心致志于自己的设计创新。

由于市场反映热烈，马上就有众多跟风楼盘推出，充满信心的业主在半年内又找到了另一个机会。这次建筑尚未开工，因此建筑师有较大的设计空间。但该项目已经通过规划报批，为了争抢市场先机，必须在原来批准的三维空间定位点之内进行设计。面对如此苛刻的设计条件，汪克再次展示了他天才的创作才能和团队作战能力，提出三个设计构想："菱形体块"、"凌空台座"和"通天光梯"，将一个平常的住宅造型点化一新，成为一个独具个性的时尚新居。SOLO II 推出后受到市场更加热烈的欢迎，首期推出的500套住宅创造了半小时内即在网上销售一空的记录。

当得知SOLO I 和SO-LO II 两个楼盘都是汪克艾林工作室的作品后，本来因喜爱长安街上的金地售楼处而上门邀请设计其售楼处的炫特区业主大喜过望。他们当即决定将约三十万平方米的"炫特区"委托汪克艾林工作室重新进行设计。这一楼盘的方案报批已经通过，为了节约重新报批的时间，要求只能在原定外轮廓内进行设计，这也是难度很高的一项设计。由于已经积累了前两个项目的经验，这个项目规模虽大，但进行得较为顺利。这次设计由年轻的董事设计师毕志刚先生担纲设计，优秀的设计、超大的规模和业主超强的市场运作，结果在市场上掀起更大的浪潮。该设计被评为2002年全市"十大明星楼盘"之一。类似的项目是"飘HOME"，业主受前三个楼盘社会效应的感召，将已报批通过的楼盘重新定位后委托汪克艾林工作室进行设计，最后取得了成功。该项目由董事设计师屠大庆先生主持设计。

上述四个项目都有一个共同点，即都是对滞销楼盘进行重新定位，在经过业主的周密策划和设计师卓越的想像力进行改造设计后重新获得生命力。在受到较大设计限制的情况下，汪克工作室在这个过程中发挥了自己研究设计和原创设计的优势，四个设计各具特色，毫无雷同，充分反映了汪克工作室的工作特色。如同其行政中心系列在社会上获得成功并产生良好社会效应一样，小户型住宅系列设计的成功也不是偶然现象。它反映了汪克艾林工作室坚实的专业基础和深厚的专业功力，在他们严肃认真的职业态度和职业精神的统帅下，所产生的必然结果。

在上述两大系列设计之外，汪克艾林工作室还完成和正在进行一系列的酒店及其他项目设计。例如海南三亚海坡五星级国际休闲度假酒店全程设计、贵阳智亿五星级城市商务酒店方案／扩初设计、北京科航酒店／办公楼方案设计、乌江索风营会议度假营地设计、北京燕京酒店咨询设计、北京光大艺苑中心及酒店咨询设计义乌政府会议中心以及目前正在进行中的鄂尔多斯博物馆等建筑设计工作。由于尚未完工，在此仅以图片形式呈献，容峻工后详细介绍。

工作室室内 北京 2001 年
THE WORKSHOP INTERIOR BEIJING 2001

汪克艾林工作室 Wang Ke, Eli & ChunLin Workshop

闪电与光
—— 汪克给清华大学建筑学院三年级学生的讲课
LIGHT & LIGHTNING BY WANGKE
—— A LECTURE TO STUDENTS IN TSINGHUA UNIVERCITY
(10:00am～12:00am 2005-9-23)

今天给同学们讲解鄂尔多斯博物馆新馆的方案设计。这个设计的主题是：闪电与光。

康巴什新城及场地分析

鄂尔多斯市在原市中心东胜区以南约30公里处规划了一个新城——康巴什新城。这是一个雄心勃勃的计划，将在3年内建成4平方公里的中心区。目前主线道路网基本建成，党政大楼创业大厦已经结构封顶。图示为鄂尔多斯博物馆场地的现状，一块平地、一片黄土、一张白纸，随着党政大楼的建设，可以画最新最美的图画。

任务书所给的博物馆规划用地，位于党政大楼西南地块，东面是图书馆，其间是成吉思汗广场，广场空间一直向南延伸数公里，其中心是太阳广场。道路与景观走廊以太阳广场为中心辐射穿过并连接整个中心区。这是规划在城市设计阶段确立的主题：草原上升起不落的太阳。紧邻太阳广场是另外四个文化建筑，即新闻中心、民族剧院、文化中心和会展中心。

规划用地东面是成吉思汗广场，也是博物馆的主要人流聚散地，应为主要出入口方向。西侧有停车场，是次要人流聚散地，设次要出入口。南面有一块绿带，隶属于一条贯穿全城的城市公共绿带，这对我们博物馆是非常有利的。但原规划为一个人流广场，设主出入口，我们认为不妥。第一与东广场功能重复，第二浪费难得的绿地。规划的北面还有一个公园，青春山公园。分析发现通过党政大楼西侧的空地可以把公园与博物馆用地连接起来。为此我们曾咨询清华规划院的原规划设计师是否可以更改取消北侧辅路，答案是否定的，但建议用其他办法加强其联系。

以上是对规划主题、出入口和绿化带的分析判断，然后大家再看一下其他规划要求。第一是城市界面，在东面、南面和西面转过来1/3部位有界面要求，以限定城市空间，一定要做到。第二是天际线，东北的党政大楼是制高点，为48米，周围建筑为35米，我们是一个谷地，如何恰如其分？

分析结论为，场地与规划的最大特色是太阳广场。对"草原上升起不落的太阳"这个城市设计主题，我们如何在单体设计中体现？

困境与功能分析

全国性的博物馆使用都面临经营性困境。在严格的功能流线和使用分析（图X）之外，我们不能忽视这个挑战。体制性的问题如条块分割对博物馆功能的阉割大大削弱了博物馆的生存竞争力，如科技馆划归科委，纪念馆属于民政局，自上海规委建起规划展览馆后又风靡全国。完整的博物馆功能被鲸吞蚕食，原本与人类生存息息相关的博物馆大有被剔出当代生活的危险，成为一个老古董和故纸堆，普遍参观人数持续低迷。

面对挑战，在这个博物馆设计里能不能动一下脑筋？能不能从功能策划上改善他的经营的状态？比如说在传统的博物馆里面增加科技展示厅？增设城规展示厅？增设儿童博物厅？能不能增加他的造血机能，增设既符合博物馆身份，又有吸引力的餐饮、娱乐？让博物馆能够在社会上生存下来。

三个现象与竞争者分析

在界定我们的竞争者时我们遭遇三个现象。

现象一："建得起，用不起"。以上海博物馆为例，除修复区外所有的管理、行政、保藏、研究等功能全在地下，展厅都在地上，但没有一个开窗，所有这些功能全依靠人工照明和人工通风，能源消耗惊人。据我个人观察，上海馆是全国经营成绩最好的博物馆之一，有"上博精神"一说。其年收入高达4000多万，为众多兄弟馆所羡慕。但其年支出为7000多万元，差额的2000多万元由上海市政府补贴。这是其他很多地区力所不及的，导致建馆之日就是闭馆之时。如江西馆和宝鸡馆，经费不能负担高昂的新馆运转支出，平时被迫处于闭馆状态。

现象二："建筑得奖，使用挨骂"。比如陕西省博物馆，是由我们的学长张锦秋大师设计的纯正的唐风建筑，体现了地域和文化的特色，在建筑界得了不少奖。但使用空间严重浪费，如图所示，造型所围合的一半的空间成为死空间而浪费。功能流线的简洁和效率也大打折扣。

现象三："器物崇拜症"。上海馆形如克鼎，河南馆状如巨斗，一时间中国的博物馆设计师患上了"器物崇拜症"，似乎将某种器物放大后就能让观众移情。在一次烟草博物馆的设计中，所提交的几十份方案无一例外都是某种烟俱的放大或变形（众笑），而博物馆建筑本身的要求被漠视。

新的信息也在出现。首都博物馆大量引入自然光，以至于媒体出现了"晒着阳光看文物"的报道。北京天文馆从"时光隧道"得出创意，指南针博物馆的空间意向，都对现状有所突破。我们的对策呢？

正反借鉴与典例分析

掌握现状后还应看到高峰。博物馆建筑设计的高峰在哪里？

先看图示的两条曲线。从第一条曲线可以看出自1863年世界上第一座现代意义的博物馆，牛津阿什莫林博物馆问世以来到第一次世界大战之间的100多年间，全世界的博物馆数量呈惊人的几何级数增长。第二条曲线显示二战之后至今的50多年间，博物馆数量以更大曲率的几何级数增长。有统计去年美国平均三天建成一座博物馆，目前在世界范围内是博物馆建设的黄金时代。事实上中国也建了许多新馆，但我认为我国真正的黄金时代尚在10年之后。在座的各位同学，责任将在你们肩上。

第一条曲线上的博物馆上的所有曲线都可以用四个字概括："艺术殿堂"，其特征是大柱廊与高台阶，庄重宏伟。这也是我国各界普遍接受的一个观念。最早是由老一辈艺术家徐悲鸿等人在二战前带回来的。但在第二条曲线上出现的博物馆已经完全突破了上述观念，无论从材料、造型，还是空间和采光，都迥异于前者。从纽约古根海姆博物馆，到巴黎蓬皮杜文化中心；从耶鲁英国艺术中心，到比尔巴鄂古根海姆博物馆，形式万千，风格多样。如果用一句话来描述，就是"博物馆建筑本身已经成为一件巨大的艺术品"。

以最新的比尔巴鄂古根海姆博物馆为例，它在博物馆界和建筑界都有重大突破。它可以容纳世界上最长和世界上最高的两件展品（众"哇"然）。展品与建筑如此和谐地交融在一起，以至于很难分出那是建筑，那是展品。气氛浓郁，开拓了博物馆展示的新境界。设计和建造上创下的新高峰，让它成为建筑史上的又一个里程碑。更令人鼓舞的是，该馆建成后的第一年就为比尔巴鄂市吸引了1200万的旅游人口，该市因此一举扬名世界，创下人类城市发展史上一个新的奇迹。

设计历程

我们的设计作了整整两个月时间。我们花了15天的时间做了一个项目分析，跟业主进行了讨论，接下来深入展开设计，前后三轮的设计中提出了11个概念方案，大约在第四周出现了现在的概念，随后把这个概念方案完成。

在前两轮的方案中有"草坡上的蒙古包"、"大屋顶下的蒙古包"、"青铜器纹样博物馆"等构思，可见"器物崇拜症"的传染力之强。好在设计小组的五位设计师免疫力合格，冥思苦想得到"三个盒子"的构思，并以此为契机进行突破，最终穿过雷区，安全突围。

"闪电与光"——概念的形成

开头就讲到"闪电与光"，为什么？

我们把鄂尔多斯的历史、文化和现状浓缩为三次闪电：第一次是"闪电般的震撼"，说的是在鄂尔多斯出土了一大批远古的青铜器。这在北方游牧地区是十分罕见的，犹如划过远古北方草原的一次闪电般耀眼；第二次为"闪电般的征服"，当属于成吉思汗。中古及以后的鄂尔多斯跟成吉思汗密不可分，从15世纪起鄂尔多斯就是成吉思汗陵的正式所在地，为国家级文物保护单位。成陵之外，当地又兴建了成吉思汗行宫，内有比例大于一比一的骑兵阵，约400多匹的铁铸骑兵群，很有魄力。无论褒贬去评价成吉思汗帝国的伟绩，还是无论正反他对世界的影响，都是前无古人的，举世瞩目的；第三次"闪电般的崛起"，大家可以从前面规划看到。因为当地独特的"羊"、"煤"、"土"、"气"（众笑），该市的这些行业在全国占有独特的地位，导致鄂尔多斯一夜之间在北方草原上迅速崛起，催生了雄心勃勃的康巴什新城计划。

因为鄂尔多斯是一个内蕴深厚的地方。在远古创造了全国性的影响，在中古创造了世界性的辉煌，今天正在书写更为灿烂的明天。现在的博物馆是这个宏大叙事的重要一环。我们希望用建筑艺术手段表现一种魄力，一种由强大的冲突所产生的诱人的魄力。

回顾一下构思的演变。先有太阳广场的光束，然后光束辐射遭遇我们规划的建筑物，光的作用改变了我们通常的外观，精彩的理由来自博物馆，它丰厚的内蕴在光束的作用下发生了原子裂变反应，带来了众多的冲突。冲突的结果，生成了一座丰富、深厚、雄奇和大器的建筑物。（众兴奋，气氛热烈）

游走路径与流线布局

好的构思仅仅是一个开始。我们毕竟是建筑师（众会心一笑），如何将它发展为一个精彩的方案呢？

总平面图显示了博物馆与环境的关系。东边以蛇形闪电图案连接并完成成吉思汗广场的设计，西边设辅助入口及员工入口以满足增设功能需求。南边绿地留出来做公园，北面设地下车库出入口和永久/临时藏品出入口。

五条流线中最重要的游走路径是观展流线：

临时展厅和报告厅紧接东部室外广场，可直接出入，形成捷径。

由东入口或西入口进入室内，经一个短暂的过渡后所呈现的明亮的闪电大厅将人流引入中部展厅入口（此处留有机巧供发展），参观完一号厅后从另一个角度来到大厅。可以选择乘电梯，或步行游走于中部主楼梯经过片墙上的方洞进入西部二号展厅（此处还可以与办公从不同方向共享图书资料档案设施）。然后从反方向在另一个标高上穿越闪电大厅进入东部三号展厅，这时的闪电大厅在空间上变得内向。由三号到四号展厅经过的是另一种完全不同的体验，该大厅由于北向屋顶庭院的介入而呈现出阴柔的氛围，迥异于闪电大厅的明亮与阳刚。这种体验在通向五号厅的路径的延伸中因标高和视角的变异而延伸到北侧公园。有意的观众还可以登塔于望北侧公园全景。参观结束，乘电梯到地下一层，品茶休息，采购纪念品，或用餐后离开，共享闪电大厅最终以仰视视角得以结束。该流线可逆转，同学们可以设想一下先乘电梯到顶层，从上而下步行游走直到地下层的所有空间和光影体验。

特色观展流线可以从西部辅助入口进入，进入多媒体展厅或其他指定的展厅。该流线还可以用作贵宾入口，或其他功能入口，例如儿童厅、科技厅或规划厅的入口。

办公人流从西部偏北入口进入，向上进入办公和研究，向下进入地下藏品库，向东进入货物装卸区。永久藏品从北部偏西专用入口进入，临藏品由北部偏东专用入口进入，地下停车库出入口分别设于北侧中部和东部。建筑与城市相连。

"现象一"与采光设计

北向天穹1/4夹角进入室内的自然光是最适于博物馆展示的光线需求的。从剖面图大家可以看到三层展厅的位置在垂直方向上是刻意错开的，错开后展厅大部分面积都可以直接面对天空，也就可以直接获得最有效的天窗自然采光，从工作模型看更直观。这样的设计将最佳采光以最大的效率纳入室内。光线在最后进入展厅的过程中有一系列的处理措施，将对展品有害的光谱去掉，对光强进行调节，在不足时进行人工光补足。最后达到高质量的稳定的光环境。这很重要，针对前面提到的博物馆"建得起，养不起"的现象，在这里用一种被栗老师称为生态的方法给解决了。在正常的运营下，预计80%以上的采光都可以用自然光解决。

不仅限于此。主要交通大厅由于闪电主题而成为一个没有灭点、连续变化的、朝气蓬勃的阳光大厅。阳光大厅对于观众有它更多的价值，到博物馆来不仅仅是为看展品。尤其在寒冬的鄂尔多斯，这里的温暖阳光将塑造一个深具诱惑的城市客厅。外加悉心培育，逛博物馆可能成为本地市民一种新的生活方式。精心策划的文化消费将提供一种不可多得、也不可替代的独特享受。

（其他功能设计，略）

闪电之后

闪电是短暂的，闪电之后呢？（众大笑）

第一得到一个高质量的现代博物馆，一座"用的起"的博物馆。这个博物馆的各种功能和各个流线都经过了精心的策划和严格的控制，在使用上可以经的起推敲和考验；第二得到了一种与众不同的内部空间和光影的游走体验，这种体验甚至可以独立于展厅而存在，因此成为城市空间体验的一部分；第三，奇特的外观吸引人进入博物馆，参观结束后走出室外，有心之人恍然大悟，整个新城的核心，太阳广场的核心，万物能量的来源，其实正是博物馆设计理念的来源。

站在广场上环顾建筑，其外观和表皮处理正是上述闪电"事件"发生后的一个自然结果。虽然与从不同，但都有内在根源。基于闪电中庭的角度与建筑

（下接240页）

清华中学方案 遵义 1998-2000年
TSINGHUA MIDDLE SCHOOL SCHEMATIC DESIGN ZUNYI 1998-2000

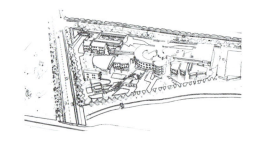

Forms such as Ushape, arch, 1/4 circle, triangle, and wedge are loosely combined to create an active enserable in an effort to express the characteristics of a new type of 21st century middle school. The varieties of creative elements have their order and discipline in two parallel arcs throughout the campus. Shapes in varieties are enclosed effectively into a space for con-vergence and communication. Teachers and students of all grades, classes even small groups are served by ritual or occasional meeting space created by the intersections of the geometric objects.

1～5 清华中学总体模型

1～5 The overall model of Tsinghua middle school

诸如马蹄形、圆拱形、1/4圆形、三角形、契形及五官抽象形等众多活泼、自由的造型元素力图满足并表现出21世纪新型中学生的活泼多元与活力。这些众多纷杂的造型元素又由虚实两条贯穿校园的脊而获得秩序与纪律。多变的形体有效地围合了多种层次的聚会与交往空间。从全校师生到年级，到班级，到小组，甚至偶然的三三两两的聚合机会在这些或带有仪式化，或自由偶然的空间、角落中得到实现。

清华中学方案　Tsinghua Middle School　Schematic Design

智亿酒店位于贵阳市南明区原服务大楼地段，由一座500间的五星级酒店、一座200间的三星级酒店和一座豪华型服务公寓组成，总建筑面积8万平方米。针对用地紧张、环境不佳的不利因素，设计内向发展，创造出一个高品位的城市型豪华酒店的内部环境，同时内外吻合，达到业主独特的标志性要求。

Located on Nanming District of Guiyang City, the same site of the original Famous Service Building, it was reprogrammed as a five-star hotel, a three-star hotel and a luxury flat, totalling 80,000 sq. m. Due to the site constraints, the design focuses on interier spaces, that result in a layered and well proportioned.

1,3,6 智亿酒店模型
2,4 夜景表现图
5 餐厅室内表现图
下图：大堂室内表现图

1,3,6 Model of Zhiyi hotel
2,4 Night view
5 Restaurant view
Below: Lobby view

智亿酒店 贵阳 2000年
ZHIYI HOTEL GUIYANG 2000

汪克艾林工作室 Wang Ke, Eli & ChunLin Workshop

1

和平门危改小区 北京 2000年
HE PINGMEN COMMUNITY DESIGN BEIJING 2000

这是一个在当今高速发展的城市——北京运作的一个极富挑战性的主题。如何在高密度的城市心脏地带创造出人类真正意义的家园：有天、有地、有房、有院、还有记忆？如何平衡高额地价成本和严格高度控制下的低使用率的矛盾？如何将现存的重要建筑物与新发展有机组合？如何在发展的同时保存一些城市的历史记忆，而这些记忆不但不会阻碍新的发展，而且会变成这些新发展的闪光亮点？

这些思考促成了本方案设计。

Located in Beijing's golden area, northern to Chang an Road. The designer aimed to create a low rise courtyard living with high density in downtwn Beijing. A "L" shaped group of six story housing blocks is introduced in the west and north of the site, to ensure a quiet environment for the courtyard houses. More challenges are to preserve a historical temple and some VIP's houses in the site.

2

3

1,2,3,5 和平门危改小区方案模型
4 比较方案
6 总平面图

1,2,3,5 Working study model
4 Altenative
6 Site plan

4

5

6

和平门危改小区　Hepingmen Community Desigh

汪克艾林工作室　Wang Ke, Eli & ChunLin Workshop

1,2　围墙局部
3,8　围墙肌理
4,5　建设中的围墙
6,7　围墙和大门
下图：概念图

1,2 View of bowndary wall
3,8 Texture of bowndary wall
4,5 The bowndary wall under construction
6,7 Bowndary wall and gateway
Below: Corceptural sketch

虽然是只使用三四年的临时围墙与大门，而且地块用途尚未明了，但业主有强烈的愿望要表达其独特与尊贵。针对业主面临的"尊贵"与"临时"的两难选择，建筑师巧妙地以"可回收"和"环保"的手段一石两鸟，明朗色彩的围墙加金属网与卵石结合的大门体现了时尚的审美观念，长达100多米的围墙采用分段的弧形，活泼而有序，围墙上"随意"的洞与缝，增强内外的联系，成为视觉的焦点，在不同的光线下产生变化的效果，形式与材料的单纯性更给人以强烈的视觉感受。

1

2

3

4

5

6

7

太合嘉园临时围墙／大门　北京 2000-2001年
TEMPORARILY GATE / WALL　BEIJING 2000-2001

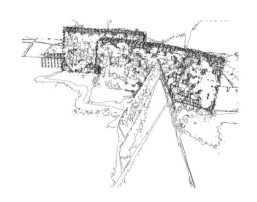

汪克艾林工作室 Wang Ke, Eli & ChunLin Workshop

1

1,2,5 售楼处室内
3 夜景
4 表现图

1,2,5 Interior view of showroom
3 Night view
4 Computer rendering

金地国际花园售楼处位于北京CBD长安街沿线北侧的一个改扩建项目。在保留利用原厂房的同时，设计采用了纯化视觉的裁剪处理，用大面积的玻璃幕墙和百叶结合，达到光的透入和景的整合。在内部光影变化的空间内，进行各元素的互动连接与重组，同时组合水、白沙及绿化小环境以烘托室内空间的诗意与浪漫，形成共同主题下的多重变奏；在外部将大地景观与金属百叶组成的被膜隔栅融为一体，形成整体向上的过渡，使长安街上行驶速度下的外观更为完整，浑然成景。

Located in Beijing CBD, on the north side of Chang An Boulevard in a reused the existing factory structure. The designer uses large panel of glass and lay-er windows to catch your sight. The Light and the view changes in a whole area, combining water, white sand and green plants, to make a romantic interior surroundings.

2

3

4

金地国际花园售楼处 北京 2001-2002 年
GOLDFIELD INTERNATIONAL GARDEN SHOWROOM BEIJING 2001-2002

汪克艾林工作室 Wang Ke, Eli & ChunLin Workshop

（上接229页）

的关系，闪电的一端从西南角擦肩而过，因此西面与北面保持了一种优雅的姿态，显得精致而从容，当然也较普通。相反，东面正好是闪电的冲击地带，由于其内在的冲突而在外部产生了永恒的印记。尘埃落定之后，特殊的冲突造成了特殊的效果，也许这正是这样一个重要建筑所应肩负的表现我们时代的"羊、煤、土、气"的力量所在。（众鼓掌）

闪电仅仅是一个概念，是我们设计的一个出发点。从这个出发点，我们越过了"器物崇拜症"的雷区，没有具象地表现博物馆建筑，也没有具象地表现内蒙古和鄂尔多斯的特色。通过"闪电"这个概念，我们找出了与项目相关的外部和内在的力量，比如太阳广场的光束、博物馆的采光、历史上的骄傲和当今释放的力量，给予这些力量充分的尊敬和重视，并逐个让它们有充分的表演和展示的机会，更重要的是让这些力量相互间进行交流和冲突，在它们尽情表演和冲突之后以"闪电与光"的概念达成平衡，这个平衡的姿态同构于我们的建筑，由此带来我们建筑的姿态。

这个姿态是我们对鄂尔多斯的提炼与浓缩，是我们用建筑的语言对的内蒙文化和深厚历史的解读，是我们对几千年来的辽阔大草原的礼赞，是我们对康巴什新城建设的奉献。

最后，我想以一个蒙古族的传说来结束这次讲课。（全场安静）

传说蒙古族的祖先们在远古曾经被困在大山之中。随着人口的增加和实力的增强，他们苦苦寻求出山之路。有一次，他们杀了72匹马，做了72个风箱，他们"融铁开山"，终于在大山中开出了一条生路，从此以后，蒙古人走出了大山，蒙古人走向了世界。这个传说是对我们设计的主立面的又一种解读。

谢谢大家！有提问吗？（全场热烈掌声。之后三个学生提问，汪克解答）

学生一：闪电是一个很有冲击力、也很有趣的概念。这个概念是怎么得到的呢？

答：具体得来的契机是在一次设计中出现了双曲面天顶，这让大家很兴奋。兴奋的同时正巧看到成吉思汗的闪电战，两种视觉因联想而产生了内在的联系。这个解释其实仅仅告诉了你我们的设计过程。这是一个很偶然的原因。真正的原因比这复杂的多。在我的设计生涯中遇到很多次类似的提问，我每次都尽力给出一个准确的解释，但之后发现提问者还是很失望。原来就这么简单？多次之后醒悟，无论我怎么努力回答，我只能给出一个过程，或者我所认为的答案。但真正产生构想的内在原因，除了所有外在的偶然性之外，还有更多的东西。它取决于设计者的积累、设计者的经验以及设计者的观念，等等。

学生二：闪电的确是一个有吸引力的概念，但闪电往往伴随着危险和破坏。中国人很讲究风水，这样设计在风水上是否不利？

答：这是一种艺术化的个性表达。首先，成吉思汗有大军所至"坚石粉碎、深河断流"和"城池毁灭"的感叹，他的闪电战就意味着危险和破坏。这是这段历史的一个重要特征，我们是否有勇气来接受它。巧妙之处在于闪电同时是对今天建设速度的形象描述；其次，今天的"闪电般的崛起"与历史上"闪电般的征服"反向关联，从破坏到建设，这是历史的一个重大进步，以这样的方式出现，更加意味深长；再次，这是一个强势设计，一个会引起争议的设计，需要一个强势的业主来接受它。风水是一个很复杂的话题，不能简单说这样风水就有利或不利。的确，目前社会上有一批神经衰弱的既得利益者，出于对现状的消极维持，不愿意冒任何风险。但这并不意味着就没有深具长远眼光同时又意志坚韧的业主的存在。

学生三：在你们五个人的设计组中，每个人都有出想法的机会吗？

答：是的。设计组在大脑风暴阶段给每一个设计师独立出构思的机会，在这次设计中长达三个星期之久。大家看到的前10个构思就是各个设计师独自的创意。但也正如大家看到的那样，我们没有将某一个构思简单地发展成为最终的方案。而是最大限度发挥团队的优势，让大脑风暴持续在小组中激荡，不断激励每一位组员的创造力，首席设计师严格把握尺度，直到一个真正的、全组期待的创意闪亮出现为止。

（全体鼓掌，讲课结束）

（注：根据讲课录音整理，由汪克本人过目审定。由于原讲课以PPT形式进行，有大量图片配合，所以在录音整理时将部分语序进行调整以符合文字阅读习惯）

钢与构架——任教中央美术学院建筑学四年级"商业空间"课程教学成果

STEEL & TRUSS —— TEACHING ACTIVITY IN CHINA CENTRAL ACADEMY OF FINE ART

授课教师汪克，助教郑韬凯，学生娄轩、魏三又、张阳、宋扬、李颖、鲁晓静、邹霞、赵衡和唐诺
感谢原设计系张宝玮系主任、谭平副系主任、吕品晶副系主任，感谢特邀评委朱文一先生、张弛先生、高林先生和崔彤先生

1

2

3

4

5

6

7

8

9

10

11

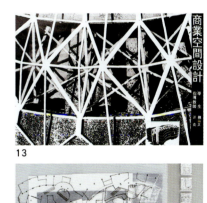
12

13

14

15

16

17

18

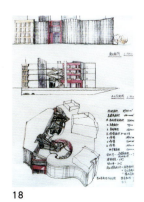

钢与构架　Steel & Truss

汪克艾林工作室　Wang Ke, Eli & ChunLin Workshop

1

1　环境关系工作模型
2,4　建设中的主楼
3　建设中的会议中心
5　主楼大堂室内表现图
下图：基地分析图
6,7　表现图
8　供电局一、二期总体模型
9　主楼建筑顶部
10　模型
11　模型顶部

1 Working model study
2,4 Main building under construction
3 Conference center under construction
5 Lobby view of main building hall
Below: Site influences
6,7 Computer rending
8 The overall model of the first and second phrase
9 View of main building top
10 View of the model
11 Top of model

2

3

4

5

遵义市供电局 遵义 2001-2005 年
ZUNYI POWER SUPPLY BUREAU ZUNYI 2001-2005

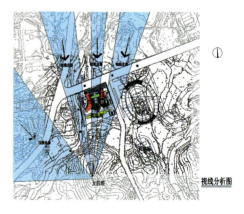
视线分析图

场地临路、倚河、背山，是城市中较有自然意趣的一个节点，包括一幢高层办公楼及裙房，加上二期多层酒店共5.6万平方米，针对本块场地在城市中的自然化的特征，衍生出三条弧线图案。形式上的互动与连接，形成共同主题下的多重变奏，完成同构格式塔的完形解读。从城市设计角度形成的三条城市视觉走廊，烘托出背后小山顶上的文昌阁景致，通过二个基本型在场地中的对峙关系，造型、空间戏剧化的冲突，形成了特定的景观形象，创造出山水城市的独特景象，提高了整个区域的可读性。

6

7

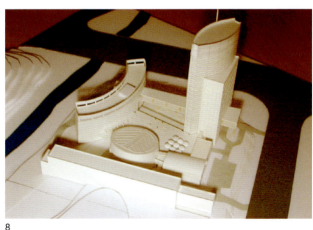
8

This 56,000sq.m. Project composed of office tower and bast structure plus a second phase consisting of a multi-story hotel is situated at junction of the city, backed by a river and mountains. The natural characteristic of the area is derived from a three arch pattern interfaced and connected formally under the common theme for an isomorphic Gestalt presentation. Three visual corridors have been created to frame the vista tower on top of the back hill through three basic types having opposing reactions, modeling space, dramatic conflict, particular impressions, unique metro scenery thus the whole area becomes Legible.

10

11

遵义市供电局　Zunyi Power Supply Bureau

场地位于遵义市海尔大道尽端，贵遵高速公路出口入城处。是一块前后高差达30米的坡地，包括局办公大楼、会议中心、禁毒、防暴、刑警、治安四支队及警官培训中心和生活服务中心。由地形衍生出来的S形构思，在中央主楼的统率下实现了对场地最大限度的占领，从而有效调动所有视觉元素来完成一个格式塔的建构，顺应地形的正面层层升起与层层领域防线，各支队适应功能的分散布局和向心集中的整体安排加上特有的指挥中心与车库行动布置方式，表达出公安领域特有的个性文化与特质，同时最大量地减少土方的开挖。

1 公安局主楼模型
2 表现图
下图：大堂室内表现图

1 Model of the main building
2 Perspective
Below. Lobby view

Located at the end of Haier Street, the city entrance by Gui-Zun expres-sway. It is on a sloping site with an elevation drop of 20 meters, comprising office building, conference center, drug unit, violence unit, police unit, security unit, officer training center and service center with the total area of 32.000sq.m. The S-shape concept the landscape, anchored by the central building, it fulfilled the maximum occupation of the court and a Gestalt formed by all visual elements. The unique culture and nature of the police force is represented throughout the layout and arrangement of the command center and motor garage for centripetal and dispersive movement of the units, with dominant elevated strata in the front, sand minimum excavation.

2

遵义市公安局 遵义 2001-2005 年
ZUNYI POLICE BUREAU ZUNYI 2001-2005

遵义市公安局 Zunyi Police Bureau

汪克艾林工作室　Wang Ke , Eli & ChunLin Workshop

1　庭院内景
2　出挑的空中阁楼
3　坡屋顶端部处理形成的个性空间
4　同上
5　SOLO II 凌空台座
6,8　局部
7　局部
9　小品
10　外墙上的小区标志

SOLO II　北京　2002-2004年
SOLO II　BEIJING　2002-2004

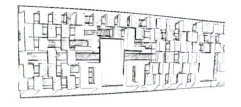

5

6

7

8

9

10

1 Courtyard
2 Computer model of the cloud-castle
3 Signature character formed by the unique roof
4 Same with 3
5 Partial
6,8 View from the inner court
7 Partial
9 Detail
10 Wall mounted logo

贵州省博物馆选址方案 贵阳 2003年
MUSEUM OF GUIZHOU PROVINCE, CONSULTATION GUIYANG 2003

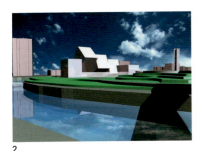
2

3

4

5

6

7

1 方案总平面图
下图：基地航拍图
2,3,4 三维模拟动画
5,8,10,11,12 各角度模型图片
6 方案分析图
7 基地分析图
9 选址基地鸟瞰图

1 Site plan
Below: Aerial view of site
2,3,4 3D motion Picture study
5,8,10,11,12 Model views in different angel
6 Diagrams
7 Site analysis
9 Bird's-eye view of the chosen site

8

9

10

11

12

贵州省博物馆选址方案 Museum of Guizhou Province, Consultation

汪克艾林工作室 Wang Ke , Eli & ChunLin Workshop

1 Aerial view of model
2 View of the main building
3 Landscape analysis
4 Model of the main building
Right below: Concepture Sketch

1 模型
2 主楼表现图
3 景观分析图
4 主楼模型
右下图：概念草图

义乌市政府会议中心 义乌 2004年
YIWU MUNICIPAL CONFERENCE CENTER YIWU 2004

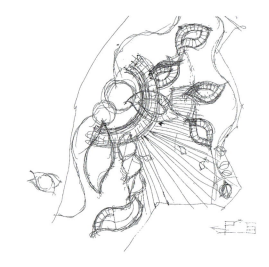

1 光大艺苑工作模型
1 Guangda hotel working model

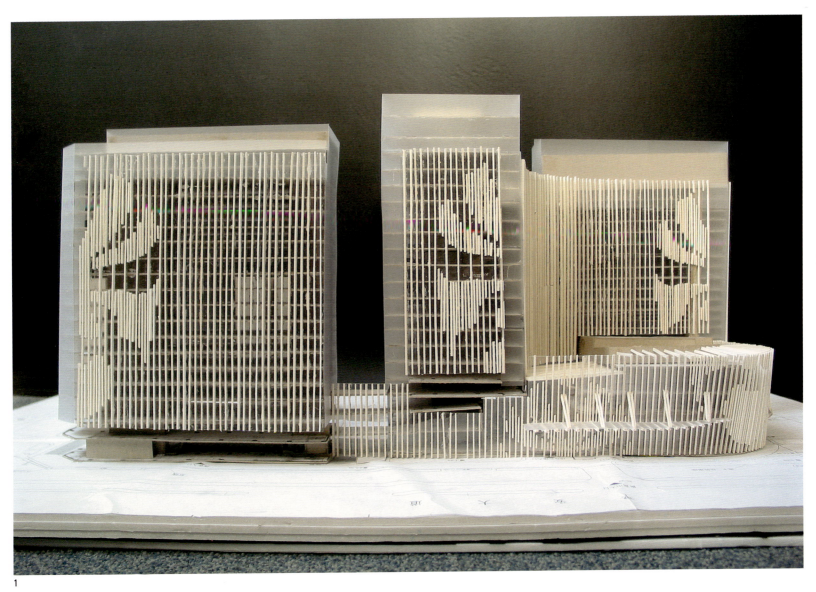

1

光大艺苑／中国京剧院咨询方案 北京 2004年
GUANGDA YIYUAN, CHINA BEIJING OPERA HOUSE CONSULTATION BEIJING 2004

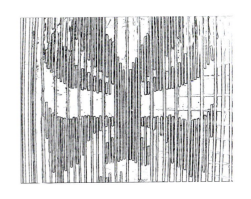

燕京饭店／光大艺苑／中国京剧院咨询方案 Yanjing Hotel / Guangda / China Beijing Opera House Design Consultation

汪克艾林工作室　Wang Ke, Eli & ChunLin Workshop

1

2

3

4

1　中心区屋顶平面图
2　总平面图
3　建筑模型
4　亲水观景平台表现图
5　主楼表现图局部
6　亲水庭院表现图
7　鸟瞰图
8~10　内部景观表现图
11,12　立面渲染图

5

6

索风营会议度假中心　六广镇　2003年
SUOFENGYING CONFERENCE & HOLIDAY CENTER　LIUGUANGZHEN 2003

7

8

9

10

1 Roof plan
2 Site plan
3 Model view
4 Perspective of the platform near the water
5 Perspective of the main building roof
6 Perspective of the water court
7 Bird's-eye view
8~10 Perspective between the buildings
11,12 Computer rending of elevation

12

11

索风营会议度假中心 SuoFengying Conference & Holiday Center

汪克艾林工作室 Wang Ke, Eli & ChunLin Workshop

1

1 科航大厦表现图
2 大堂室内表现图
3 主楼建筑顶部
下图：大堂室内草图（摩西）

1 Computer rending of Kehang tower
2 Interior perspective
3 View of top
Below: Sketch of lobby (By Moshe Dinar)

2

3

科航大厦 北京 2003年
KEHANG TOWER BEIJING 2003

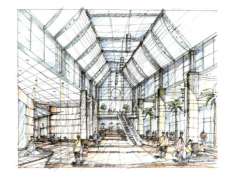

4

255

5

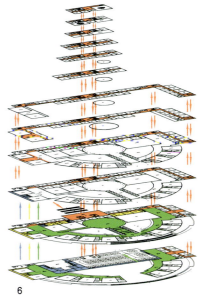

6

4 内蒙古自治区高等法院正立面图
5 夜景表现图
6 交通流线分析图
下图：总平面图

4 Facade
5 Night view
6 Traffic s analysis
Below: Site plan

内蒙古自治区高级人民法院方案 呼和浩特 2004年
NEIMENGGU SUPREME COURT SCHEMATIC DESIGN HUHEHAOTE 2004

科航大厦／内蒙古自治区高级人民法院方案 Kehang Tower / Neimenggu Supreme Court Schematic Design

汪克艾林工作室 Wang Ke, Eli & ChunLin Workshop

1 炫特区公寓夜景表现图
2 建成后局部照片
3 大堂室内表现图
4 表现图
下图：小区鸟瞰

1 Night view of the apartment
2 Partial ofter built
3 Lobby view
4 City view from the south
Below: Aerial view of overall community

炫特区 北京 2002-2004 年
XUAN COMMUNITY DESIGN BEIJING 2002-2004

5 黎明酒店表现图
下图：南侧出挑阳台楼板研究图

5 City view of rendering
Below: Balcony diagram

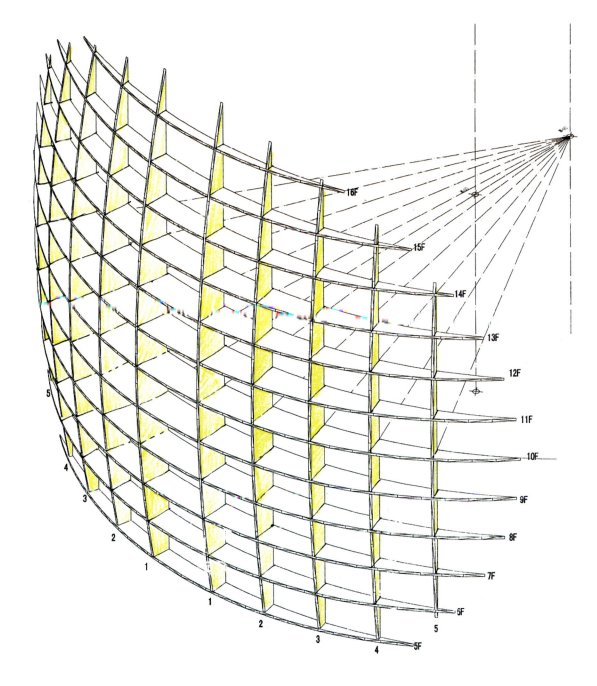

5

黎明酒店　金沙　2004年
LIMING HOTEL　JINSHA 2004

炫特区／黎明酒店　Xuan Community Design / Liming Hotel

汪克艾林工作室 Wang Ke, Eli & ChunLin Workshop

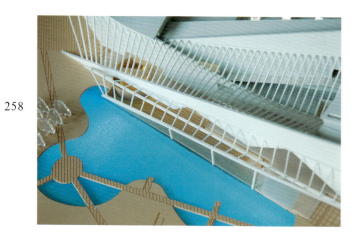
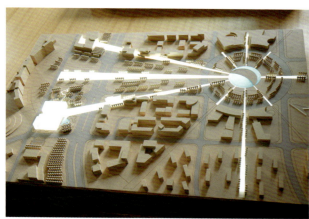
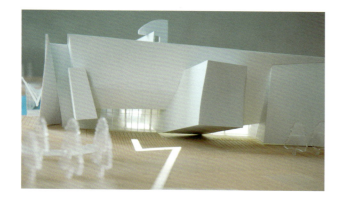
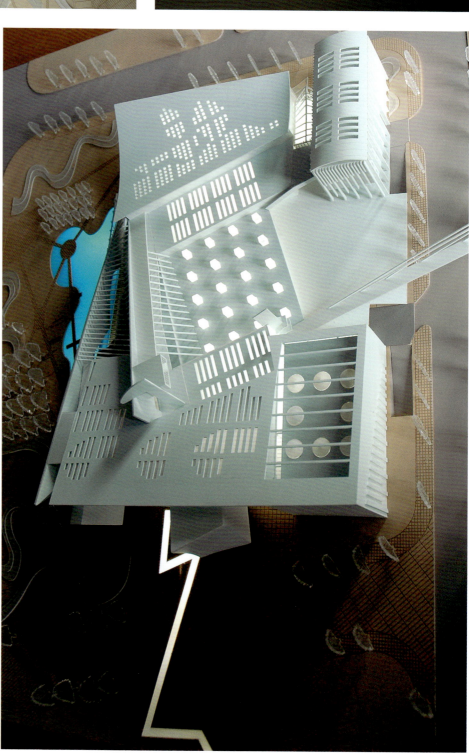

鄂尔多斯博物馆 康巴什 2005 年
ORDOS MUSEUM KANGBASHI 2005

汪克艾林工作室 Wang Ke, Eli & ChunLin Workshop

论文
THESIS

现代性、后现代性与诗意的栖居 汪克
THE PERCH OF MODERNITY, POST-MODERNITY AND POETRY BY WANG KE

导论：现代性与诗性

作为人类身体与灵魂之住所的建筑，从她诞生之日起，就作为一柄高悬在建筑师和所有感受者头上的双刃剑，给困惑而又狂热的人类增添了无数不解不迷。栖居，勿庸置疑是人类最本能的需求。正因如此她奠定了众所周知的马斯洛心理学需求层次金字塔（注一）一块牢固的基石。然而，不甘的灵魂又驱使人们令人费解地打破这一完美稳定的结构，企求把它搬到那令人神往的塔顶。于是，"我们的房子"成了艺术品，成了每一个心灵诉说自己的表征，成了每一个赤子安放自己游魂的寓所。这样我们的先人或多或少地完成了他们诗意的栖居，给子孙留下了帕提农，留下了故宫，留下了东馆，也留下了塔里埃森。

然而，人们常常悲叹自己遭受冥冥命运的玩弄，每当庆幸的人们借助理性的神力将建筑推上那绝顶的塔峰，随之而来的必定是重重的滚落谷底。如此反复而已。于是人们痛苦地在理性与非理性之间徘徊。人们悲哀地发现了建筑中的西昔浮斯山滚石之神。

第一章 现代性与理性

第一节 理智之光与现代神话

理性，以非凡的面目，在现代文明史上扮演了举足轻重的角色，以赫赫业绩备受世人青睐，成为人间的宠儿。从西方文化史看，柏拉图的《理想国》，为理性奠定了牢不可破的地位。亚里士多德的《工具论》、培根的《新工具》、笛卡儿的《方法谈》、洛克的《人类理解论》、莱布尼兹的《人类理解力新论》、休漠的《人类理解力研究》、康德的《纯粹理性批判》、韦伯的《社会经济组织理论》等等代表人类思想精华的鸿鸿巨著均一再把理性放到显要地位。康德把理性誉为人类的最高认识能力。于是，理性成为把人类从野蛮与无知中拯救出来的闪耀的灯塔。

在建筑史上，理性的灯塔照亮了一个又一个的栖居。古希腊浪漫理性精神创造了完美无瑕的帕提农神庙。文艺复兴时代，著名建筑师阿尔伯蒂的佛罗伦萨新圣玛丽亚教堂、勃鲁乃列斯基的佛罗伦萨主教堂穹顶、帕拉第奥的维琴察的圆厅别墅、米开朗琪罗的圣·彼德大教堂；18世纪法国建筑教育家布朗德尔的文脉理性，建筑师部雷的牛顿纪念堂等一系列充满幻想的理想方案，建筑师列杜的丹弗特·罗舍洛城关，美国建筑师杰弗逊（注二）的佛吉尼亚大学校园建筑；19世纪杜兰德的结构功能主义，著名的巴黎美术学院，奥斯曼（注三）的巴黎城市改造运动，空想社会主义的理性规划，20世纪勒·柯布西耶的马赛公寓，密斯的玻璃与钢，直到今天意大利建筑师罗西的米兰格拉利特斯住宅，英国建筑师埃森曼的作品二号，都以理性为利器在人类栖居史上留下了足迹。

然而，理性毕竟只是人性的一部分，是人自身的创造物。一旦被推向极至，它又炮制了一个个凌驾于人的现代神话。柏拉图本人在他生活的后期，曾试图通过现实来重新把概念性的东西统一起来，但他失败了。20世纪上半叶，数理经济学家和统计学家们构造出一套精巧漂亮的抉择模型（注四），成为经济分析和运筹学、系统分析、系统工程的有力武器。但这些完美的模型与真实生活实在相距太远而成为神话，被美国著名学者，诺贝尔奖金获得者赫伯特·西蒙称为"关于理性的奥运会林匹亚山神模型"。如果公正地考察建筑界，这样的理性更是多如牛毛，处处可见，可以城市理论为例。克里斯多芬·亚里山大教授发现，由设计师和规划师精心创建的城市或其局部，即所谓人造城市（Artificial city）。如莱维顿（Levittown）、昌迪加尔（Chandigarh）和不列颠新城等等，是由符合非常严格精密逻辑推理的树型结构组成。但这些人造城市总缺乏像锡耶纳（Siena）、利物浦、京都或曼哈顿等等所谓自然城市（Natural city）中所具有的某些必不可少的成分，遗憾的是，受理性神话所驱使，几乎所有的现代城市理论提倡的都是有着严重缺陷的树型结构模式（注五）。

例一：马里兰州哥伦比亚市"社区研究和建设组织"方案，五个一群的邻里形成村落。交通网把这些村落和一个新镇联系起来。结构是树形。

例二：马里兰州的格林贝尔特市（Greenbelt）C·斯坦（Clarence Stein）的方案。"花园城市"分解为街区。街区含学校、公园、停车场、居住建筑。结

第二节 困境

理性世界在现代性的旗帜下在20世纪60年代走到其前所未有的顶峰后，突然跌入了由人口问题、能源问题、环境问题及其他一系列社会问题大暴露而出现的困境之中。盲目进取、无穷贪欲的资本主义精神为人们带来了超过历史总和的丰富物资和物质文明，但却没有给人类带来相应的幸福。相反，由于传统道德观念、价值观念的解体，新的标准尚未确立，人们陷入了痛苦的彷徨与迷失之中。在学术界罗马俱乐部率先发难，指出理性技术为人类带来的灾难，提出有限增长观点，向传统价值观提出挑战，人类经过数千年努力经营起来的理性世界开始动摇。

动摇的产生在理论上还来源于人们长期以来的奉为圭臬、视为理性文明典范的二大科学支柱——数学和物理学体系内部完美结构的瓦解。哥德尔（Godel）定理（注六）向人们证明：所有的数学逻辑体系都是不完备的。数学体系不可能同时证明自身的无矛盾性（一致性）和完备性（绝对正确性），因而绝不可能建构出完美无缺的逻辑体系。人类梦想的数学巴比伦塔终于没有建成。海森堡（Heisenberg）测不准原理（Principle of uncertainty）和玻尔（Born）补足定律（Principle of Complementality）证明电子的位置和速度无法同时绝对正确地测定，因为任何精密的测量手段都会干扰电子所处的状态（注七）。告诉人们不可能同时客观地把握事物的各方面本质，所谓精密的、理性的、逻辑完善的理论只能是一种幻想。神话理性的世界落入危谷。人们第一次意识到了推理的限度问题。西蒙论证："阿基米德的现代子孙们，仍在寻找用杠杆移动整个地球的支点"，"公理和推理法则，共同构成了……支点；然而，那个支点的特定构造，却无法靠推理方法予以证明。"没有无前提的结论，提示了推理的限度，首先，归纳法本身并不能保证经验命题或定律的绝对正确。"例如，无论看到飞过来多少只白天鹅，都不能保证是否还会飞来一只黑天鹅。"其次是事实判断与价值判断的区别。不可能从事实命题推出伦理命题。企图从单纯的事实，靠逻辑方法推出价值来，只是一种梦想而已。"前提对于寻求实现目标的手段来说，可以是有益的，但它对目标本身却没有什么帮助。"（注八）

现代建筑运动崇尚功能与理性，在短短几十年间其理论与实践风行全球，号称"国际式"（International Style）。然而正是对理性的极端追求，现代建筑从勒·柯布西耶的"建筑，亦或革命？"的豪言走到了查尔斯·詹克斯的"现代建筑的死亡"的哀语。（注九）

第三节 有限理性说与后现代性

维特根斯坦在《哲学逻辑论说》中指出："不能表达的东西确实存在，它们显示它们自己，它们就是神秘的东西。"（6.522）。并且结论："关于不可说的东西，人们应该保持缄默。"他把世界分成"可说的"与"不可说的"部分。

罗素在《西方哲学史》中指出："科学告诉我们什么是可知的，但我们可以认识到的事物甚少。如果我们忘记了有很多事物是不可知的，那么我们对许多极其重要的事物就会麻木不仁。"人类抉择理论认为，推理过程是抉择过程的主要部分；它本身必须成为研究的对象。我们在人类抉择理论里，不仅要谈抉择结果的理性，即本质理性，而且更要讲抉择过程的理性，即程序理性。经验告诉我们，人并不总是严格遵循推理法则，即使一个人非常认真地努力依照逻辑法则，去进行推理和思考，他也很难达到客观理性的要求。因此，西蒙提出了"有限理性"概念，就推理而言，它意味着推理能力是有限的。（注十）

对理性观念的动摇，使人们由醉心于自己的认识，醉心于为自己的认识构筑庞大的理论体系而开始转变为对认识可能性的研究。认识论从注重思维结果转而注重思维和思维形成问题的研究。而由于人类学研究的异军突起，引起人类普遍对自身本体问题的关注，其结果是打破了理性逻辑世界唯我独尊的局面，认知心理学、原始思维研究、设计科学方法论。哲学、人类学等等研究突破理性逻辑思维的局限（注十一），更全面地开拓人的认识能力。哲学界、美学界也因而出现分析哲学、语言哲学、现象学、结构主义、后结构主义、符号学等等，呈现多元的趋势。（注十二）

第二章 建筑师的理论

第一节 贫困的建筑学

建筑学，在我国是一个引进概念，经过先辈建筑家们几十年的艰辛努力。作为学科，她已经在我国生长壮大，尤其20世纪80年代以来的大规模建设，全国上下纷纷兴起办建筑学热，一片兴旺。但从整体看，国内对建筑学理论研究与实践创作从思想观念到设计手法都显得陈旧和落后，普遍仍局限于逻辑空间本体与传统美学尤其形式美的范畴（注十三）。在上述思想已经成为常识的今天，这样的理论自然显得苍白无力，造成很多不利局面。

首先缺乏有说服力的理论指导。全国所有建筑系，了值此有自己鲜明的指导思想，甚至没有一套能经得起考验的通行的建筑理论教材或建筑理论课（作者注：指80年代状况）。对于建筑历史的研究取代了对建筑学本身内在规律、方法的研究（注十四）。其次，职业界由于缺乏学术目标、缺乏理论指导，形成"成则王，败则寇"的局面。掺杂了多种不纯洁因素的邀标代替了有正规组织、以学术质量为重要衡量手段的方案竞赛。在工程匮乏的某时某地，关于"建筑师"与"妓女"的比喻（注十五）不幸而言中，公众建筑意识亟待形成，而无论开发者、使用者、管理者，或一般感受者"啊，这是建筑师的事，我不管"的推诿，或者"建筑不就是这回事，我也能作"的自诩内行都是对建筑学无知的结果，没有形成建筑欣赏与评论的习惯。也许最让人痛心的是横行理论界的虚无主义了（注十六）！各种历史原因造成了我国建筑理论界的贫血。相比前几年表面上还轰轰烈烈的职业界，我们的理论家显得清冷无为了，"民族化"与"国际化"、"功能"、"形式"、"理性"与"非理性"、"技术与艺术"……一系列热闹而真诚的争论似乎陷入了怪圈。早已上锁的大脑经过几起几伏大冲大杀的洗礼，发现自己如飞去来器回归起点，踏步不前。头脑仍然一片浑浊，认识缺乏等级化，思维不能深入。其结果是精力的耗费与热情的泯灭。"一个没有头脑的民族，永远是愚昧的民族。"一门没有学术的专业，怎么可能健康充满活力呢？于是有了"建筑学无学"的危言。"既是科学家，又是艺术家"的建筑师，只剩下尴尬的自嘲："既不懂科学，又不懂艺术。"我们常常振振有词地抱怨我国建筑师地位不高，可我们是否扪心自问过："我自己有多少东西值得别人尊敬呢？"

第二节 理论的反思

前几年青年学生中掀起的文化热，隐含了这样的前提：理论指导实践。这个形而上学的教条带来的消极影响，使得我们不能不反思理论之于建筑的意义。我把理论与专业粗分为四种关系考察：①理论之于教学，之于理论力学等纯理论学科，完全同步，理论的建树即学科的建树。②理论之于物理、化学等自然科学学科，理论源出并求证于实验、观念的逻辑体系，理论的确指异为推；③理论之于工程、城市，这时多数情形同②；④理论之于文学、艺术甚至生活本身，失去同步。19世纪后，在纯艺术领域里，理论往往扮演了不光彩的角色。理论以逻辑手段对艺术成果进行理性的抽象、推演，进行批语或提出预见，这首先违反了艺术品不可抽象的共时性要求。其次则不符合艺术破除一切"可预见性"、打破一切"可能性"的神话，不断为人类带来新世界的精神。帕拉第奥的理论没有约束他自己，而一旦成为学院派的教条所起的却是消极作用。理论之于建筑粗略等于③与④不同比重的叠加。

另外，理论自身就非单纯物。卡西尔"人是符号的动物"的定义（注十七），使得语言打上本体论的色彩而具普遍意义。结构主义语言学把语言分为两种。一是作为交流手段，遵从约定俗成，力求准确规范的普通语言学。这里更多理性的主宰，逻辑性、明晰性、条理性、纯粹性成为标准。概念须明确定义。限定处延，不能随便跨越，否则须重新定义。推演必须严格一致，前后连贯，自圆其说，不得违反矛盾律。这就我们通常意义的理论之所指，如赛维的《现代建筑语言》、弗兰姆普敦的《现代建筑——一部批判的历史》。这种理性的、逻辑的、实证的、科学的理论，为我们的认识插上双翅。作为强有力的工具为人类增添了无穷的力量，是人类必不可少的利器。而在语言的另一极耸立着"诗"的王国。结构语言学认为仅有普通语言是远远不够的，只有诗才使人的存在富于意义。人都具有"诗歌本质"，只有充满了"诗性的智慧"(注十八)，人才成其为人。语言才得以完整。偏向这个极端的理论也有两种。一种是"宣言"、"纲领"、"口号"，如勒·柯布西耶的《走向新建筑》，另一种是艺术家创作随笔或理论，如康的理论，它们可能矛盾百出，前后相左，但充满诗意与激情，给人启发和振奋。前者如赛维的理论，体系严密，材料充实，推理谨严，给人以知识和智慧。

笔者以为"理论指导实践"之误码在于诱导人们向前一种理论靠拢。但殊不知当你在此赫赫建树后，你的思维方式已经建构为科学家而非建筑师了。但不可割舍的技术需求，以及日益发展的社会要求，使得完全的后一种理论领域布满陷阱，缺乏理性的利器而"刀耕火种"，结果是不敢乐观的。然而如果看到两极之间是丰富的实存，就有了光明与希望。首先是大量的、艰苦的、探索的实践创作，同时是深思的、最新的、业余的理论研究，既然建筑师自己承诺了社会赋予的工程师与艺术家的双重身份，他就注定要花出比别人更多的心血走出一条更加坎坷不平却又富于色彩和偶然的他自己的路，而非躺在"理论指导实践"的大旗下过活。这就是本文提倡的"建筑师的理论"，也是本文之立足。

第三章 诗化建筑学或其他

第一节 从逻辑空间到涵义空间

相对我国建筑理论的贫乏，国外建筑理论研究踏实前进，已取得突破性成果。那就是打破传统逻辑空间本体论的局限，寻找中介，引入人的因素。自亚里士多德以来。一种基于数学、经典物理学的公理假设的逻辑空间，即匀质的、各向同性的。稳定的观念牢牢占据了人的头脑。完成了理性对人的主宰的第一步，奠定了现代性的基石。在建筑界表现为占据绝对主流的理性主义。建筑中理性主义的最佳定义可见于塞扎·戴利1864年在《建造者》上的专论。所有法国哥特主义者、古典主义者和折衷主义功能主义者普遍具有的信念，即建筑形式不仅需要理性来证明是正当的，而且只有当它们是从科学推导出其法则时，才能证明是有理的。可以说这种信念仍然为现代的大多数人拥有。正如现代物理学的创立，使得经典物理学成为常识一样。上述观点已需更新的、更高层次的认识来整合它。自从贝内德托·克罗齐宣称所有艺术皆是一种语言，从18世纪中叶历史学家G·维科的哲学以来，"建筑界开始了寻求突破的缺口，甚至奥古斯特·佩雷已喊出："结构乃是建筑师的本国语言，一位建筑师是以结构思想并说话的诗人"(注十九)这样天才的预见，但早已习惯"乘历史最后一班车"的建筑界并没有理解"结构"思想所蕴含的深厚的哲学内涵而囿于固相。直到凯文·林奇的《城市的意象》才第一次真正在建筑中科学引入了人的因素。突破了逻辑窨本体观念。但他的研究基于现场采访，或然性太高，且"意象"太偏重于心理学分析而缺乏作为理论媒介的稳定性。诺伯格－舒尔茨重新提出古罗马的场所概念，以"存在空间"(注二十)本体取代"逻辑空间"本体，从"场所现象"、"场所结构"、"场所精神"出发，建立了自己独特的理论(注二十一)。使建筑理论研究进入新境。相比之下，亚历山大则放弃了传统科学的方法而利用东方哲学转向实践寻求新路(注二十二)。理论意义相对较弱。另外利用新科学、新哲学方法进行理论研究的还有拉波特（Amos Rapo-port）、布罗德本特（Geoffrey Bro-adbent）、塔非里（Mandreso Tafuri）等人，最近，继巴尔特对建筑系统的符号研究后，后结构主义大师德里达也开始与建筑师携手，进行"建筑中的解构主义"研究。(注二十三)

第二节 诗性、后现代性与形而上学(注二十四)

将"诗"突出于一般艺术门类、上升到哲学本体论、产生新的诗化艺术观、人生观肇始于一批天性敏感的诗人，他们是诺瓦第斯、荷尔德林、卢拉、席勒、特拉克尔和黑塞等等德国浪漫派诗人。资本主义上升初期，技术文明席卷而来，功利充斥人心，理性排挤灵魂，传统道德沦丧，人为自身创造物所凌驾，结果造成"人赖以生存的天、地、人、神四重结构的大地分裂"。卢梭惊呼：科学甚至文明不会给人类带来幸福，只会带来灾难。浪漫美学之父席勒说："现代人的中心特征就是失落了自己的归属性(《美育书简》)。诺瓦利斯断言，人的全部生存如果只建立在纯粹理性的基础上，那几乎是不可能的。荷尔德林痛吟：人离弃了神灵、离弃了那些给人类行为以力量和高尚、给痛苦带来欢乐、以默默柔情温暖城市和家庭、以友谊温暖同胞的神灵，离弃了充满神性的自然。技术功利的扩展，将会抽根整个人的生存的根基，人赖以安身立命的精神根据。人不但会成为无家可归的浪子，流落异乡，而且会因精神上的虚无而结束自己。面对时代的衰败，黑塞与先辈诗哲们一样，提出只有诗能担当人类的苦难，只有诗能拯救人类的沉沦之心，也只有诗能陪他度过一个个不眠之夜。里尔克号召："诗人应成为大地的转换者(Trans—former)。"一场诗的本体化开始了。几乎同时，哲学界掀起哲学的诗化的热潮，而且逐渐占据主导。哲学家E·贝克认为人的诗化动机(to poetize reality)"是我们有限生命的最大渴求。我们一生都在追求着使自己的那种茫然失措和无能为力的情感沉浸到一种真实可靠的力量的自我超越之源中去。"(《铁甲中的天使》)。谢林在《德国唯心主义的最初的体系纲领》中把诗尊为人类世界之原，认为美的理念是最高的，协调一切的。"不管人类的开端还是在人类的目的地，诗都是人类的女教师"。施莱格尔以为，全部问题在于如何使这个异在的、客观化的世界成为属人的世界，作为人的主体性的展开的世界，即如何使世界诗意化的问题。费希特哲学以自我来设定实在和世界，提出本体诗(Onto poetics)，并认为诗意的思维是超逻辑的。狄尔泰否弃从纯粹思路意识出发的偏见，认为传统认识论是以没有感情血肉之躯的阴影来取代感情血肉之躯。人总是通过情感、奋求、感受和思虑去认识世界的。认识主体不仅只感知对象，还不可避免地要评价、说明对象。叔本华以为认识不过是一种人为设施，一种保存个体和种族的手段。认识必须为意志服务，实现意志的目的。喊出"上帝死了"震惊世界的尼采，判定苏格拉底的"知识即美德"是一条害人不浅的信条。"科学的求知贪欲最终是要碰碎的，取而代之的是一种新的认识、新的知识，即艺术式的知识、人生的知识。生命力本体就是诗，就是美。"认为诗意的境界，审美的幻境本身就是生命力意志的存在形式，艺术与人民、神话与风俗、悲剧与国家，在根基深处必然紧密地同根连理。审美之丧失，也就是人、国家、社会的崩溃。"天地间那许尤物，唯诗人能与之梦魂相通"，这位天才的哲人还以自己悲壮的身世体验了自己的酒神精神。

生命哲学家奥依肯、狄尔泰、西美尔、斯宾格勒和柏格森等认为，生命从它自己的实质里建立起形式和制度，一直到这些形式和制度的力量衰退了，生命力才在自己川流不息的水流中把它打碎，以新的形式来替换。真理、价值、意义都是根据生命的活力来设定，没有绝对的形而上学体系。海德格尔可算站到了这场诗与哲学本体化的高峰，他集大成地提出"思必须在存在之谜上去诗化，诗化才早把被思过的东西带到思者的近处。""思就是诗"，"思的诗化本维护着存在的真理的统辖，因为真理思地诗化。"他一再声称他的思想与荷尔德林的诗有非此不可的关系。曾以荷尔德林的诗句为题目撰文《……人诗意地栖居在大地上》和《筑居、栖居、思》。认为"人在本质上是一个筑居者。""筑居的根植于栖居之中。"栖居才是人的存在的原根性。诗化是人的感觉，人的存在强度。唯有诗化，才能使栖居成为栖居。新马克思主义的阿尔多诺、马尔库塞也有同感。阿尔诺多焦虑："感性个体的独特的内在的东西，被统治一切的物化、标准化、平均化所掩盖。生活过程越来越不可捉摸，生活外观越来越光滑，越来越无懈可击，而实质上生活的本质越来越晦暗不明。"马尔库塞将审美置于伦理之上，"呼唤新的感性"，认为艺术和诗能说出其他经验语言根本不同的语言，因而能唤起解放的意向和需要。

第三节 诗化建筑学的提出

让我们暂时放下刚才的哲学溯源，来看两个思维模型(注二十五)。"白箱"模型又称"玻璃箱模型"，指系统内部结构完全清楚，完全被人了解的模型。这是完美理性假定的设计。"行为主义"学者对人类设计技能的理解，设计者对自己的所作所为及其理由了如指掌，可说是人类逻辑理性、纯粹理性的典型范例。

"黑箱"模型，又叫"魔术师模型"。其主张者奥斯邦玛切特、布劳奔特等认为"设计过程的最有价值的部分，处于人脑的深处，其部分已超出自觉控制的范围。"他们也称"现象主义"学派。琼斯认为"我们大部分思想产物或行动方案，都是在解释不清过程的情形下，神秘地想出来的。"(《设计方法论》P46)。魔术师以"不知其所以然"的神秘技能不自觉的发挥，最终喊出阿基米德解开"金冠纯度之谜"时的名句：Eurikai（我想出来了！）。M·陶威从左右大脑分工合作的事实出发，将上两模型综合，得到所谓"对偶处理模型。"一方面理性的、逻辑分析的、串行的、最优化的求解不可少，另一方面直觉的、视觉思维的、操作空间的、并行的、发散思维的黑箱过程也的确存在且需要。此模型"确实提供了推荐某些不同设计策略的一个框架。据情况不同，对分析型思维和整体型（甚至尚不明了的思维——笔者）思维的要求，各有侧重。然而，此模型的思辨性，削弱了其应用价值。

本文认为正是现代性的力量给人类插上腾飞的翅膀，逻辑的工具是人类开拓进取所必不可少的利器。只有它才使得认识不断等级化，使人的思维不断深化。但它毕竟是人自身的创造物，一旦它凌驾于本体的人之上就只会给人带来灾难。而我们目前的社会对现代性的崇尚有增无减，尤其在"中国特色"的你我的周围。如诗哲所言，理性与科学，正在不断地蚕食鲸吞人的最后一点领地，剥夺人最后的一块栖居。连哲学也不断地科学化、理性本体化，所以如此之众的哲学家们纷纷奋起，提出诗化哲学，提出后现代哲学，以审美的哲学顽强坚守人的最后一块领地，抵抗科学与现代性肆无忌惮的侵犯。在我们这个"分析的时代"，这是人性与艺术的惟一出路了。当前建筑界技术文明泛滥，建筑不断机器化、非人性化，缺乏情感与认同。不然就物极必反，搬出消极陈旧的非理性主义、复古主义以平衡内心的焦虑与冲突。单纯的技术与单纯的直感都不再奏效，亟需的是高度理性下高情感的引入，建筑理论界对逻辑空间本体的抛弃，已经为人与建筑的结合找到契机。一门可称为"诗化建筑学"的理论，或者其他更合适名称的理论正在形成，建筑学正在经历一场从观念到认识和方法的更新。

注释：

【注一】马斯洛曾提出100种需求特征，按层次从低到高分为七个层次。参见李汉松编《西方心理学史》P352。(北师大出版社，1988年)

【注二】杰弗逊又是著名政治家，曾任美国总统。

【注三】奥斯曼为巴黎行政官。

【注四】参见杨砾等《人类理性与设计科学——人类设计技能探索》，P87。

【注五】克·亚历山大《城市并非树形》。

【注六】教学家哥德尔证明：数学以及一切逻辑体系都不可能排除自身的不完备性。详见《GBE——一条永恒的金带》。

【注七】物理学家海森堡在考察微观世界时，发现测量行为必然影响被测量，玻尔后来做出补充，推翻了纯粹理性世界存在的物理假设。

【注八】参见赫伯特·西蒙《论事理》。

【注九】参见查尔斯·詹克斯《后现代建筑语言》。

【注十】参见赫伯特·西蒙《关于人为事物的科学》。

【注十一】参见鲍亨斯基《当代思维方法》。

【注十二】参见《现代外国哲学(11)》。

【注十三】国家自然科学基金会委托清华大学建筑系举办的学科发展讨论会主旨为"建筑科学"。参见《建筑师》第33期。

【注十四】以清华大学为例，理论研究生方向绝大部分为建筑史。真正建筑理论论文寥寥无几，不受重视。

【注十五】参见汉宝德：《为建筑看相》P211。

【注十六】这是笔者了解到的现状。

【注十七】参见恩斯特·卡西尔《人论》。

【注十八】参见特伦斯·霍克斯《结构主义和符号学》及刘小枫《诗化哲学》。

【注十九】参见彼得·柯林斯《现代建筑设计思想的演变》。

【注二十】参见诺伯格-舒尔茨《存在·空间·建筑》，尹培桐译。

【注二十一】参见诺伯格-舒尔茨《GENIUS LOCI——Towards a phenomenology of Architecture》。

【注二十二】参见克·亚历山大《The Timeless way Of Building》。

【注二十三】参见《AD》1/2/1989及相关专集。

【注二十四】本节综合参考刘小枫《诗化哲学》、周国平《诗人哲学家》、俞宣孟《现代西文的超越思考——海德格尔的哲学》、马尔库塞《单向度的人》、兰德曼《哲学人类学》、尼采《悲剧的诞生》和王一川《意义的瞬间生成》等。

【注二十五】参见杨砾等《人类理性与设计科学——人类设计技能探索》。

> 结构乃是建筑师的本国语言，一位建筑师是以结构思想并说话的诗人。
> ——奥古斯特·佩雷

第一篇 形式与涵义
——诗化建筑学本体论

"形式"(Form)一直是建筑缠绕的最根本、最古老、也最令人困惑的主题，千百年来众多的建筑师与感受者都以自己的思想和实践对它做出了形形色色的解答。现代运动以来，形式与功能的纠纷似乎永无休止，大有走入绝境之势。本文认为，正是诗化哲学浪潮带来的对"涵义"(meaning)[注一]的普遍关注，为混乱的建筑界注入了生机，如上面已提到林奇、舒尔茨、拉波特(Amos Rapoport)、布罗德本特(Geoffrey Broadbent)、塔非里(Mandreso Tafuri)利用新的科学与哲学方法所从事的理论研究[注二]。在建筑设计方面，有格雷夫斯、文丘里等人对人们经验中某种建筑形式涵义（传统构件所具有的历史，文化等方面的涵义）的关注，有阿尔多·罗西对某种先验的建筑形式涵义（追求建筑形式的某种永恒的感受）的关注。有艾森曼、里伯斯金、盖里、哈迪特等人对建筑形式如何传达信息的研究[注三]。不论他们各自的研究创作前景如何，毕竟在形式创新上已经为我们的栖居平添了一份诗意，也为我们的思路带来了启发。

第一章 结构与同一

建筑是什么？建筑是艺术，建筑是技术；建筑是机器，建筑是石头的史书；建筑是空间，建筑是装饰；建筑是有机体，建筑是语言；建筑是烹调[注四]，……；不一而足。路易斯·康是聪明的，他回答："建筑是！"[注五]

第一节 结构观
——一种新的建筑观

1725年，历史学家维柯出版了其饱含预见的巨著《新科学》。贝根、费希在前言中指出："创立诸民族的世界"的最初那些行动是由当时仍是野蛮的人做出的。人类自身恰恰是由创造那些制度的过程创造出来的。人不是什么先决条件，而是建制度建立过程的结果、效果、产物。这正是天才的维柯独具眼界的发现。神话传说，亦不是关于事实的"谎言"，而"是如何认识、命名和表达这些事实的一些成熟的精密的方法"[注六]。不单是现实的装饰，而且是应付现实的方法。"因此，就如我们所看到的，任何民族的历史都肇始于寓言。"而我们的祖先之所以能创造世界，也创造自己——人，是因为"如果正确地评价所谓'原始人'，就会发现，他对世界的反应不是幼稚无知和野蛮的，而是本能地、独特地'富有诗意'的。"他生来就有"诗性的智慧"(Sapienza poetical)[注七]，指导他如何对周围环境做出反应，并且把这些反应变为隐喻、象征和神话等"形而上学"的形式。"如果恰如其分地解释神话，便可看其为最初一些民族的文明史。这些先民，都是地地道道的诗人。"这种创造世界也创造了人的能力，这种"诗性的智慧"，就是"结构"的能力。这"结构"的过程，就是创造的过程，诗化的过程。[注八]

我们提到的路易·康的定义，巧妙与深刻之处来自建筑师深厚的哲学素养——他将建筑提到了本体的地位，建筑成了与人的存在相伴随的存在。正如Loball所说：如果你认为人是可测的，那我们的建筑就是可测的。现代文明根本的问题是分工的现实与分析的固习造成的。而在我们的先民那里，一切都是与本体紧密相连的。他们甚至没有艺术的观念，因为这早已是他们日常劳作中自然的部分。笔者认为真正结构的建筑观，优于我们前面提到的任何解释。比如说颇具吸引力的有机建筑观，毕竟是从生物学借来的名词，决不具有本体的意义。与从人的"诗性智慧"、创造世界与人自身的"结构"无法同日而语，更不要说原概念体系之所然而将其引入歧途的危险了。

第二节 结构的特性

皮亚杰对结构的特性做出了充分解释。他认为所谓"结构",就是指一个由诸种转换规律组成的整体。整体性、转换性和自我调节性(自足性),是结构的三大基本特性。(注九)

(1)整体性,结构最显著的特征。结构的整体大于组成结构的各个元素之和。整体的特性不能还原为其组成元素的特性。结构中,任何一个元素都不能不受整体性法则的支配而孤立出来。正如一个人不等于把四肢、躯干和头拼在一起一样。密斯的巴塞罗那展馆也决不是把钢和玻璃放在一起就成了的。整体性要求结构不能被抽象,正如艺术不能被抽象。汪坦先生常引用尼古拉·佩夫斯纳对伯尔尼尼的科内纳罗教堂的分析:"……黑大理石闪烁着琥珀,金和粉色的表面反射的永远变化着的光线。圣坛位于入口前的墙中央,两侧为粗壮的对柱和壁柱,冠以中断三角楣饰。深深缩进,以集中我们的注意力。在那里人们总希望找到一张画,但却是一个壁龛,有一组处理得像画般的雕塑群。给你一种现实的幻觉。今天它令你吃惊如同三百年前一样。似乎他们是在剧院的包厢里而我们却是在正厅的前排上。"汪坦先生一针见血地指出,虽然已很具体,但这描述并不能传达给我们教堂实际的效果,也不能传达我们自己身临其境的美的感受。(注十)

整体性反对"原子论"和"涌现论"。前者错在将元素的简单集合当成了结构,并企图用元素还原结构。这决定了解剖刀似的艺术批评是先天不足的。目前住宅这一个尖锐问题是在在户与户,楼与楼之间的一种简单、随意的邻近而缺乏结构关系。它最多能生成一种物理的位置关系,而很难构成一个完整的生活体。"涌现论"虽承认结构的存在,但它简单化地将结构看成是先于元素存在,或在各个元素发生接触时偶然"涌现"出来的。这点我们在结构的转换性及第二篇结构的建构中讨论。

(2)转换性,结构最具行动意义的特征。的确,一切已知结构——从数学"'群'到亲属关系谱系——都毫无例外是一些转换的系位。"转换性保证了结构的发生、运动、变化,而非静止。整体的守恒不但不与各个要素的各种变化相矛盾,相反,结构的整体性正需要由这种变化而体现出来。生命在于运动,完全的热平衡,熵趋向无穷大。静止带来的结果是死寂。目前我国现行的旧城保护理论,正因为对结构转换性的认识不足而带来缺陷,消极的维持原状,缺乏转换只会泯灭旧城特有的生命力,也就泯灭旧城特有的韵味。巴黎之所以生机勃勃富有吸引力,就在于她从古城堡到拿破仑凯旋门,到埃菲尔铁塔,到蓬皮杜中心,到德方斯世纪大门,到卢浮宫新馆,到巴黎斩歌剧院,到科学城……上演了一系列可称得上生死搏斗的大转换。

转换不仅使结构同静止形式相区分,也使得结构之形成了然。包含在结构转换过程中的、支配结构形成的规律决定着结构的构成。没有精子的运动,就没有生命的诞生。"如果成为结构的整体的特性依赖于这个整体的组成规律,那么这些规律从性质上来说就是起造结构作用的。这种既造结构,同时又被造为结构的永恒的两重性或两极性,使结构主义所运用的规律或规则的概念获得成功"(注十一)。结构是生成的,罗马不是一天建成的。

转换可以是共时性的,也可以是历时性的。

(3)自我调节性,即自足性。自我调节意味着结构发生一系列转换是在结构内部进行的,它使结构具有守恒性和由此而来的封闭性。这样,一个系统的转换永远不会超出它本身之外。而由转换产生的新的因素也总是属于这个系统,总是遵守那些支配这个转换系统的法则。对自我调节性法则的认识不足,正是造成建筑的贫困的重要根源。我们很多人由于对建筑自足性的忽视,放弃对建筑本身规律的研究,脱离设计,远离施工第一线,总以为"功夫在诗外",追求理论的深刻,或者权力的把握,或者关系之众多,或者社交之频繁,或者生活之丰富,或者财富之积累,等等。但遗憾的是这些早已游离于建筑之外。——再提醒:结构之完善不需要借助结构之外的任何力量——即使取得成功,也一定远离初衷——它已经被自己的经历造为另一种结构了,而于自己的建筑创作无补。规则要求建筑师能安安稳稳地坐下来,有一段时间认真钻研建筑系统结构的各种特点和规律,功夫要下够。当你已完全洞察建筑之三味,把握创作之真谛后,再向高级的系统整合不迟。

我们需要有献身精神的建筑师。

第三节 同一性与同构

结构的建筑观设定各种结构体的本体性,也设定了其所源的人的"永恒的心灵结构",这时必然涉及同一性问题。同一性,是几乎与哲学一样古老的、复杂深刻的概念,在此不作深涉,了解同构之背景即可。在数学中,无限是造成同构的有利条件。如自然数与偶数,由于奇数的存在而没法一一对应.然而自然数集与偶数集却是同构的(注十二)。具有自我设定的结构的"诗性智慧"的人类,永远是神秘的、不可捉摸的、让理性绝望的。他的无限性一方面体现在种族的延续上,一方面体现在每一个个体精神世界的无限深邃上。正如坐标轴两向的无限延伸,与任一片断内都包含了无穷多的点一样。任何科学的、理性的产物,由于受逻辑律、因果律的约束,必须排除矛盾和自我相关。结果(并要求)结构成为一个所有元素都实实在在,所有关系都清清楚楚,没有任何一点剩余涵义量的完美精确,而又有限间断的结构。相对于"短见"的人类个体,或社会局部片断,或许这样一个简略的结构正好达到人类对复杂事物的揭示而解决那部分实际问题,然而,这样的结构永远也不会达到人类"永恒的心灵结构"之同构。历史证实,无论多么合理、多么精确、多么完美的科学技术或者科学理论,都存在一个过时更新的问题,否则只会以清规戒律或陈词滥调凌辱人类。相反,一件真正的艺术品,往往无视结构的矛盾性而采用大量的自我暗示。以各种艺术手段的层层深化产生大量有悖科学规范的剩余涵义量,使自身结构深邃无限而达到与人类心灵的同构,所以艺术是永恒的。虽然她可能不像科学那般有效。考夫卡1940在《艺术心理学问题》中认为:艺术家创造艺术作品,与科学家"走进世界"不同,而是"创造出一个世界。"这个世界以这种或那种方式包含了他的自我。这就是艺术特有的"自我—世界"关系。艺术的纯粹性就是一种优格式塔。所以文森特·凡高从来没要求自己画得像什么,而是希望他的邻居看了他的画后说一句:"啊,这是文森特·凡高先生的向日葵"(注十三)。作为人类肉体与灵魂的寓所的建筑,无疑有必要突破种种置人于因笼的合理主义、功能主义的框框,以一种深邃精细的无穷的结构性,而达到与人类精神的相会。这就是我们在建筑中所言的同构。

第四节 结构的层次

后结构主义摒弃了结构主义静态的、共时的结构观。更强调小结构向大结构的整合以及大结构的丰满性。整合时子结构并不因此而丧失自己原有的界限,依然保持自身的守恒与稳定。这种联盟是导致结构层次的一个方面。这里注意一个在总结构中的子结构与较低水平结构中其元素之间是不同的。结构的层次具有认识论和方法论意义。首先,认识是有层次的。康德认为感性认识属于"表象能力",为深化文学的结构必须上升到知性认识层面。然而知性与特殊性坚执地对立,必然片面、孤立不能认识整体,所以"知性不能掌握美"(黑格尔)。知性必须在一个新的层次上诉诸感性,就得到认识的层次。认识的层次还表现在不同的认识主体上。结构主义反对元素中心论而持关系中心论。实验心理学证明人所观察到的任何现象都是经过其"注意力"选择的产物,如知觉的产生(注十四)。主体的差异决定建筑师对建筑的理解异于他人,名实不分的现象造成诸多混乱与不便。往往建筑师与感受者所表示的共同认识其实包涵了惊人的差异。所以,警觉地对待每一位知音,同时也更多反省自己的趣味。其次,方法论意义上层次是揭示整体的组成规律及转换的作用,探讨结构的起源和形成的中介。这点上方法论的结构主义与作为整体的结构主义相区别。后者在经验事实范围内描述观察事物的表层结构,而前者研究的实质是要为经验事实的表层结构找出其深层结构,做出演绎性的解释,通过数理、逻辑模型等手段重建此深层结构。皮亚杰说:"结构本身不属于可观察到的事实的范围。""处在不同水平的结构,只有通过抽象出形式的形式或对系统作第n次幂的抽象才能达到,这要求反思的努力。"这里充分肯定了理性工具的方法论力量,要达到对深层结构的认识,理性的、逻辑的、一丝不苟的科学手段是非常有效的。本文提倡建筑思维是有限理性的，在创作中更应发挥"诗性的智慧"，这决不意味着对理性的轻视，相反更应发挥"工程师"的理性优势达到思维的深化、手段之凌厉。这点在下节及第二篇的陌生化与约定俗成化中还要深入讨论。

第五节 结构的等级化

此节与上节相关，为显其重要单独讨论。决策学家西蒙提出的等级体理论(注十五)是对结构层次的一种深入认识。该理论认为我们在自然界里所观察到的大量的复杂系统，从理论上看均呈现出等级结构。动态关系上，等级体具有一种始可分解(Near Decomopposa-bility)性质，这样使得原来不可捉摸、无从下手的复杂事物大大简化而变得容易。如画人脸，几乎总是先画轮廓，然后加眼睛、鼻子等器官，最后再点瞳孔、睫毛等等，一直达到他的解剖学知识限度为止。棋手下棋亦然，人有关该事物的信息，是按等级方式有效储存在记忆中的，这样才使各种细节关系有效牢固，可见等级化之重要。有如下寓言：有两个钟表匠均作工精细，颇具声誉，两个作坊里均电话频繁。然而一个生意兴隆，一个越来越穷。原因在于工作方式上一人等级化而另一人没有。钟表是复杂产品，由约一千个零部件组成。前者将十个一组零部件三次等级化，而后者一定一次装成。所以频繁的电话对前者干扰不大，给后者却造成巨大损失。据西蒙计算后者装一只表所花工时平均为前者的4000倍！可见在复杂事物面前人们表现差距之大。笔者引进西蒙的等级体理论，构成诗化建筑学的有限理性重要组成部分。

第六节 非中心化与建筑的理想

理想，似乎已经是一个太古老的词。因为往往人们在引用这个词时，或多或少总是别有意味。这包含人类经历的艰辛曲折，也包含了人类理想所遭遇非人的强暴。而这些可简单归咎于人类形成已久的中心化观念。1966年10月21日，德里达在霍普金斯大学"批判语言和人文科学国际座谈会"上发表著名演讲"人文科学话语中的结构、符号和游戏"(注十六)，认为人们一直以为中心本质上是唯一的，它在一定结构内构成某物。但中心支配着结构，同时又逃避结构性。后结构主义认为中心既在结构之内又在结构之外。然而中心既然不属于总体性，那中心也就不成其为中心了。非中心化破除了静态结构观，而将结构的完美寄于结构的整合之中。亚历山大的"无名"(The Quality Without name)概念在西方建筑理论中独树一帜。认为"无名"不可捉摸，又无所不在。我们可用如有活力的、整体的、舒适的、灵活的、精确的……等等形容词来描述它，但它不是这任何一个形容词。它是所有这些词的总和。这就是建筑的永恒之道(注十七)。这让我们想起"无"。老子认为一切占有都意味对他物的丧失，所以占有一切的最好办法是不去占有。两者都巧妙地处理了理想问题。但其思辨性削弱其方法论价值，亚氏本人的经历便足证明。他苦苦困于有建筑体系的申纯中挣脱出来，又不无可悲地陷入另一个形而上学的泥坑。我国有人提出了在方法论上有积极意义的"核"的概念，但我们应看到对中心结构的承认可能带来的两难境地。皮亚杰的研究带来新境：哥德尔定理的重要意义在于它表明任何一种结构，即使被人看作是最"完善"的逻辑结构，也都是不完备的。每一个静态的结构都是不完美的，"形式化"表明，一方面每一逻辑体系所处理的内容本身是对比它更低级水平的形式化，另一方面，每一逻辑体系相对了比它更高级的体系来说又成为内容。任何一个结构在没有被整合到一个更大的、更为复杂的结构中之前总是不完善的，完美存在于低级结构向高级结构的整合之中，理想存在于不断的追求之中。这就是非中心化的理想观。

第二章 图 式

怎样打破传统的逻辑空间的局限而引入人的观念？本章通过由包含了表示与被表示成分的符号引申出的图式概念，试图建立对建筑形式的新的理解。

第一节 信号与符号

认知心理学把人所接受的刺激分为两大类，即信号与符号。对此结构主义作了详细区分。简单说，符号是包含了表示成份与被表示成分的双重结构，而信号则是单向的。符号可以有意义，而信号则与意义无关。符号是人的精神结构的物化，而信号则是与人无关的纯外界的刺激。符号是一个艰苦得来的概念，在符号(Sign)近邻有预兆(Signal)、标志(Index)、图表(Icon)、语符(Symbol)、象征(Allegory)，它们都是符号的竞争者。在犹豫于客体(Some)和记号(Seme)、形式和内容、图像和概念之间以后，索绪尔选定了表示成分(能指)和被表示成分(所指)，它们的联合构成了符号(注十八)。如果说符号的创立，是在分裂的时代为人与世界找到了一种关联，那么作为视觉符号的心理图的图式，则是在人与建筑的鸿沟中搭起了一座桥梁。

第二节 图式及其结构

作为视觉符号的图式，是比较稳定的知觉图像体系。例如林奇的"意象"(Image)(注十九)。它是从大量现象中抽象出来的，具有"作为对象的性质"。皮亚杰认为它是"在随着时间经过而展开的因果系列中，作为个体而构成分离的一个项目。"他证实，结构化的世界观是通过幼儿期逐渐发展起来的。幼儿最初作为类似性体系来构成世界，即学习认识，然后把认识的对象归纳为更概括的整体，并开始把对象与场所联系起来，开始把稳定对象作为活动对象相对照的框框而加以利用。哲学界认为，场所概念的发达和作为各种场所的空间概念的发达，就是找到存在立足点的必需条件。现代文明社会中，图式的丰富性使图式分化产生具体的图式和抽象的图式。对前者，舒尔茨说："具体的一面勿宁说是关系到对自然景观、城市景观、建筑物、物理事物一类环境诸要素的掌握。"这一点上，富莱、施瓦兹、巴切拉尔、布鲁诺、林奇等人的观点比较接近。但图式的抽象性一面却给我们带来极大麻烦，逻辑空间本体论倾向于把图式等同于其几何性与拓扑性。但是人可以靠没有几何属性的图式知觉而存在，但决不能靠只有几何属性的被阉割的图式而存在。人类学告诉我们早期的人类并没有几何的概念，但他们处理各项事务并没有什么不便。原始人可能数数不过三，但他照样把他数百只的羊群管理得很好。我们不应忘记，16世纪前的人们并没有普遍的透视观念，直到今天的一些部落民仍然如此。(注二十)

图式的二重性决定了图式是错综复杂的，因而对图式的等级化也是危险的。理性的逻辑空间论倾向把图式的结构规范化，推崇"最完美"、"最理想"的金字塔结构，或树形结构。一套严格的法式让任何细节都清清楚楚，没有一点剩余涵量。西方古典法式曾宣称只要得到一个雕像的一个手指头，就可以把整个雕像复原出来。某种程度上学院派对帕拉第奥的柱式理论正是这样运用的。而中国的营造法式也不示弱，只需一个平面，工匠便可根据法式把整个建筑盖起来。诚然，金字塔结构的明确性、纯洁性让我们陶醉，殊不知正是这点违反了结构能力的自我设定和非予成性(见第二篇)。简略使图式失去了图式应有的内涵，失去了对应于人类的复杂性与含混性，也就失去了人，失去了建筑。因此我们吸取亚历山大的概念，把图式定义为半网络结构(注二十一)，当且仅当两个互相交叠的集合属于一个组合，并且二者的公共元素的集合也属于此组合性，这种集合的组合形成半网络结构。"显然半网络结构是潜在的比树形更复杂，更微妙的结构。""一个基于20个元素的树形结构最多能包括此20个元素的19个更深一层的子集，而半网络则能包括多于上百万个不同的子集。"这种或然性的结构为人的建筑许下无限可能的保证，因此，我们说图式的结构是半网络的。

第三节 涵义空间及图式的意义

由于图式概念相对宽泛，且价值判断意义较弱，所以有人据建筑中唱主角的空间与涵义(见第四章)而提出"涵义空间"概念(注二十二)。笔者以为此概念与舒尔茨的"存在空间"有共同之处，从哲学上看涵义即由存在衍生来。要注意的一点是"涵义空间"只是人与建筑的一个中介物，而非实在的建筑空间，这点易引起混淆。本文以为空间毕竟是一个局部概念，所以建议以形式与涵义关系为主线深入。

历史造成了人与自身创造物的分裂。对此人们一直认识不足，导致了建筑史上起我伏的理性与非理性的长期斗争。无论是理性主义还是非理性主义，都受此局限面盲目争执，以致鸿沟越来越宽。在这样的局面下，作为填平这个鸿沟的、联系人与建筑的中介的图式的引入，可以说是具有划时代意义的。如果我们能把握这个契机，即从理论上观念上将为我们的建筑创作带来的活力是未可限量的。

第三章 形 式

"形式"这个古老得不能再古老的名词之所以逐渐有沦为陈词滥调的危险，就在于人们对形式的简单化认识。正如本章所揭示的，形式是一个由本身就是包含了能指与所指的符号充当能指的第二级符号系统。这样，有关形式的很多"千古悬案"都可迎刃而解了。

第一节 能指与所指

能指与所指[注二十三]的划分，是解决形式问题的关键点。索绪尔将词一分为三：音响形象、概念和二者结合的整体即语言符号自身。"音响形象"即"能指"或"表示成份"，"概念"即"所指"或"被表示成份"。能指与所指都不能单独存在，而是构成符号这张"纸的两面"。能指与所指的关系是或然的。正如之于"树"的概念，能指可能是shu（汉语）、tree（英语）、neneBo（俄语），还有更多。建筑形式与使用功能之间也有着非恒定关系，著名的"抽水马桶"事件便是绝好的讽刺。又如开业女建筑师琼·克拉彭设计的泰晤士河海关，"闸"的能指并就是升降和推开式，可以是旋转式（据作者讲是受水龙头启发），利用能指与所指的或然性创造出了全新的形式。20世纪60年代以前，街道对绝大部分人来说与室内无缘。但波特曼想到了，为什么不能给让人购物、休息、停留的市民气息的熙熙攘攘的大街盖上顶而免受风吹、雨淋、日晒之苦呢？于是有了左右世界旅馆业的波特曼空间。于是原有街道形式的能指有了新的发展。

第二节 二级符号系统

巴尔特指出由自然语言构成的符号系统是最基本的，是第一系统[注二十四]。这一系统作为整体可嵌入另一个符号系统，成为它的能指或所指。巴尔特举例以一束玫瑰表达激情时，玫瑰是能指，激情即是所指。二者产生第三项，作为符号的玫瑰束，玫瑰束一旦获得符号的身份，便与园丁的辛勤劳动成果的玫瑰不同，作为能指，玫瑰束是空虚的，作为符号，它是充实的，成为我们心理意象与社会习惯的联合，是传达一定目的媒介，神话总是以符号系统为基础而构造起来的二级符号系统或二级语言。

第二级符号系统似乎把一系推向了一边。而这"推向一边"对分析神话是最重要的。一切神话，都是以占有原来已设立的符号，并将其具有充实意指作用的符号排干使之成为空虚的能指而起作用，即表现意义的。这种典型的例子可从很多旧建筑增建中明显看到。贝聿铭设计的巴黎卢浮尔宫新馆，为简单的玻璃金字塔，但处在历史经典的卢浮尔宫里，再有古埃及金字塔的背景，其涵义远远超过任何费力不讨好的理解。路易斯·康设计的耶鲁大学美术馆，一个似乎完全没有处理的死墙面，比邻古典的旧馆。暗示了旧馆地板的几条水平线脚却耐人寻味，很好解决了与老建筑的协调，又利用旧建筑为自己取得含义。隐喻的思想背景也即于此，通过对一个已经对人有过影响的形式的"榨取"而取得自身更多的涵义。如格雷夫斯的波特兰市政大厦。

第三节 复杂的形式

由上面的讨论我们已可结论"形式"决非简单物，毫不单纯。可以说，任何一个耸立在地球上的建筑形式，它必然包含了所指。因为它是自我设定的人的结构能力的产物，更复杂的存在于人们大脑中的形式。其中有"形式跟随功能"或"形式跟随惨败"的沦为单纯能指的形式，但这是极少的特例。这个形式与其叫做形式不如来个别的名词可更好避免混乱。我们称为形式的绝大部分情况是指由能指与所指构成的符号学位。甚至是以包含能指与所指的符号系统充作能指或所指的第二级符号系统，当我们说"门"时，尽管没有说出更多，但门让人或物通过，门是两个空间的转换，门是相对内在的空间的脸；如果是中国人。可能还会想起垂花门、状元门、午门、门神，等等。如果是西方人，可能会想起凯旋门、狮子门等等。这样的一个"门"怎么可能是简单的"能指"能概括的呢？所以，本文认为纠缠了建筑界几个世纪的关于"形式"与"功能"的噩梦可以结束了。一切对人的简单化都会自食其果，建筑亦然。

我们已经看到，伴随逻辑空间本体观而来的是对建筑的分裂。既然形式有功能问题，形式必然就还有一个自我独立的"审美"问题。然而更要命的是对"形式"简单粗率、缺乏理性地与并非对应的上面两者做出精细入微的严格理性的分析、推理、论证。既然我们结束了这场噩梦，那么诗化建筑学中考察、衡量形式的手段是什么呢？我们说在理论上仍有严格的理性的方法，那就是包含但不限于"功能"与"审美"（或者还有什么别的)的"涵义"，建筑从真正意义上走向与人的重新溶合。

第四章 涵 义

由传统哲学演生出"诗化哲学"[注二十五]，或"体验哲学"[注二十六]的同时，更大的背景是由现代性而后的后现代性，它的中心议题是关于存在和现象，是讨论人的存在及意义。本章回避功能、审美等低效概念，而从后者入手建构诗化建筑学的"形式—涵义"本体。

第一节 涵义与美

"美学"（Aesthetics）一词，自创生以来就遭受种种偏狭和强暴，几经扭曲而歧义丛生又为所指局限，美学一开始就被传统哲学招安，沦为纯思辨附庸。克罗齐置美学于四类哲学之首：美学（美、丑）、逻辑学（真、伪）、伦理学（善、恶）、经济学（利、弊）。这种地位注定其被削足适履，使来源于生活本应紧密生活探索人生意义的美学一时间成为风雅时尚。仅关心少部分"高雅的艺术形式"，如绘画，雕刻，音乐等，成为上流社会玩物。我国转译日本的"美学"一词即此意。而防线一旦突破又偏他极，从"丑学"也是"美学"到"美"四处横飞。以至于后来美学研究不断遭到摒弃。伯纳德·鲍桑葵说："美学是无用的"[注二十七]。

后现代（体验）美学摆脱"美"的束缚，广泛研究生活中一切有意义的对象。不再试图从事物涵义中抽绎出美的本质，更多注重事物的涵义及其涵义的形成。如存在主义美学、现象学美学、格式塔美学、释义学美学、接受美学等等。建筑中美的概念已因混乱而不宜继续沿用，且还有功能、材料诸因素，而它们的统一就是涵义的引入。

第二节 意义与意味

维特根斯坦揭示了世界的"可说"与"不可说"，也就肯定了涵义的意义和意味构成，前者是易被理解、易被观察的、有源可溯、有根可寻的比较确定的涵义部分。相当于认知心理学的表象意义和较确定的指涉意义之和，包括功能意义。面对一颗柱子，自然会产生支承的联想。如其比例合适、用料得当，很好起到好支承做用，就产生了功能的意义，也许它还起分隔空间作用。这也是明确的功能意义。如不满足这种要求，即其功能意义差甚至为零。也许这颗柱子被作为纪念物，如拿破仑纪功柱或清华断柱，又会产生指涉意义。如满足，则让我们感受到这颗柱子是某某事件或人物的纪念物，也许用作宗教物，如中国皇帝的承天露柱，或部落的图腾柱，也会产生类似的指涉作用。以上这些都是涵义的意义部分，在这一切之外，这些柱子还会有或多或少或零的说不清楚的方面。与面对一颗司空见惯的平常柱子不同，当你面对图腾柱或纪功柱，因人而异都会产生一种难言的沧桑感，一种说不清道不明的"回肠荡气"的历史感，产生"念天地之悠悠，独怆然而涕下"的激荡。这就是我们所说的意味。因包含了大量的自我相关，它是指涉意义中最暧昧，最复杂的部分。如果说意义产生于我们的理解力，那意味就归宿于我们的鉴赏力。这让我们联想起潘诺夫斯基的圣像学与肖像学方法。任何科学的、理性的产物，可以给人清晰的逻辑判断，给人们带来知识，为人们开拓认识能力。然而，由于缺乏意味，永远不可能给人满足，而是"一旦明白，扭头便走"。相反，一件艺术品丰富的剩余涵义量给人以激动，玩味，让人爱不释手，让人流连忘返。这就是艺术永恒价值之所在。

在我们的先民那里，一切都是统一的和谐的，任何事物都被赋予意义和意味，都可以给人寄情、忘怀。这种诗意栖居的"黄金时代"过去了，但深入人类精髓的"家园意识"却保留下来。家既是肉体的住所，也是灵魂的栖居，"归乡"成为诗人永恒的主题，乡愁成了人们排遣烦恼的心理冲力。笔者感到要继续开始诗化建筑学的建构，保持把建筑提到本体高度的努力，就应给建筑这样一个定义："建筑，原本是怀着一股乡愁的冲动到处寻找家园"。(注二十八)

第三节 内涵与外延

涵义也是变化、生成的，巴尔特为我们提供了线索。他认为(涵义)内涵的产生来自外延的"换档加速"(注二十九)，如同神话是普通指示引为的"换档加速"一样。当从先前的能指一所指关系中产生的符号成了下一个关系中的能指时，内涵便产生了："于是第一系统成了外延这个层次。第二系统……则是内涵层次。即内涵系统是一个其表达层(即能指)本身是由指示系统构成的系统。这样内涵成为加诸于"第一级指示系统"上的二级系统。我们以格雷夫斯的波特兰市政厅为例，经他变形处理的锁石、小窗、倚柱、基石等等，原本就构成完整的形式符号系统，在这里充当单独的能指成分，为新形式积淀了深厚的内涵。这种永远的，从外延到内涵的"换档加速"，为涵义的永远生成提供了契机，为人类天性的结构提供了保证，也为我们的栖居带来永恒的宇宙感。

注释：

[注一] "meaning"一词有多种译法。如意义、含义、涵义等等。这里采用广义的涵义。
[注二] 参见汪坦《关于〈建筑理论译丛〉》。
[注三] 参见《AD》1/2/1989，以及AD专集。
[注四] 参见彼得·柯林斯《现代建筑设计思想的演变》。
[注五] 参见路易斯·康《静谧与光明》。
[注六] 参见霍克斯《结构主义和符号学》。
[注七] 同上。
[注八] 同上。
[注九] 参见皮亚杰《结构主义与符号学》，转引自《现代外国哲学（11）》。
[注十] 引自笔者上汪坦先生课堂笔记。
[注十一] 同[注九]。
[注十二] 参见乐秀成《GEB——一条永恒的金带》。
[注十三] 参见传记《文森特·凡高》。
[注十四] 参见阿瑞提《创造的秘密》。
[注十五] 参见西蒙《关于人为事物的科学》。
[注十六] 参见德里达《人文科学谈话中的结构符号和活动》。
[注十七] 参见亚历山大《建筑的永恒之道》。
[注十八] 参见唐有伯《结构主义的源头——索绪尔的语言学》。
[注十九] 参见凯文·林奇《城市的意象》。
[注二十] 参见格里高里《视觉心理学》。
[注二十一] 参见亚历山大《城市并非树形》。
[注二十二] 参见清华大学研究生黄平论文《涵义空间》。
[注二十三] 参见索绪尔《普通语言学教程》。
[注二十四] 参见巴尔特《符号学美学》。
[注二十五] 参见刘小枫《诗化哲学》，周国平《诗人哲学家》，俞宣孟《现代西方哲学的超越思考——海德格尔吧喔……》。
[注二十六] 参见王一川《意义的瞬间生成》。
[注二十七] 参见鲍桑葵《美学史》。
[注二十八] 参见德国浪漫派诗人诺瓦利斯："哲学，原本是怀着一股乡愁的冲动到处寻找家园"。
[注二十九] 参见霍克斯《结构主义和符号学》。

神话(注三十)之所以起作用，在于它借助先前已确立的充满指示行为的符号作为能指，一直消耗它，直至它成为"空洞的"能指。

——霍克斯《结构主义和符号学》

第二篇 建构与结构

本篇运用诗化是建筑本体论原理，结合现代认知心理学及现代哲学，科学思维方法建立建筑师的认识论——建构主义与解构主义的统一。

第一章 诗化心理

本章通过对现代认知心理学基础的知觉、意象、内觉、原逻辑思维、概念思维等的考察建立建筑师及感受者的诗化心理基础。

第一节 知觉与意象

知觉(perception)是人的心理活动的第一步。使我们从视觉的、嗅觉的、触觉的、温觉的、动觉的、听觉的和痛觉的等等途径感受世界，处于符号前阶段。知觉最大特点是简单性与直接性。但其本身并非如此，海伯指出：知觉的简单性与直接性并不表明生理过程的简单。其中包含很多我们觉察了的和意识不到的过程，如过滤过程，它使我们①把某些刺激记下来；②把其他一些刺激删除掉；③对那些被纪录下来的边缘的感性事件加以组织；④构成一个完形的或整体的经验；⑤这样感受对象有了恒常性。使我们不论从远、近观察，都同样的形态(注一)。我们可看到知觉并非机械"如实"地反映对象，而有选择和简化，才保证感受到一个稳定的世界而不受多余信息干扰。知觉不是天生的，予成的，而是培养的。"儿童逐渐学会选择、组织、解释经验模式，辨识事物，从别人那里借用范畴来加以规范。"(沙赫特)。另外"意识阈限"和"图地知觉"，概念都告诉我们理性的，机械的反映是没有根据的。人是依照自己的结构能力来发展知觉的，而不是依照理性。(注二)

如果说知觉还有外在感觉依赖，那作为人创造能力第一步的想像(imagery)，则纯粹是一种内心活动表观。意象是对不在场事物的再现，并使人保留不住在场事物的情感。如我们闭上眼，就能"看见"母亲的形象。虽然她并不在此，但此形象能唤起我对她的爱。意象作为外在对象的替代物而成为人内在的事物，即心灵的产物。形象一旦形成，就成为我自身的组成部分，成为我的内在生活了。意象种类很多。大都呈模糊的、不忠实的、不完全的、短暂易逝的、朦胧的、含混的复现。但"意象与原来的知觉不论有多大的差距，我们必须说，这种差距和它与原知觉的对象具有同样重要的意义"(阿瑞提)(注三)，因为意象的确是拙劣的历史档案记录，但它却是最初的创造力萌芽。因为意象不仅再现，而且是创造出非现实的第一个或最初的过程，是一种创新的力量、超越的力量，是诗化的重要心理基础，需要给予极大的关注。因此我们再回顾一遍：

①意象由某种需求或未满足的欲望所引起；

②这种欲望的意象可促使人们在行动、探求、找到那个渴望获得的事物。如果这种事物实际上并不存在，就会促使人去创造它；

③它也可能从白日梦中幻想它。如果太频繁。会出现一重化的物我混淆(adualism)；

④意象大量受抑。作为创造力第一因素的意象也易受挫折，除非已外化在创造产品上。

⑤意象常被用来作为一种对最高水平心理活动的暂时逃避。

第二节 内觉——非定形化认识

无定形认识(amorphous cognition)是一种非表现性认识——即不能用形象、语汇、思维或任何动作表达出来的一种认识。与概念相区别，内觉(endow—cept)完全发生在个人内心深处，是前意识的，不成熟的思维水平，因而未达言语水平，不能与他人分享。有时全然不被察觉，有时像是感觉到了一种气氛、一种意象、一种不可分解或不能用语词水平表达的"整体体验"，——类似弗洛伊德的"无边无际"的感受。抽象常用于指对共性的提出，但也用于无定性认识，指尚未发现以任何方法具体体现出来的某种内容。虽怀疑其存在但不能证实，特殊无法描述。而从后者到前者的过程就是一种创造。如一种散乱的、抽象的情感最终在诗歌或建筑中体现出来。或保留内觉去掉日常经验事实得到的音乐和抽象绘画。可见内觉是诗化创造的重要心理基础。

有助于创造的内觉常常遭受理性的压制。很多理智的、受过良好教育的人由于偏爱逻辑的、推理的思维而在智力上显出一种机械性。这在某些方面有实用价值，但显得"平面"化，不受人喜爱。他们被训练成只接受概念而压制或压抑了内觉。除非在创造力高峰期，他们很难体会相对"具有艺术气质"的人更多体会到的这种心理活动。实质上他们的概念生活也因缺乏内觉资源的丰富而受到局限。阿瑞提认为，"移情"、"直觉"、"灵感"都有着直接的内觉准备。当创受阻时，让自己一部分精神回复到无定型阶段，不无益处。在这个模糊不定的、含混不清的大熔锅里同时进行着和先后发生着各种意料不到的变化。一旦创造冲动超越了内觉阶段。就会凭着自身的力量继续发展下去，有时并非有意就形成了意想不到的联系。这点我们在第三篇的"目标树"与"直觉理性"中继续讨论。

支配我们生活的哲理常是对一些基本观念的确立：父母与孩子、权力与个人、责任与自主、情欲与理智、爱与恨；不可抵抗的狂暴和对和平的追求、对于男人、女人和上帝的爱、对于无限与力量的追求、对于内在固有性和超然存在性的追求、对数学的确定性和不可理解的神秘性的追求、对宇宙内在和谐或生活的审美意义的追求。这些哲理常常处于一种朦胧的，不可言状的状态，"除非或者直到一个人能够自发地或经过治疗而成熟到可以得到地领悟它们"(阿瑞提)(注四)。我们说，不是"治疗"，而是"诗化"，是"创造"。

第三节 原逻辑与概念逻辑

经过人类学、心理学大量研究证实的、区别于亚里多德逻辑的、原始人遵从的原逻辑(注五)与创造活动直接联系。在此讨论其三点特征：

1. 建立在相似性上的同一。

也叫多马鲁斯原则(注六)：在正常的思维里，同一只能建立在对对象完全相同的基础上，而在旧逻辑里，同一能够建立在具有相同属性的基础上。阿瑞拉称前者为继发过程。后者为原发过程。后者A能成为非A——即B——只要A与B具有某种相同属性或要素。这种思维避开通常轨道而开辟了更多可能性，如在单一事物中发现上百种属性，创新机率大增。我们的民族习惯、风俗，及个人的某些好恶禁忌无不与原逻辑有关。(注七)

2. 词与意的更换关系。

使用原逻辑的人在词的内涵、外延和言语表达之间发生了变化：赋予内涵的方式变了；注重外延和言语表达而不注重内涵。说狗，必然是一条具体的狗，说桌子，也特指某张具体的桌子。没有一个抽象的内涵含义。这样注意力就转到言语表达上。由社会公认的语义似乎失去了或减弱了（语义更换），言语表达的意义似乎增强了（形式的孕育）。也即说，重点更多落在内涵的形式化上，且语义更换与形式孕育都具有分散性特征。

3. 概念的具体化与知觉化。

原逻辑倾向于把正常思维当中常以抽象形态发生着的内容给具体地、形式化地显示出来，这点正好是建筑师必备的素质。

从上面三个特性可看出原逻辑倾向于把统一整体分象或瓦解而专注于其中共有的某个片断。在此思维还有一个对创造力有益的过程——"非NO"。对任何否定的事物，都以肯定的东西来代替。一个婴儿饥饿时不会说没喂奶，而是幻想正在被喂奶(注八)。一个画家脑中也许会产生出一棵完全不同于任何自然存在的树的形象，他开始把这个形象作为灵感予以接受。他并非因为这个形象不真实，甚至奇形怪状让人害怕而放弃它。相反他沉溺于其中并记录下来，考虑通过怎样的艺术创造使其新颖，合理。

概念是人的高级思维活动。概念的产生是一个艰苦的过程。概念表示出人类在悠久岁月中通过集体采用与世代相传所达到的认识水平。概念：① 为我们提供一种或多或少的完整描述；② 使我们可去进行组织，因为各个不同的属性或组成部份表现出一种合乎逻辑的内在联系；③ 使我们能进行预言。因为我们能推论一个概念当中任何成员所发生的情况。

通常认为概念是一种逻辑思维不会对创造有益。相反，概念同样具有诗化的特性—非限定性。比如3的定义并没有告诉我们——尽管它包含了这样一个事实——3是2151的除数。日本曾举办题为"未来的桥"构想竞赛设计。一等奖方案是在城市泛滥的海洋中将仅存的农村孤岛联接起来的充满泥土味的乡村土道。这也是桥的概念予含了但没有限定的结果。另外现代文明里各种概念已经构成了成人的内在现实的广大组成部分。在思维、情感甚至行为中，人们比涉及到具体的事物还要更多地涉及到概念。因此，概念是我们不容忽视的重要诗化心理基础。

第二章 双重建构

第一节 同化与顺应

从心理学角度看。认识结构的同化作用就是主体对外部的环境因素(刺激)进行主动的选择，改变，将其纳入原有的认识图式之中成为一个新的整体，即：T+I→AT+E。T指动作结构，I指刺激，A指同化，AT指被同化于T的结果即对刺激作出的反应，E指被排除于结构T之外的东西。但同化只能从量上丰富图式而不能从质上改变图式，它与不变或变化不大的环境相适应。顺应则是一种与图式相反的机能。当环境发生变化，主体图式不能同化客体时，顺应就引起图式发生质的变化，促进调整原有图式或创立新图式，以适应新的环境。亚历山大图式语言理论之所以失败，一个原因就是其规定图式仅仅在数量上的改变。实质上只有同化而排除顺应，因而不能发展所致。同化与顺应作为任何一种适应都具有的两极，存在着微妙的平衡关系。皮亚杰从研究儿童心理发现智慧的发展可以被看作是主体内部结构中同化与顺应这两种机能之间的平衡过程(注九)。建筑师只有时此深刻认识后才能作到既保护个性积极进行，又具有灵活性不失时机地改变自己的创作思路。

第二节 结构与建构

结构是如何形成的？回答有二：一是经验主义的没有结构的发生论；另一是没有发生的"整体"结构主义(如心理学中的格式塔派)。然而正确的答案应是两者的结合，"既有发生，又有结构。"皮亚杰证实："每一结构都是心理发生的结果，而心理发生就是从一个较初级的结构过渡到一个不那么初级的(或较复杂)的结构。"其特征有三：一是结构的建构是一个不断从低级水平向高级水平过渡的无止境的发展过程。前面已讨论过，哥德尔定理的重要意义就在于它表明任何一种结构，即使是那种被人们看作"完善"的逻辑结构，也都是有局限性的。"尽管形式化有其独立性和威力，但现在已经证明它有确定不移的局限性。"从内容与形式看："一个内容永远是其下一级内容的形式。而一个形式，永远是比它更高级的形式的内容。"任何一个结构在没有被整合到一个更大的更为复杂的结构中之前总是不完善的，这就是建构之必需。

正因为如此，不存在本体论意义上的结构。那种企图以少数最简单的公理出发，构筑起包罗万象的完备体系的作法，已经被完全推翻。因此把某种结构当作实体，认为一切其他结构都是由这种结构而产生的观点就不成立了。结构的建构过程没有终点，也没有起点。这就是我们第三篇讨论的"无终极目标设计。"

二是没有"予成"的结构。传统的、把现实的东西简单地归结为某种可能性的作法，虽然不错，但却无用。因为"什么是可能的东西，只能在反省过去时才能予以真正确定。即要它被现实化以后才能真正确定。"我们归结的可能性，不过是一种事后的假定，并不等于我们由此而在先就能确定这种可能将要、并且怎样成为现实。而且实际的组合中会出现很多早先设计未能包括的一些选择和协调，"这些客体是我们在进行积极探索，并建立特定的相互联系之前既不知道甚至也猜想不到的，"可能性的王国不是一劳永逸地达到的。"见第三章"零敲碎打"和第三篇"咔哒搜索法"。

三是不同层次的结构相互不能单向还原，而只能互反同化。因为新结构不是"予成"的，而是"组合"成的，单向的简单还原就不可能存在。只有互反同化，即高级的东西可以借助于转换而从低级的东西中演出来。同时高级的东西可通过整合低级的东西更为丰富。这是一个鼓励进取，反对保守的观点。正如我们不能试图用经典力学去还原爱因斯坦相对论一样，我们也不要企望用逻辑空间本体的观念来套解存在空间本体的概念。遗憾的是我们的建筑理论界目前充斥的正是这样的泛滥而造成的混乱（笔者注：指20世纪80年代状况）。

第三节 双重建构

动作的内化与图式的外化构成建构的全过程，称双重建构。内化建构是主体实际动作的协调组织经过感知—运动、前运算、具体运算和形式运算四个阶段逐步内化到主体内部成为保留实物活动基本特征的符号缩影过程。皮亚杰称其为早先进行的实际动作在头脑中结晶性积淀作用(Crystalline Sedime-ntation)。积淀作用产物就是主体认识结构(图式)。外化建构则是主体运用已经内化形成的认知图式在组织来自客体的经验成份，从而形成有关客体结构的知识，然后再根据这些知识在实际活动中把客体本身组织起来，发生联系从而转变客体，这就是人类的技术发明活动和建筑创造活动。双重建构来自同化与顺应的心理基础。

双重建构要求建筑师的双向发展。一方面将自己的知识才能、经验感觉不断的外化为建筑形式，进行大量的创作活动；同时保持对异质因素敏感不失时机地将外界新信息内化到自己的主体结构内。只有不断的打破这个平衡又保持这个平衡，建筑师才能保证自己水平步步提高，作品层层深入，最后创作出世界要求的诗意的栖居，也完成自己一生诗意的栖居。而要达到这一切，他首先必须热情主动，因为建构是动作性的。只有行动，才有建筑师的成长和建筑作品的出现，因为在这个既无结束也无开端的建构活动中，没有什么"予成"之物。一切都在创造、"组合"之中，"这些客体在我们进行积极探索，并建立特定的相互联系之前是既不知道甚至也猜想不到的。"这样的"组合"意味着创新的探索，创造在建筑师的建筑活动中成为必需，因为"新项目，而且仅仅是新项目，才使客观性成为可能。"广义说，没有这种创造行动、诗化的行动，甚至就没有人——他永远处在婴儿的浑沌之中。这就是双重建构强调的行动的意义。

第四节　传统认识论缺陷

传统认识论一般包括经验论和唯物论。前者往往把认识的来源归结为客体，认为一切知识都发源于经验，感觉、经验事实、经验定律是最确实的知识；后者则大多把认识的来源归结为主体，认为普遍必然性的认识来源于理性本身，它们是天赋的或先验的，而感觉和经验则是不可靠的。显然，缺陷在于二者的片面性。因为认识既不单纯起源于主体，也不单纯地起源于客体，而是起源于主体和客体之间的相互作用。经验论的重大缺陷是"竟忘却了动作。"唯理论者用天赋理性的假定来说明认识的起源是站不住脚的。实际上主体认识结构并没有一个绝对的开端。两者的共同缺陷是只顾得到高级水平的认识，即认识的某些最后结果，而忽视了主客体的分化问题，从而导致对行动的忽视。

第三章　结构之解构

解构(Deconstruction)由于其富于手法意味而一般被作为方法论来讨论。本文为强调结构的本体意义将其置于本篇里讨论。

第一节　结构的语境

语境(CONTEXT)一词在建筑中覆盖很广，用法灵活，在汉语中还没找到对应的词。于此也有一场诉讼(注十)。本文先引用语言学的中译法，来分析语境的共时性和历时性特征：前者为结构主义者强调，就是建筑中讲的环境。是说话者。建筑感受者真正拥有的唯一的现实态，在每一个共时态的语境里，不同的人的能经历同一场景，以对同一事物有相对一致的认识标准、价值观念，而对建筑作品进行感受、使用和欣赏。这种感受具有相对独立性。人们站在古罗马斗兽场面前就可感受到一种苍凉激越的涵义，而不需要看到破坏前的斗兽场或先看斗兽场模型。而且由于作品的整体性要求不能被抽象。只有在这种话帙里才能进行通常意义的欣赏、感受。流水别墅，只有在密林中汩汩的熊跑溪上实在飞立才有其韵致与生动。悉尼歌剧院也只有浩瀚的蓝天白云下背傍大海与悉尼大铁桥时才构成自己完整的涵义。应该明确，无论建筑相关的过去和未来是什么，我们都不是为古籍中的先人或后世纪的子孙们设计，而是为眼前活生生的人建造栖居。但是结构主义者过分夸大共时性，导致对历时性的忽视。这在建筑上表现为文脉的割裂，文化延续性的中断。建筑缺乏对文明的的尊重而将现代人庵割。于此建筑界已有很多抨击，此处不赘述。强调一点就是历时性与共时性的统一。这样"环境"与"文脉"各持一端的争执休矣。

第二节　差异与陌生化

语言学告诉我们，声音的价值在于差别。观念的价值在于差别(注十一)，没有差别甚至没有语言。德里达对此尤为关注，并提出"差异"与"延迟"概念(difference和differance)。后者为动词，与陌生化(ostranenie)相关联。陌生化认为诗歌艺术的基本功能是对受日常生活的感觉方式支持的习惯化过程起反作用，从熟悉的世界中挽回视而不见的独特性质，使熟悉的东西"陌生化"，"创造性地损坏"可以为常的、标准的东西，以便把一种新的、童稚的、生气盎然的前景灌输给我们。瓦解常备反应，创造一种升华了的意识：重新构造我们对现实的普通感觉。因为所谓现实不过是前人或自己创造出来的罢了，所以陌生化是诗化的必需。

音位学告诉我们，并非所有的差别都能被我们识别。萨皮尔认为语言具麻醉作用："要听出音素结构所不承认的差异是极为困难的。"这一则是对我们陌生化努力的要求，另外也为我们的创作许诺了前景——不断地将不被"承认"的差异转化为被承认的陌生化努力。创造可被识别的差异，这将是无穷的领域。需注意的是人并非总是一味追求陌生化，有时也需要一种高度的约定俗成化，详见第六节"积淀"。

第三节　零敲碎打

"零敲砰打"(Bricolage)(注十二)为列维·期特劳斯针对"文明人"狭隘的"逻辑"而提出的原始人独特的逻辑。它"并非缺乏逻辑"，只是与我们的不同。它"仔细而精确地把这个丰富多彩的物质世界的一分一毫都组合成结构，加以分类和排列，然后，这些"即兴的"或"拼凑的"结构作为对环境的特殊反应，用来在自然的秩序和社会的秩序之间建立起相对应的或相类似的事物，从而可以满意地"解释"世界并使它成为人们可以生活的地方。零敲碎打者(Bricoleur)构造"图腾"的信息。由此，"自然"和"文明"得到相互映照，零敲碎打使"不文明的、没文化的""零敲碎打"者立即毫不困惑地或毫不犹豫地在自己的生活和自然之间建立起满意的相似的关系。这种能力是一种应用于具体与抽象的"编码"的能力，是一种具有很大威力的，从根本上说是"创造结构"的力量。它冲破了现代人"贫乏的经验主义"的东西，即认为"真实的"世界是由单一的不可否认的现实构成(而由于无知或固执，那些不那么"野蛮的"头脑却拒不承认组成的那种观念)，认为一切社会都按照那些决定着形式和功能的精神和心理的原则构造它们自己的现实，并且悄悄地把这些现实投射到任何可能真正会有的现实世界。艺术在社会中是一种中介的塑造力量，而零敲碎打则正是这种力量的实现。西蒙的"蚂蚁寓言"(注十三)可算是零敲碎打的实践。蚂蚁在石砾遍布、高低不平的沙滩上爬回蚁巢的路径是一条很不规则的复杂轨迹。蚂蚁费力奔波，时而爬坡，时而绕过难爬的卵石，时而又停下来与同件交换信息，迂回曲折，上上下下，时停时进，直至爬进蚁巢。西蒙以为蚂蚁对于自己住穴位置，有本能的感知。但是它无法预见到通往住穴的、道路上的一切障碍，它必须不断地调整方向，以适应随时遇到的障碍，它或偏角度爬坡以图省力，或绕过无法爬过的卵石，以图前行就这样不断对付每个让它撞上的障碍物。从而写下这样一条费解的曲线。实质上这是蚂蚁在每一次具体行程中所能走的最佳路线，这就是零敲碎打原则的实现。我们在第三篇"咔哒探索法"中还要详细讨论在设计中之运用。

第四节　内省的符号化过程

某种程度上，所有艺术品都是自我相关的。这种自指示机制，符号学认为正是构成符号学的美学功能的一个重要方面。雅各布森说："……内省的符号化过程，亦即指示自身的一种信息，和符号学位的美学功能不可分割地联系在一起"(注十四)。文学至少存在于一部分因其指示自身而不能以"正常"方式进行指示的符号之中，那么，任何其他符号系统的"美学功能"或许可以说以同样的方法系统地打破了指示行为的"规则"。这样，由于自指示机制的作用，在对全部"美学功能"进行符号分析时会发现这条悖论：把违背规则作为规则固定下来。建筑史上多次出现的"反建筑"正是符号内省化的结果。埃菲尔铁塔的"反建筑"形象曾被认为是大逆不道而遭到几乎全社会的抨击，蓬皮杜中心的翻肠倒肚也因其"反建筑"而遭非议，但它们仍然成为人们最喜爱的一个场所。埃森曼的6#住宅也因其"反功能"(反楼梯、裂缝把双人床割裂、妨碍餐桌的柱子，等等)目前引起人们的疑虑。我们暂不议论其效果是否成立，但体现其中的内省化过程、这种诗化创新的、人类本能的结构能力却是每一个建筑师应吸取的。

第五节　解构——能指释放

狭义的解构，即指符号的能指与所指的或然性关系的解散。较深一层则是二级符号系统之功用，即将作为其能指的第一级符号系统的符号榨取直至剩下空洞的能指。现在国外建筑基础教育较多体现出前者，如座椅设计，甚至题目都不叫"座椅"，只要求你设计一个能依托处于某一种姿势的装置，于是设计摆脱既成能指的束缚而呈现出创造力的大解放。笔者有幸曾担任美藉建筑学教授James Bagnal先生的助教,他要求学生作模型时并不给比例尺,而是先给学生拍照,然后让学生以自己照片大小为依据来设计,推敲模型空间。其中体现的也是这种思想。解构的第二层含义就复杂得多了,笔者以为建筑中这种情况较多体现在历时态上,如玻菲尔著名的拉瓦雷新城公寓,就是对经典的古罗马"圆形剧场"与"凯旋门"形式的解构。巧妙地将新的功能赋予此解构了的形式,"榨取"原形式的符号涵义而获得一种深厚的意味和诗意的场所。目前由英国《AD》杂志明确提出的所谓解构主义思潮[注十五],开始注意共时态的解构。如埃森曼的Bio-Centrum实验中心,利用格式塔心理将现代建筑典型的体量与布局解构,将矛盾冲突的共处化为一种丰富和诗意,从而得到全新的建筑形式。笔者以为,越是具有悠久、深厚的文化渊源,越是具有丰富、多样的建筑财富,解构就愈显出其威力。

第六节 积淀

当陌生化的事物逐渐为公众接受而约定俗成化后,新的陌生化又发生。如此反复就形成涵义的积淀。陌生化的特征是新信息量大,但亦不成熟;约定俗成化新信息量小,但显得成熟甚至完美。在建筑创造中我们提倡陌生化的探索,不鼓励约定俗成化的消极(因为此过程不需建筑师同样可以进行,抄袭与模仿总是容易的)。但是由陌生化与约定俗成化多次反复而浓缩的精髓——积淀,却是人类所必需的。这保证人有一种安定感与根源感。新大陆发现后逐渐风卷的美国梦(American Dream),重要组成内容就是一亩地上站立的家。对于这个家大部分人并不希望做得奇形怪状大出风头。而是呈现出一种典型的,却又饱有内涵的家。这正是美国人心目中家的形象,在一天的辛苦与繁忙之余能够安定舒适放松的家。凝聚了人类家园意识的家。在实际生活中内容平凡的栅栏,却可能积淀了丰富的内涵而勾起人无穷的想像。如科拉松·阿基诺夫人寄情的黄手帕,以及那饱含了幸福与私密的情人的手帕。这里看一段海德格尔对凡高的画《农鞋》的精辟描写:"从鞋具磨损的内部那黑洞洞的敞口中,凝聚着劳动步履的艰辛。这硬邦邦、沉甸甸的破旧农鞋里,聚积着那双寒风料峭中运动在一望无际的永远单调的田垄上的步履的坚韧和滞缓,鞋皮上粘着温润而肥沃的泥土,暮色降临,这双鞋底孤零零地在田野小径上嚼嚼独行。在这鞋具里,回响着大地无声的召唤,显耀着大地对成熟的谷场的宁静的馈赠,表征着大地在冬闲的荒芜田野里朦胧的冬冥。这双器具浸透着对面包的稳靠性的无怨无艾的焦虑,以及那战胜了贫困的无言的喜悦,隐含着分娩阵痛时的哆嗦,死亡逼近时的颤栗"[注十六]。

对涵义积淀忽视的结果是造成冷漠的、没有人情味的、贫乏的建筑的根源。巴西利亚是现代主义梦想的理想国的缩影。但由于对理性过分的自信,功能分区明确,缺乏涵义积淀,所指明确而苍白。另外注意并非复古就有涵义积淀。如北京琉璃厂一条街,虽然形式上好像重视传统,但这种简单的复古并没有起到高度约定俗成化的涵义积淀。而是远离生活,造成"风貌仍旧,门庭冷落"的局面[注十七],所指同样明确而苍白(笔者注:琉璃厂因旅游而获得新的涵义,是10年以后的事了)。

注释:
[注零] 这里的"神话"指法国典论界。
[注一] 参见阿瑞提:《创造的秘密》。
[注二] 参见霍克斯《结构主义与符号学》。
[注三] 同注一。
[注四] 同上。
[注五] 参见列维——布留尔《原始思维》。
[注六] 得名于精神病学家艾尔哈德·冯·多马鲁斯(Eilhard Von Domarus)。
[注七] 同注五。
[注八] 参见皮亚杰《发生认识论原理》。
[注九] 出自皮亚杰《对意识的掌握》
[注十] 参见《建筑学报》2/6/1989。周卜颐、张钦楠两位先生关于context译法的争论及1990年4期杨建觉的文章。
[注十一] 参见霍克斯《结构主义与符号学》。
[注十二] 同上。
[注十三] 见西蒙《关于人为事物的科学》。
[注十四] 参见霍克斯《结构主义与符号学》。
[注十五] 参见《AD》1/2/1989年。
[注十六] 参见周国平《诗人建筑师》,刘小枫《诗化哲学》。
[注十七] 参见李学军论文《场所意义的研究》。

> 创造者保持着使他的性格能够具有创造力的秘密。不再成为秘密的是:他的创造过程是怎样展开。怎样获得一个结果及什么样的条件有助于它的发生。
> ——赫瑞提《创造的秘密》

> 大师所注意到的"咔哒"声,对他本人来说是清脆明亮的。而外行生手则可能根本听不见。
> ——赫伯特·西蒙

第三篇 诗化途径

本篇运用前两篇讨论的诗化建筑学原理,结合现代设计科学,及本文实践中的一些体会讨论诗化的几个重要方法。

第一章 诗化原则

第一节 目标树与创造人

每一个结构的建立,都有赖于目标的确立。系统论把对目标的明确与贯彻始终作为研究工作展开的前提要求。然而建筑师的双重角色常常使他盲然地踏上征程:一路零敲碎打完全凭感觉冲杀,这也是使建筑师"永远乘坐历史的最后一班车"的原因。有限理性的诗化建筑学充分理解深藏在建筑中的人类自我设定的永恒的结构性,但同时肯定理性作为工具的威力,以及作为一切方法的起点的目标的确定。本文反对单一的、预成的、永恒的目标的观念而倡导"目标树"观念。

首先是作为多层次、多方面统一的共时态的目标树。我们会遭遇开发商的目标、投资者的目标、使用者的目标、城市规划管理者的目标、社会舆论的目标、还有建筑师自己的目标,等等。找到它们共性的契机和分歧的断点,以满意原则为衡量手段,把所有这些目标组织起来。一旦目标树锁定,建筑师心中自然踏实,在"险象环生"的设计过程中建筑师不至于被吞没。而是明确取舍,保证设计高质量完成。其次,人自我设定的结构能力导致了人永远的短见,于是目标树具有历时性,它本身有一个生长发展的过程。我们常常碰到一些没有主见的业主要求建筑师提"菜单",然而建筑师一旦提出方案,他们似乎又有了主见,左挑右拣。这也是目标树的一种生长。更多的情况是在我们着手设计时绝不可能完全预料将会出现的变化和可能,设计过程中随着条件的变化目标树也在生长变化,有所备才能保证设计永远发挥最好水平。另外从建筑师的创造性思维来说,在设计中他应始终保持探索的状态,实际上就意味着在他头脑中种下了一颗目标树。思维受阻了,没关系,先放下来,暂时中止判断。让目标树自己在头脑中生长、萌芽,一旦契机来临,灵感就产生了。笔者以为没有目标树,就没有路易斯·康和易·巴拉干等人将已完工的建筑打掉而换上新构思的行动。关于最后一点请参考"咔哒"搜索法。

"人"是一个太为宽泛的概念,以至于用于系统目标时必须加以限定。于是有了"自然人"(人类学)、"社会人"(社会学)、"理智人"(理性主义)、"经纪人"(经济学)、"组织人"(行为科学)和"管理人"(决策学)等等概念。本文认为它们为学科的发展起了不可否认的作用,但都不能替代本体的人。而且正因为其发达造成了文明社会"人的割裂"、人的"单向化"。以至于海德格尔代表的诗哲们纷纷奋起要找回"失落了的人"。本文认为建筑的本质目标是人的结构能力的展现。因此作为建筑系统的目标人应该与本体的人相适应,这就是本篇提出的"创造人"或"诗化人"概念。这样可以避免很多的偏狭或误区。正是这些崇尚理性又超越理性、充满矛盾又富于和谐、追求个性也追求认同、破除神话又热爱灵魂,既谨严科学合理、又不乏欲望和情趣、将一切熔于创造诗化的人,才能真正得到他们诗意的栖居。

第二节 欲望水平与效用函数

有了人就有了动机和欲望。经济学一直采用效用函数来衡量人的动机。效用理论认为一个适当的效用函数可以满足消费者的全部需求。虽然现代效用理论已经将古典经济学效用理论推广到处理存在不确定性的更一般的情况,但始终没有达到实用水平。原因很简单，人不仅仅是消费者，也不仅仅是经纪人。既然人是自我设定的结构产物，那最本质的动机应该是欲望。于是我们借用心理学的欲望水平概念，用幸福感、满意程度来衡量人的动机。此值有一零点，接近零点为刚好满意或有点不满意。正值为满意或幸福，富有诗意。负值为不满意、不幸、低沉、压抑。本节是研究的一个难点，不易深入与量化。但有一点可以肯定，欲望水平的构成是多方面的，其各个方面之间不存在简单机制。

第三节 满意原则

诗化人决不是布里丹驴子，因为确定不了距两堆草料的距离而饿死。原始人也决不会因为洗澡水脏就把小孩也倒掉，他们都是寻求满意的人，而不是工业社会追求最优的人，因为不能保持地板的绝对光亮而终日愁眉苦脸、耿耿于怀。正如西蒙所说，现代社会的"最优化信仰"不过是奥林匹亚山神话，除了带来烦恼决无实际价值。可悲的是我们的建筑教育盲目宣传的正是这样一种神话（笔者注：指八十年代的状况）。于是满意原则的确定就很有必要了。诗化建筑学认为真实的人是诗化人，是有限理性的人，是寻求满意者。他的思考、决策或选择过程遵从满意原则，即①根据产生欲望亦以境况优劣程度来调整欲望水平的机制来确定什么是"满意"或"好"；②寻找备份方案，直至找到一个"足够好"的方案为止。本文原则规定设计技能模型或思维模型应是有限理性模型。应体现这样的机制：使得真实的人在无法完全了解复杂事物的情况下，仍然能处理复杂事物。由于备份方案不只一个、两个或有限个，而从本质上说有无穷多个，因此满意原则避免了在真实世界寻求最优的蛮力搜索法的困难——寻找、评价和比较无穷无尽的备份方案，使思考、设计过程永远循环而不能推进。满意原则提供了现实的终止判据，即一旦找到足够好的备选方案，便停止思考，告一段落。满意原则的意义还在于，当设计问题具有多维性时，避免了为比较"优劣相当"的备选方案而做出的不现实的边际主义假定，满意原则为我们第二章的稀缺资源配置法提供了依据。

第四节 渐进适应性

对结构演化的哲学思考，使我们否定了终极目标的现代性神话。近代生物学和控制理论考察生物进化证实，任何演化过程都是"短见"的，都不是走向"全局最优"状态的。那种认为任何事物均向某种稳定的最优状态演变的观点，在真实世界的种种进化过程中，都找不到根据。相反，真实的进化过程告诉我们，适应性总是针对现有环境而言的局部适应性。同时，适应性变化总是指向某个其自身也在不断变化的目标。传统的演化理论，把注意力放在对某个固定环境的适应上，故而有谈论"最适者"，更有谈论"最终目的"者（该论点设定建筑师的自信是有备件的）。当人们考虑到环境本身也在变化这个事实，最终目标便消失了：适应性变化本身便是目标。建筑也如此，人类文化也是如此。再者，人类自我设计的结构能力决定指导我们任何行为的理论本身都是短见的。与其说新理论具有解释最优化的过程，不如说是解释这样一种机制：它们能发现"改进"原有状况的新的可能。这就是零敲碎打之所以深刻，"咔哒"搜索法之所以有效的原因。

第五节 直觉模型

灵感是飘游于建筑中的斯芬克斯之谜。历史上已招来无数懊恼的弄潮儿。笔者以为灵感产生于人类自我设定的结构能力，因而注定使任何理论无能。所以本文并不企求解开直觉灵感之谜，而是在有限理性的范围内建立直觉模型，打破流行的分析理性的垄断。现代认知心理学研究证实直觉理性的存在，其现象可用人类记忆和识别机制予以解释。"直觉的产生、判断力的作用、灵感的到来，都可以用信息处理的语言加以说明。"建筑师通过长期学习和实践，掌握大量'组块'的知识、信息和经验。一旦碰到有关问题，便能在记忆中迅速检查识别出所需信息，常常直接得到答案。西蒙说："直觉，就是认得出一个朋友，并且把你过去对他的所有了解，都从记忆中查找出来的能力。当然，如果你对他了解很深，你就能对他做出很好的判断，借不借钱给他？等你需要时，还要得回来吗？如你深知其人，就能凭直觉做出回答。"这里"朋友"隐喻熟悉的记忆单位——组块。信息处理理论认为，技艺高超，直感惊人的专家们，在很大程度上依赖于他头脑中的信息库。已查明专家们一般掌握50000个左右组块。专家们面临复杂任务时的非凡直觉，在很大程度上就是这些熟知的东西在外界刺激和动机刺激下的迅速再现。并且直觉能够导致创见，因为他们头脑中存储的不光是些死的数据和资料，而且包括各种方法、思路、技巧和实例等等。而一个国际象棋大师头脑中的对策索引方法查完所有50000个组织只需约200毫秒，所以叫直觉。因此，大师之所以成为大师，专家之所以成为专家，主要是因为他们通过长期刻苦学习和实践，熟悉和保持了大量专业知识、技巧、经验和案例。哈耶斯研究了棋弈界、音乐界和绘画领域里著名大师的传记，发现这些人几乎全是刻苦学习10年之后，才达到技艺纯熟的境地。象莫扎特、毕加索等杰出人物，如果不是经过10年、20年刻苦学习和实践是不可能取得那样卓越的成就的。而在建筑设计领域，情况更为复杂，往往要求需要有20年以上时间的磨练才能成熟。关于直觉理性是怎样体现在设计中的，请看第三章。

第二章 稀缺资源配置

经济学将资源配置（如土地、黄金、燃料、资金……）作为其理性任务。诗化建筑学认为时间、注意力、有用信息及其结构化等等是导致设计中瓶颈效应的稀缺资源，应慎重分配。

第一节 注意力

现代文明的知识爆炸，信息爆炸，使得到处都充满吸引，充满诱惑。知觉原理的注意力配置成为适用于建筑师的工作方法，因为注意力成了稀缺资源。美国文化中说某人著名（Famous）通常等于说这个人很成功，因为他吸引了公众的注意力（笔者注：中国现在一样）。在建筑界有过之而无不及。一个开业建筑师名望的高低等于决定了他承揽到工程的难易，所以受娱乐界沾染出现所谓"明星"建筑师现象。对此有其社会必然根源。社会给这些"明星"建筑师更多创新，探索的余地，并在传播手段如此发达导致的高速约俗成化的今天增加一些陌生化的几率。然而一个真正的艺术家是不会以"明星"为目标的。正如梅纽因所说，这种借助别的手段容易得来的，决不是真正深刻的艺术，也不会保持长久。而且"明星"制度容易造成早熟的先天不足而有损社会文明。这不是我们关注的时间资源。我们真正当作宝贵资源来分配的是建筑师自己的注意力。如何摆脱过多的事务纠缠而去专注于设计，如何在设计中始终将自己的注意力集中到关键问题上而不为枝节所分散。美国建筑师协会的一项调查表明，美国建筑师平均用于设计创作的时间仅占工作时间的15%。这表明建筑师不是"象牙塔里的诗人"，但向我们提出一个严肃的问题，建筑师应怎样来分配自己的注意力！

注意力资源的另一个表现是建筑师如何去开发公众的鉴赏力，音位法则告诉我们被承认的差异只是少数。而大部分不被承认的差异公众根本不会看到。把更多的差异开发出来将是无穷的资源。

第二节 时间与设计期限

现代社会确立这样一条原则，不是你能不能干什么，而是你有没有时间去完成它。你对某事物的关注，直接表现于你在那里花多少时间。建筑界更是这样。"没有绝对完善"的设计已是一条自明的公理。不需要自我设定的人类结构能力的论证。设计的每一个细节都可能把你陷入其中不能自拔。包括我们老一辈很有经验的一些建筑师，由于受到逻辑本体为背景的最优化完美追求的观念影响太深，缺乏时间资源的观念，因为在不必要的环节纠缠一些细节而失去了全局完善的更人可能。实际上又导致那些完善细节的浪费。诗化建筑学始终坚持建筑的整体观念，设计的整体观念。给你数年当然可以做出一个完善成熟的设计，如果只有几天呢？笔者以为同样可以做出一个完整满意的设计，只要你分配时间得当。这里我想比较自己参加的两个实际工程的方案竞赛，一个近50000平方米，给一个月期限，并有两名合作者；另一个约10000平方米，限5天独立完成。两个工程性质接近，难度相当，按人均面积工作量也相近。但前者一月完成，后者五天完成，时间悬殊极大。设计中笔者留意了时间资源的分配，使前一个设计的一个月安排得很紧张，前后重复劳动少，时间没有浪费。后一个设计的5天也很紧凑，没有因时间短而省略创作步骤。最后两个方案均得到较高评价，分别中标实施。

第三节　有用信息及其结构化

在这个信息爆炸的时代，不加选择地吸入信息可能是一种灾难性的举动。有用信息的选择成为日益重要内容，对建筑师而言，有吸引力的信息是多种多样无所不在的。的确，"什么事情不是发生在建筑之内，或者建筑之外呢？"建筑师应以审慎的眼光吸取有用的知识、经验、案例、程序、审美经验、最新成果等等。判断可能是困难的，但又是必需的。

对于这些有用信息，还必须把它结构化才能真正有用。认知心理学有如下实验：从棋赛中取出一个实际出现的阵势（20～25步），在被试者前呈示5～10秒，移开阵势图后，让被试者重新摆出位阵势来，实验结果：国际象棋大师或特级大师几乎能毫无差错地重摆出来。而普通棋手只能正确摆出6～7个模子。但若这是一个胡乱的阵势，则大师与其他人一样都只能正确摆出6～7个模子。进一步实验证实：大师们关于棋盘阵势的信息，不是对棋盘上每个棋子逐个记忆和存储的，而是以棋子间关系的形式记住的。国际象棋大师头脑按某种逻辑关系来存储，就化解其为几个组块了。这说明人脑存储的信息不是零碎的形象或图片，而是一个有组织的关系结构、网络结构。语言学家认为，人脑中信息存储不是按字、词、句子存放的，而是按意义、涵义来存放的。建筑师因涉猎面广有"杂家"之称，但真正成功的建筑师都是在艰苦的劳动中找到了自己的方法，建立了独特的有用信息结构的。笔者以为他们还有这样一个能力，能将很多似乎与建筑无关的自己的偶然经历组织到自己的结构中来，因为涵义已经包含了审美通感。

第三章　创造性思维方法

关于创造性活动，通常认为有四大特性：创造性活动①产物是新颖的、有价值的；②思考打破常规，突破旧框框，具有新概念与思路；③具有强烈动机与坚持不懈的精神；④欲求问题含糊不清，弄清问题本身就困难。第4点在建筑设计中尤为明显，本章围绕此点讨论发散方法、启发式搜索法及无终极目标设计等创造性思维方法。

第一节　发散思维

又叫"智力风暴法"。1963年奥斯本(A·F·Osbora)提出"大脑暴风骤雨"，曾经吉尔福德描述。发散思维拒绝旧的解答，寻求新的方向。说"低"，便有"低落的"、"低廉的"、"低贱的"等等，而不满足于习惯的"低"。发散思维以原逻辑"相似上的同一"和概念的"非限定性"为心理基础，以"非NO"的态度进行发散。不确定性决定发散思维没有明确的预见性，而会出现很多意想不到的情况，因此最重要的是进入发散，而不是准备发散。发散中不必拘泥于每一个具体的细节与疑难，发散思维一定要保证流畅才有意义。随时暂置一切可能断滞思路的症结点，保持一种亢奋与流畅，即使错误连连，也要出口成章，下笔不断。笔者在杨家坪贸易中心设计草图构思时，两天作出六个相对完整的构想方案。最先从地名联想"九龙戏珠"案开始，然后流畅地发散开："单元组合"案、"山城错台"案、"合页美学"案、"旧城意蕴"案，到"突出标志"案处，以满意原则判断可能性的思路都包括其中，然后讨论、分析、综合，产生出最后方案的初步构想方案。这里突出的一是流畅，一旦思维受阻中断，两天出六个方案决不可能；二是相对完整，构想阶段不要妄想解决所有问题。但采用黑箱暂置，仍可使方案完整，而且只有这样，这个构想才能发挥作用。

第二节　"咔哒"搜索法

发散中如何搜索备份方案，可以说每个人都有自己的方法。区分大师与常人分水界即在此。大英博物馆式的最优化搜索，在建筑中只能是神话，而有蛮力搜索法之称。启发性搜索的契机又在哪里呢？启发式搜索法是利用与任务有关的信息，来减少搜索量。设计前已具备的知识、经验、案例、程序等等信息使我们可以凭直觉利用某些选择性启发搜索。但是，选择可行路经所需的信息，通常是随搜索的进行而获得的。对路径的检验，给我们指出了指导进一步搜索行为的"冷暖"变化上的提示。以开保险锁为例，如锁有10个彼此独立，各有100个号码的刻度盘，平均需要5千亿亿次(5的1019次方)才能打开它。不过，因为锁既然是人造出来的，世界上就没有绝对完美的保险锁。由于正确开启位置不同于其他位置，也许刻度盘在此位置就会发出不同于其他的"咔哒"声（或其他迹象）。如果你能判断这个"咔哒"声，那平均只需要试验500次便可打开保险锁了。相继10下的"咔哒"声，告诉我们什么地方"更暖些"。这样，一件平常不可能干成的事，变成了一件微不足道的事。然而，怎样才能听到"咔哒"声呢？

我们知道，对问题的描述有状态描述和过程描述两种方法。设计问题即给设计人提供部分的或完整的答案状态描述，一个或几个起点状态描述，以及一串允许实施的过程，设计就是找出一系列到达答案状态的过程状态。一旦进入设计起点状态就会发生变化，产生一个新的状态。我们将过程状态发展做出判断，同时与目标状态相比较，得到启发信息于是又进入新的状态，在这种不断的"冷"、"暖"判断中完成最后设计。建筑中目标状态常常是模糊不清的。很多人缺乏判断而走入歧途，还有人感觉到目标状态的存在，但因为自己对启发信息不敏感，终因绕弯太多不能走到目标状态。棋手下棋，很重要的一点是判断过程状态时，能沿这些路径探索到一定深度——得到足以直接估计他所能予料的最终阵势。有证据表明，最高超的棋手能检查列的路径约二三十条，每条深度达七至十步。大师们不失要害走法的那种选择性极强的纵深探索能力，使外行人惊讶不已，惊以为是天赋之才。其实，这是"组块"积累后"熟能生巧"的本领。大师所注意到的"咔哒"声对他本人来讲是清脆明亮的，而外行生手则可能根本听不见。

第三节　无终极目标设计

真正理性的概念，意味着有目标的思考和行动，但人的自我设定的结构性决定终极目标的概念与我们预见未来或确定未来的有限能力是不一致的。诗化建筑学认为我们行动的实际结果，是给下一阶段的行动建立初步条件。所谓"终极"目标，事实上是为选定我们将留给继承者的初始条件而采用的准则。于是得到这样一个似乎荒谬，然却现实的观点：目标的作用在于激发某些将能产生新目标的活动。例如，30多年前的匹兹堡市大规模建设，开始规划目标是重建城市中心，即所谓"金三角"(Golden Triangle)。于是建筑师们谈论了很多有关实施计划是否称心的，却又离题的美学上的质量问题。然而所有这些步骤证明在这一地点建立一个既吸引人又有实用价值的中心城市的可能性；其根据就是改变了城市整体面貌及其居民态度的大量连贯的建设活动。

无终极目标设计思想可以打破设计前根据不同的框框的束缚。著名的流水别墅，设计前业主考夫曼向赖特提出的目标是造价2～3万美元，地处清幽，能看到流水的周末小屋。根本没奢望得到一栋作为建筑史上里程碑的杰作。然而熊跑溪的清泉汇成了轰鸣的"咔哒"声。1942年完成这一人类引以自豪的诗意的栖居时，造价已花去13.2万美元。这类实施中不断改进的复杂设计与画油画有许多相同之处。当画布上每出现新的一笔，画面都显示出新的状态，画家也得到新的启发。画家再以自己丰富的"组块"做出"冷些"、"暖些"的判断前行。这里，现行的目标导致新色彩的使用，而渐变的图面状态又不断提出新的目标。

至此，本文告一阶段。而"诗化建筑学"却没有她终极的目标，因为人的自我设定的结构能力正是诗化的源由。当我最后这一笔落下时"画面"给我什么启发信息呢？我以为自己听到了一个清晰的"咔哒"声，但愿更多的探索者投身诗化建筑学的理论与创作，一起构筑我们共同的诗意的栖居！

1990年4月一稿于深圳 海滨花园
1990年6月二稿于重庆 沙坪校园
2004年岁末加注于北京 柳荫园居

参考书目

（一）哲学·美学

1. [英]特伦斯·霍克斯。结构主义和符号学。上海译文出版社，1987
2. [法]R·巴尔特。符号学美学。辽宁人民出版社，1987
3. 刘小枫。诗化哲学。山东文艺出版社，1986
4. 周国平。诗人哲学家。上海人民出版社，1987
5. 王一川。意义的瞬间生成。山东文艺出版社，1988
6. [德]恩斯特·卡西尔。人论。上海译文出版社，1988
7. 俞宣孟。现代西方的超越思考——海德格尔的哲学。上海人民出版社，1989
8. [德]M·兰德曼。哲学人类学。贵州人民出版社，1989
9. 林岗。符号·心理·文学
10. [美]M·怀特。分析的时代。商务印书馆，1981
11. [美]托马斯·门罗。走向科学的美学。中国文联出版，1984
12. [德]埃德蒙德·胡塞尔。现象学的观念。上海译文出版社，1986
13. [美]道·霍夫斯塔特。GEB——一条永恒的金带。四川人民出版社，1984
14. 王朝闻。美学概论。人民出版社，1981
15. 周忠厚。狄德罗的美学文艺思想。文化艺术出版，1988
16. 周忠厚。现代西方语言哲学。四川人民出版社
17. [美]正·拉兹洛。进化——广义综合理论。社科文献出版，1988
18. 现代外国哲学(11)（结构主义专集）
    汪堂家。后结构主义概观
    康有伯。结构主义的源头——索绪尔的语言录
    尹大贻。哥尔德曼的发生学结构主义
    陈晓希。皮亚杰的结构主义方法
    舒炜光。记游戏图式
    [法]J·德里达。人文科学谈话中的结构、符号和活动
19. 庄锡昌等。多维文化视野中的文化理论。浙江人民出版社，1987
20. 林襄华。文艺新学科方法手册。上海文艺出版社，1987
21. 朱光潜。悲剧心理学。人民文学出版社，1987
22. 周国平。尼采：在世纪的转折点上。上海人民出版社，1986
23. [美]弗兰西斯。现代艺术和现代主义。上海人民美术出版社，1988
24. [法]列维·布留尔。原始思维。商务印书馆，1981
25. [瑞士]H·沃尔夫林。艺术风格学。辽宁人民出版社，1987
26. [美]E·潘诺夫斯基。视觉艺术的含义。辽宁人民出版社，1987
27. 张汝伦。意义的探索——当代西方释义学。辽宁人民出版社，1986
28. 滕守尧。审美心理描述。中国社科出版社，1985
29. [美]赫伯特·马尔库塞。单向度的人。上海译文出版社，1989
30. [荷兰]范坡伊森。维特根斯坦哲学导论。四川人民出版社，1988
31. [美]欧文·拉兹洛。系统、结构和经验。上海译文出版社，1987
32. [美]威尔逊。论人的天性。贵州人民出版社，1987
33. 伯纳德·鲍桑葵。美学史。商务印书馆，1987
34. 鲍亨斯基。当代思维方法。上海译文出版社，1981
35. [美]奥尔德里奇。艺术哲学。社科出版社，1988

（二）心理学

36. 李汉松。西方心理学史。北京师范大学出版社，1988
37. [美]S·阿瑞提。创造的秘密。辽宁人民出版社
38. [美]鲁道夫·阿恩海姆。艺术与视知觉。社科出版社，1984
39. [美]格里高里。视觉心理学。北京师范大学出版社，1986
40. [英]肯特。建筑心理学入门。中国建筑工业出版社，1988
41. [日]相马一郎。环境心理学。中国建筑工业出版社，1986
42. 陶伯华。灵感学引论。辽宁人民出版社，1987
43. [美]利伯特。发展心理学。人民教育出版社，1983
44. [瑞士]皮亚杰。发生认识论原理。商务印书馆，1981

（三）设计科学·创造学·其他

45. [美]赫伯特·西蒙。关于人为事物的科学。解放军出版社，1988
46. 杨砾、徐立。人类理性与设计科学。辽宁人民出版社，1987
47. [美]辽尔斯。系统思想。四川人民出版社，1986
48. 芮杏文。实用创造学与方法论。中国建筑工业出版社，1985
49. [日]高桥浩。怎样进行创造性思维。科普出版社，1987
50. [美]艾曼贝尔。创造性社会心理学
51. 杨克锦。创造术。卓越出版社，1989
52. [法]高扬。毕加索传
53. 张荣生。柯罗——艺术家·人。人民美术出版社，1983
54. [英]丹尼尔斯。梅纽因谈话录。人民音乐出版社，1984
55. 任继金。老子新译
56. [英]罗素。罗素文集。国际文化出版公司，1987

（四）建筑

57. [美]伊利尔·沙里宁。形式的探索。中国建筑工业出版社，1989

58 [英]柯林斯。现代建筑设计思想的演变。中国建筑工业出版社,1987
59 [英]佩夫斯纳。现代设计的先驱者。中国建筑工业出版社,1987
60 [意]赛维。建筑空间论。中国建筑工业出版社,1985
61 [意]赛维。现代建筑语言。中国建筑工业出版社,1986
62 [英]詹克斯。后现代建筑语言。中国建筑工业出版社,1986
63 [美]文丘里。建筑中的复杂性与矛盾性。尚林出版社
64 陈其澎。建筑与记号。明文书屋,1985
65 [美]亚历山大。城市并非树形、建筑师
67 [挪威]诺伯柯·舒尔茨。尹培桐译。存在·空间、建筑、建筑师
68 [美]赫克斯苔勃尔。现代建筑的混乱局面
69 汪坦。现代西方建筑理论动向及(续)
70 汪坦。关于(建筑理论译丛)
71 [美]查尔斯·穆尔。建筑量度论

(五) 研究生论文

(1) 黄平。涵义空间论纲(导师:周维权)
(2) 汤桦。建筑师的创造性思维(导师:白佐民)
(3) 李学军。关于场所意义的研究(导师:田学哲)
(4) 兰春。儿童和居住环境(导师:张守仪)
(5) 赖德霖。社会——文化——村落(导师:周维权)
(6) 吴耀东。模式语言研究(导师:汪坦)
(7) 马威。广场(导师:莫伯治)

(六) 英文部分

(1) 诺伯格——舒尔茨。Genius Loci--Towards a phenomenology of Architecture
(2) 亚历山大。The Timeless Way of Building
(3) 亚历山大。A Pattern Language
(4) Nienes L.Park. Architects:The Noted and the Ignored
(5) 《AD》专集 Deconstruction in Architecture
(6) 《AD》专集 Deconstruction (Ⅱ)

设计哲学
DESIGN PHILOSOPHY
LIVABLE COMMUNITY AND THE EMERGING ARCHITECTURAL PRACTICE
BY ELI NAOR, AIA
PRINCIPAL
WANG KE, ELI & CHUNLIN WORKSHOP
PRESIDENT & CEO
VBN ARCHITECTS

My architectural philosophy has developed and evolved as my experience grew but I believe that buildings we design should be of our time esthetically, functionally and technologically. I do not believe in copying or replicating the past and emphasize a unique, creative solution to each design assignment. It is important that our buildings celebrate their physical, cultural, historic and environmental surroundings, and employ local construction techniques and materials wherever possible. Each building should carefully balance the client's needs with the architect's creative vision to explore opportunities for innovation. Our buildings should always be seen as creating a whole urban fabric rather than becoming attention seeking objects on to themselves. Our responsibility as stewards of the built environment is one we should not take lightly and the measure of our success is how enjoyable our buildings and the context wich they occupy are to the users whom they serve.

The basis of my becoming an architect is not only for my fascination with form creation and urban design but also the ability to work closely and delight clients who often become life long friends. Trying to understand what complete strangers want, especially when they have difficulty explaining their esthetic preferences, has enabled me to become a more effective listener and communicator. Ultimately, to become successful as a designer one must have great sympathy for a group of individuals whom we as designers visualize but never meet until the project is completed which are the users. In this sense we are similar to authors or composers, we hope to communicate and idea and a sentiment that only the end user can tell us whether we have succeeded.

During my years in practice I have seen the profession change extensively from drafting with a pencil or ink to employing the latest computer design programs. The newer programs rely on object based data bases to generate three dimensional building information systems (that are radically different from traditional drawings). Architects and their clients increasingly operate in a virtual planning and financing environment and should be leaders in the process of project creation that does not anchor the design process to a single location but rather opens up extensive opportunities for collaboration across the globe.

BACKGROUND

My life this far has been one of travel and observation. First let me start with my ancestry. My connection to China started many years ago when both my mother's parents were born in Harbin after their parents immigrated to China from Russia. They were educated in this cosmopolitan city and as young adults both immigrated to the U.S. where I was later born. My grandfather told me many stories about China life as he experienced it in the 1920's which fascinated my imagination and pushed me to return here at the earliest possible opportunity.

I was born in San Francisco, one of the most beautiful scenic cities in the world. It is a city of creativity, sea breezes, variable topography and weather, and most importantly, excellent views of nature, bridges and buildings. San Francisco is also a traditionally planned city that is surrounded by water and has no opportunities to expand. Even though most of the city was destroyed in the 1906 earthquake, it was rebuilt along a classical urban design plan. The principals contained in the plan focused on organizing the city on two intersection grids with a large public square (for the City Hall) in its center. This classical form originated in European urban design and contains certain basic principles that cause it to remain very stable, readable and organized. Even today, though the city as added tall buildings and more residents, the basic city form has not changed much in past 100 years. The challenge of creating something new and innovative within a strongly defined order such as the iconic San Francisco while enabling the whole to maintain its essential original character has shaped the way I view the practice of architecture. This imprint of traditionalism and order are also significant in my professional practice because whatever I work on, whether it is a master plan, a building design or an organizational management plan, I look for the basic principles from which to seek inspiration and clarity of vision.

Traveling has always been an essential part of my life. Though I started my life in San Francisco, when I was a little boy old my parents moved the family across the globe to Israel. My father, trained at the University of California in Berkeley as a Civil Engineer, specialized in designing large scale river irrigation projects. So, it was little surprise that by the time we arrived in this small country most of the work for people with his expertise were already completed so instead he focused his professional energy on projects in other countries all over the world. This way, we moved around the globe as a family to be where his projects were. As a youth I lived also in Turkey and Colombia South America. Because of this constant motion I see myself at times as a citizen of the world more so than a citizen of a specific country. The synthesis of the cultural, geographic and historical lessons I learned from living in so many countries are the base for my analytical process that enables me to better understand the nature of people and their needs as I work with clients on developing designs.

When one starts out their life as a traveler they never really stop. So, many years later, after I graduated with a Maters Degree in Architecture from University of California in Berkeley I dedicated one additional year to continuing my training by traveling around the world to areas I had yet to visit. During this year I spent considerable time in Asia focusing on Japan, India, Nepal, Indonesia and of course China, the birthplace of my ancestors. In the spring of 1982 I traveled around China for three months and covered over 4,000 kilometers by train. I visited cities from Kunming in the south to Beijing in the North (I finally made it to Harbin in 2002) and Chengdu in the west to Shanghai in the east. While here, I traveled down rivers, climbed mountains and at times visited smaller, less famous towns to experience the aspects of the country less impacted by industrialization and advanced technology. I also observed contemporary life (which was very different than it is today), contemporary urban design (at that time influenced by Russian town planning) and architecture both new and traditional.

One thing I recall from this trip is how impressive were the contrasts often found in the Chinese urban landscape. The scale and richness of the Forbidden City was contrasted by the equally fascinating complex social and urban arrangement of the dense traditional hutongs that surrounded it. I noted how great power and complex social arrangements can co-exist near one another yet evolve to take on such distinct and strong characters. During this period I gained great admiration for the country and its people and it is with pleasure that I have returned here to work with Mr. Wang since 1998.

One important observation that stays with me today made during this year of travel concerns the nature of global urbanism. We all visit and engage cities in the course of our daily life. But when one travels from one country to another with the sole purpose of observation and reflection then the superficial forms of our cities that showcase religious, political and commercial structures melt away and another form emerges. This is the form that is inhabited by its users; it is the form that they probably no longer notice because it is so intuitively obvious to them. In this form the experience of travel and motion or the experience of being part of a larger community are paramount. In this form the buildings merely become backdrops, like a stage set, for a complex series of social gatherings. Thus, to me spaces like the Campo in Sienna, Italy, or Wang Fu Ji in Beijing are the spaces to which I am most naturally attracted because they are the core of community formation.

These urban spaces need not be grand or contain famous monuments. They need not be square, round or linear. They must, however, be properly proportioned to comfortably support human gatherings, whether random or planned, whether formal or informal, whether for a religious ceremony or a day out shopping. Thus I concluded that for one to be a successful designer of forms or objects which may as utilitarian as clothing, or complex as buildings and cities one must first be prepared to observe the people that use them in their daily life. I call the creation of such urban spaces humanistic urbanism because for the two concepts of successful urban forms and successful communities to thrive they must achieve a long term complimentary balance. Thus, they must coexist in a delicate yet dynamic relationship with one another. Of course, we know that great urban forms were not created over night but rather evolved as the needs of the societies that created them changed. So the concept of humanistic urbanism must be flexible yet defined and rely on strong basic planning principles in which the human condition plays a key role. Additionally, I believe that a successful, sustainable urban form must also be in balance with its natural environment; have a developed transportation network; be effective in the utilization of natural resources; and contain a mixture of uses and accommodate a range of income levels. Part of my observation technique relied on taking many photographs. Interestingly, of the many images I took during my travels, some of the most engaging ones are not of architecture or cities but of people going about their daily life. This is what I call the human dimension of urbanism and it is one I continue to both seek when I travel and to introduce into my professional design process. My dream is to one day to find the time to explore the ideas of humanistic urbanism in greater depth and to elaborate on them in a book.

PROFESSIONAL PRACTICE

Once my travels were concluded I returned to Berkeley trying to assess my next move. The year I spent on the road caused me to reflect on how to go about developing my professional career. One idea I had was to return to the university to study more about urbanism so I could expand my range of analytical tools. However, when a friend of mine approached me to join his new company to design and oversee the construction of in-fill, multi-family housing, I shifted my attention to the development of my architectural career, a process that continues to this very day.

My professional development was not a linear process. It is common in the U.S. for trainee architects to work in several firms prior to settling down with one company for the long term. The reason for changing employers is linked to a young person's desire to experience different project types and office management styles. The U.S. has many small to medium size (5-40 staff) firms and each reflects its client type (public or private), ownership structure, and location. Thus, young staff have both great opportunity to explore and the responsibility to select an employer wisely. I will share two experiences. I took one year off to work as a draftsman (architect in training as they are known in the U.S.) between my undergraduate degree and continuing on with my master's degree studies. I found a job with a small firm (a staff of 4) with the hope that in such a small firm I would learn about all aspects of the profession. In this firm, as was the case in most others at this time (late 1970's), we drafted with pencil on a material called vellum Most firms did not draft in ink as was the custom in China and Europe. Drafting with a pencil is very difficult because it requires great experience in how to produce a drawing on which the line weight and lettering are clearly legible and that does not get too dirty as it is being developed. Also, to develop a drawing from the beginning requires considerable experience on overall sheet organization so that one does not discover several weeks into the drawing development that the desired illustration along with all the required notes and information really does not fit on the sheet. The skill to plan drawing development in this style has been largely lost now in the age of computer drafting.

Thus, beginning draftsmen are only allowed to work (especially on larger projects) on only small portions of the drawing at time and in the course of doing so develop proper line weight and lettering technique. Initially, I was quite happy at the firm. My two co-workers were experienced and willing to teach and the project I was working on was a city hall in a town not far away. As I stayed longer, it turned out that the owner of the company way very impatient and not willing to teach me much. His specialty was to criticize my work without offering suggestions of how I might improve. One day I recall that I went to the supply closet to take a pencil to draft. The owner felt that I took the wrong pencil and without comment came to my desk, took the pencil out of my hand and gave me another one to use. With proper explanation I would have been gladly taught a valuable lesson in proper technique. In his way of teaching I felt insignificant and unable to grow professionally so I decided to leave and work elsewhere. This was clearly the worst job of my early career.

My second story comes a little later in my career. After I worked for some time for my friend designing multi-family residences he ran out of work and I found a job with one of my professors who along with three other partners had a medium sized firm in Berkeley. He was a very kind man who specialized in designing low-income and affordable housing projects. His firm was filled with staff who shared his philosophy and because the firm was a very good one and few people ever left it was very difficult to gain employment there. Needless to say I was much honored to be offered a position to work on a project for elderly housing in Berkeley. Once I started working for the firm I found many things to like about the experience. First, the office space was beautiful. The owners had taken and old brick warehouse with tall ceilings and large, north facing windows, and converted it to their office. The space was large, filled with filtered light and colorful (from light reflected off the red brick) and one could see across the room other projects as they were being developed. This company was more than a firm producing architecture; it was a community of professionals who chose to be together and over time became very compatible and close friends. In this type of professional gathering there is an expectation that each person's skill level is very high and that therefore it takes very few staff to produce even large projects. As an outsider it took some time to become an accepted member of this group, but as the project progressed and they found my skill and hard work habits acceptable the group took me in as one of their own. I remember in particular that on sunny Friday afternoons, after a long week's work, we would often order pizza for a late lunch and sit on an open deck attached to the building sipping delicious California wine. Needless to say that after an hour or so of eating, drinking and having good conversation we were very happy and a little light headed. We also learned that it was dangerous for us to go back to working on drawings because we might make mistakes that would only become obvious to us the next day when our heads were clearer. On those days we would joke that an architect should never draw more in the morning than they could erase in the afternoon.

One of the topics we loved to discuss was the nature of architectural design and the direction it was taking. For those of you familiar with recent architectural trends you will remember that the late 1970's and early 1980's were filled with a fascination of post modernist architecture. The famous practitioners of the time were incorporating historic, mostly Greek and Roman, building styles into their designs. I personally found this movement a distraction from sound design principals and was happy to see it quickly replaced by other trends. From that time forward I started articulating a philosophy of design that architecture as we practice it should be of our time. In this manner it should reflect our advancement in technology, understanding of sustainable environmental practices and fit well into its urban context. This philosophy does not reduce the need for originality or innovation but rather places it in a broader context of basic principals.

After a year with this firm the project drawings were completed and the company was running out of work so I sadly had to seek employment elsewhere. Soon thereafter the firm shut its doors and the professor was invited to become the head of a department of architecture in another city and he left town. Had the firm had work and remained in business I might still be working for them today. From this experience I learned that a happy firm with skilled, compatible staff, is equally as important as having good projects. Thus, in our company I seek to find staff that accept my personal philosophy on design (and project management techniques which will discuss shortly) and are willing to work very hard to support its accomplishment.

By 1985 I was invited to join VBN Architects, a firm help lead today. By that time I had some experience in project development and documentation and was very ambitious to continue learning about all aspects of architecture. Thus, I worked on commercial and educational facilities projects for roughly four years. When I joined the firm I was in intermediate draftsman that meant I would develop design proposals for portions of the project and refine designs prepared by my supervisors. Within four years, after much hard work and dedication I was promoted to run projects from client introduction through construction. During this period I took great care to become familiar with all aspects of project delivery. I paid close attention to:

* design refinement;
* building codes;
* contracts between an architect and owner and between an architect and sub-consultants (in the U.S. the sub-consultants mostly work for the architect);
* construction documentation;
* construction detailing;
* specifications writing and coordination;
* project coordination and communication skills;
* team and client management; and
* construction administration.

After the four years were up I felt I knew my company very well and had worked to improve many of its products and processes, but I was still curious to understand how clients worked. So I left VBN to take a job with a successful San Francisco developer specializing in large scale housing projects. This opportunity was very interesting to me because working for the developer I gained much greater appreciation for the budgetary and design priorities placed by a company who ultimately took a product to market for sale. Working for this company we spent considerable time researching construction techniques, material finishes and learning from our clients what they thought gave the greatest value to their investments. I also learned how to work with city building departments to effectively satisfy their zoning guidelines so our projects received rapid acceptance and construction permits.

After two years with the developer the real estate market slowed down considerably and the developer had to stop investing in new projects. When the owners of VBN heard I was available for continued employment they called me and invited me to return. This was in 1992. Immediately upon my return I started developing a transportation studio from one train station project we acquired in our home city of Oakland. Now, almost thirteen years later, our transportation studio is working on the largest projects in the U.S. Our main project is a 20 kilometer extension of the Bay Area Rapid Transit commuter rail system with seven stations with a construction value of almost one billion dollars (in 2004 rates). We arrived at the position of acquiring this project by producing the highest quality transit facilities on the West Coast for nearly ten years. We look forward to increasing the value of work in this studio over the next ten years.

Starting this year I have become the managing partner of the company and in two years, upon the retirement of one additional senior partner I will become the company president.

COMMUNITY LEADERSHIP

To be a successful practice leader one must also be a community leader. For the past six years I have been a very active leader in the American Institute of Architects (AIA). The AIA has three levels of influence. The local level called a chapter, the State level (in my case it is the State of California with nearly 10,000 AIA members) called a component and the national level. To best learn about the organization and its leadership of over 70,000 members I have, over time, played important roles at each level of the organization. My first role in 1998 was to become the Program Director at the national level in Washington D.C. for topics associated with Transportation and Land Use. While in this position I assisted in publishing an AIA book titled "Communities by Design" which looked at the role of architects not only in designing buildings but designing communities. After the success of this publication I was invited to become the Chairman of the Regional and Urban Design Professional Interest Area (an arena of specialization within the AIA). I spent a year in this position during which I traveled around the country meeting with members and spoke at AIA conferences on the topics of Smart Growth and new trends in Urban Design. Since then this topic has become one of my passions and I have spoken about it to different audiences throughout the country and in China (at Tsinghua University in Beijing).

After completing my service at National AIA I became the President of the local AIA chapter in Oakland to become more familiar with the needs of local members. From this I learned that though one can advocate effectively at the national level, what counts most is that the members receive good value for their membership. Local practitioners ultimately care about work acquisition, contracts, office and project management and technological developments. I devoted my time as the local President to increasing the number of programs at the local chapter so that architects in this area become both better educated in current professional trends and also better formed as a professional community.

After gaining experience at the local level and making friends at the State of California level I ran for office and was elected the Vice President of Legislative Affairs. In this position I worked with elected officials in California to pass laws that improved architectural practice. Issues we dealt with included insurance requirements, the way the state hires architects, and Smart Growth legislation to provide financial support for the types of development that favor sustainable growth patterns. I successfully occupied this position for two years and this year I am running for President of California AIA which if elected I will serve in during 2006.

In addition to the AIA I am a Board of Directors member of the Oakland Chamber of Commerce that represents business interests in Oakland. In this capacity I attend political meetings on issues that affect business and help advocate on behalf of issues that affect the quality of life for all Oakland residents.

PROJECT MANAGEMENT PHILOSOPHY

Great architectural firms have well defined strategic plans and are composed of three key leadership components: design, production and management. Firms that have all three roles represented in the company ownership tend to be very successful in procuring, developing and implementing responsive design projects. That is why many of the famous firms in the world have three letters in their name. If you study the people behind the names you will discover that they are organized per the system described above. Thus, Wang Ke and I will attempt to grow the company to the point that we have a stable model in which Wang Ke represents the design vision, I bring the management perspective and an additional individual to be named later will lead the production effort.

In the current era of virtual information architectural firms primarily produce communication tools to modify the built or natural environment. Our products are not buildings or designs but communications tools that explain to our clients, the community and ultimately contractors how to visualize and execute our designs. This statement is a significant departure from the traditional view of the architectural practice, but if you study the emerging software used by architects you will see that the information we produce is shifting in the direction of Building Information Modeling (BIM) rather than traditional drawings or reports. When BIM becomes common practice we will design and produce our buildings three dimensionally and all building components will be linked to manufacturer's or supplier's web sites that will regularly update product information and cost data. Our projects will be treated as a dynamic information system that will vary and evolve as the understanding of the project develops. Instead of drawings our clients or the public will be able to view the developing building model and comment on it at their convenience rather than waiting for us to make time consuming and expensive presentations. We will be able to make virtual presentations in which our data will move from one place to another without our need to leave our offices.

Using BIM we will be able to distribute the work to remote offices with specific specialization who share information on a central project computer server across the web. Thus, the need to locate many design professionals will decline with the ability to share virtual building models. Additionally, the cost and time of bringing our products to market will decline due to the greater efficiencies inherent in producing three dimensional data bases in which all building components are only drawn once.

One of my goals for the past several years has been to develop a 'paperless' office. In this type of firm information from contracts, budgets and client or contractor communications will be stored in and retrieved from central databases that track the information and notify appropriate team members whenever a change is made to a project component. Much of our work as practice leaders involves change management. Currently we must devote significant resources to tracking information and then advising others that they should be aware of the changed conditions. Utilizing advanced management software the office of the future will be able to track and manage the many decisions made during the design process.

For me, the ideal design company will focus on all aspects of design and not confine its attention to architecture. The ideal design company will produce buildings, graphics, products (furniture, clothing, kitchenware) and many other components that people either inhabit or use in their daily life. The ideal office will also be a place for experimentation and research into materials and construction techniques that improve the products which we are retained to create.

Finally, a key ingredient in any firm's success is a well defined and executed strategic plan. Architects are often very effective in serving their clients in planning great land use schemes and building but are often less effective in planning the future of their organizations. The successful firm must gather it's key staff, state what it's vision is for its future and then place it within a comprehensive plan the covers all the firm's activities. Thus, company growth, its functional organization, its market focus, the type of staff it wants to recruit and maintain and its financial objectives should be thoroughly evaluated, described and then communicated internally and externally in order to for the company to have a sustainable future.

In the coming years I hope to work closely with Wang Ke to create the ideal multidisciplinary, paperless office founded on a solid strategic foundation that employs BIM to bring our products to market and enables us to create projects that bring great satisfaction and pride to their users.

Wang Ke & Eli Naor Architect's Workshop

I first met Wang Ke in 1997 at my Oakland office when he was introduced to me through a mutual friend. Anyone who has met Wang Ke knows that he is a passionate advocate for creative and innovative architectural design. I was immediately intrigued by his constant creative energy and as soon as the opportunity presented itself I hired him to my company as a designer. From the day he joined the firm it was clear that he was very eager to learn about our design approach and philosophy, our production systems employed to create contract documents, and our management systems with which we track information, labor and finance.

After designing a local transit project on which he made many valuable design contributions Wang Ke was advised me that his home town district was searching for an architect to design its new district office building. Wang Ke immediately asked for a leave of absence and embarked on a professional expedition that has lasted to this very day. Upon his return to China he realized the great need for talented designers who have had oversea experiences. Because, in addition to working in the U.S. Wang Ke also spent a number of years working in Singapore he clearly obtained a very international understanding of the latest trends in design, materials and construction and this he provides great value to his clients.

I have been traveling to China to work with Wang Ke since 1998. Along with Wang Ke I have had many opportunities to present our designs and projects to the clients and train the company's staff. The many projects, especially the ones in Guizhou province have been a source of great pride for me because they all reflect a deep process of exploration of design ideas that encompass the use of local materials, technology and client expectations. I have seen the quality, complexity and size of our project grow with time to the point that at now the workshop is confident to accept most commissions and to produce exemplary results.

I have also assisted the workshop in developing an efficient internal organization and also supported the development of a construction administration vision that is unique for the China market. In the future I plan to organize the workshop along the most current USA practices whereby the workshop can be effective in meeting the client's full design needs from architecture, product design, graphic design and construction management. I plan to work with the leadership team to develop and implement innovative management systems that ultimately will make this workshop well recognized both in China and the US markets.

AWARDS AND RECOGNITION:
Certificate of Merit
C. L. Dellums Jack London Square Amtrak Station-
AIA National, Regional and Urban Design PIA, 1997
Commendation Award
San Francisco CalTrain Station- 4th and Townsend
AIA East Bay Design Awards Program, 2001
First Place, Public Works Category
C. L. Dellums Jack London Square Amtrak Station-
California Department of Transportation. 1996
Merit Award- Public Works Category
C. L. Dellums Jack London Square Amtrak Station-
NAHB's National Commercial Builder's Council, 1997
Award of Merit
San Francisco CalTrain Station- 4th and Townsend
Metropolitan Transportation Commission, 1999
Excellence in Construction Award
Richmond Intermodal Station (in conjunction with West Coast Builders)
Associated Builders and Contractors- Golden Gate Chapter, 2001
Certificate of Appreciation
2000-01 Chair Regional and Urban Design PIA
AIA, November 2001
Certificate of Appreciation
2001 President
AIA East Bay Chapter, December 2001
Certificate of Appreciation
1999-2003 Chair of Transportation Committee
Oakland Metropolitan Chamber of Commerce
Community and Professional

LEADERSHIP:
AIA National RUDC PIA
Chair: 2001
AIA National Regional and Urban Design (RUDC) PIA
Program Advisor for Transportation: 1999-2001
AIA California Council
Vice President Legislative Affairs: 2002-03
AIA California Council
Urban Design Task Force: 2000-03
AIA East Bay Chapter
President: 2001
AIA East Bay Chapter
Board Member: 1999-2000
Alameda County Transportation Agency Citizen's Advisory Committee
Member: 2000
Bay Area Council (Transportation Committee)
Member: 2000-02
Oakland Metropolitan Chamber of Commerce Transportation Committee
Chair: 1999-03
Oakland Metropolitan Chamber of Commerce Board of Directors
Director: 2002-04

LECTURES AND PRESENTATIONS:
"Smart Growth and the New City Center"
Presenter: 2004 China Real Estate Roundtable Forum
Beijing, China, September 2004
"Streamlining Design and Delivery of Transportation Facilities."
Presenter and Moderator: AIA National Convention Dallas, 1999
"TEA 21 and Transit Oriented Development: Emerging Opportunities for Architects."
Presenter and Moderator: AIA National Convention Philadelphia 2000
Projects: Richmond Intermodal Station and Transit Village
"The City Center Renewed: Transit and the Revitalization of our Cities"
Presenter and Moderator: AIA National Convention. Denver 2001 (Ranked the fourth highest composite session score for Continuing Education Seminars)
Urban Design Awards
Moderator. AIA National Convention Denver 2001
"Transportation and Emerging Communities"
Presenter: Tsinghua University, Beijing, China: 1999
Projects: Presentation of Transportation work
"Transit Oriented Development"
Presenter: Tsinghua University, Beijing, China: 2000
Projects: Presentation of Transportation work
"Bay Area Transit Oriented Development"
Presenter: Oakland Metropolitan Chamber of Commerce: 2001
Projects: Presentation of Transportation work
"Remote Sensing Applications in Transportation, Design of the Millbrae BART Station"
Presenter: National Aeronautics and Space Administration (NASA)/Department of Transportation (DOT). Washington D.C. 1999
Projects: Millbrae Bart Station, Oakland Airport Roadway
China Trade 2000 Conference and Expo
Moderator: Infrastructure Panel, Oakland, California 2000
Presentation of Work
Philippine Architects and Engineers Society Annual Convention. Oakland California 2000
Envisioning Oakland- Building the Future of Oakland
Moderator and Co-sponsor: AIA East Bay Chapter, Oakland, California 2000
Continuing Education Seminar Programs
Moderator and Co-sponsor: AIA East Bay Chapter, 2000-2001
Silicon Valley: The Next Million Residents
Charrette Co-organizer: AIA San Mateo Chapter: 2000
Guest Design Critic
U.C. Berkeley, 2001
Juror
AIA Silicon Valley Chapter, Design Award Program. 2001

PUBLICATIONS
1. Author: Naor as Contributing Writer
Title: "Communities by Design"
AIA Publication, 2000
2. Author: Naor
Title: "Transportation and the 'Smart Community' "
Publication: A+D Architecture and Design Magazine
Himalaya Publishing Company, Hong Kong, PRC, March 1999
3. Author: Kim Chung Il
Title: "Millbrae BART Station"
Publication: Architectural Culture
Architectural Culture Co., Seoul, Korea, July 1997

I can never be satisfied as long as architect uses his hand rather than his mind, working day and night for different projects at every single hour until sleeping on his desk;

I can never be satisfied as long as architects have never enough time to think or to design, as well as to have a break like a holiday, he is forced to do fast design on all projects instead of thoughtful building like his ancestor did;

I can never be satisfied as long as architect use Luban's axe to copy either Forbidden City or Electronic city which belongs to either his ancestor or his foreign peers, never to himself;

I can never be satisfied as long as architects are absent either in site selecting or on site construction, trimmed by keeping away from site supervision, leave the work to non professionals like his clients;

I can never be satisfied as long as our construction industry take one percent only while other industries take a lot in global market, due to the absent of architect in building manufacture process;

No, no. I am not satisfied. In spite of difficulties and frustrations of the moment, I still have a dream, a dream that rooted into Luban's dream.

I have a dream that one day every China client has the right to employ a qualified architect to handle his project with out being a part-time project architect, just like he does not have to be a part-time cook to have delicious food;

I have a dream that one day every China urban authority has a lot of variety to choose an architect for his city, without trouble so much to run a long way in vain to look for his architect, without trouble so much to do endless competition after competition;

I have a dream that one day every China architect is able to work slowly and gently. He has enough time to dig deep inside his mind and sole, so as to harvest fruit to his client with proud.

I have a dream that one day every China architect is something new, something that never existed before. He is a unique person in his own way can see, hear, touch, taste, build, and to think for himself without fear to lose something, no matter projects or incomes;

I have a dream that one day China architect is equipped with up-to-date international standard professional training and skill, in order to be not afraid to do his own thinking and use his own professional knowledge. He can separate facts from opinion and does not pretend to have all answers.

I have a dream that one day every China architect is a potential person to care about authenticity rather than achievement, to experience the realty of himself by knowing himself, being himself, to actualize his own unprecedented uniqueness and appreciate the uniqueness of others.

I have a dream that one day China architect is not a stranger anymore during his designed-building under construction. He is not kept away of the building any more since that is his child;

I have a dream that one day China architect can be spontaneous. When he has power he needs, he does not have to respond in predetermined, rigid ways. He can change his plans when the situation calls for it, either in his own office or on construction site;

I have a dream that one day China architect will call himself China architect, rather than foreign architect, or a part of a foreign architect. When he encounters foreign architects in project competition, he has equal chance to win, based on his own merit rather than government policy;

I have a dream that one day China architect is entitled to be concerned and compassionate and committed to improving the quality of his environment. Even in the face of national and international adversity, he dose not see himself as totally powerless. He is free to do what he can to make China a better place.

I have a dream that one day China architect can glorify his ancestor Luban's name.

You know, I am born a China architect, without choice.

一个温和的宣言
A MILD DECLARATION
BY WANG KE

汪克艾林工作室 Wang Ke, Eli & ChunLin Workshop

随笔
ESSAY

我与汪克 王其钧
WANGKE AND ME   by Wang Qijun

汪克是与我同时攻读硕士学位的同学。第一次见到汪克是1987年的9月在重庆建筑工程学院入学时。我奋斗到33岁刚考上建筑学研究生，虽不能说是范进中举，但也胡子一把，在全87级建筑系42位研究生中排老大。毕竟当时国家规定硕士生录取年龄不能超过35岁，我有幸赶上最后这班车，开始了我未曾预料的精彩人生，也与汪克有缘交谊至今！

第一次见面，他显得较普通。记得我抵校稍晚，报到手续的最后一项是领取学校借给我的一个书架、一张棕床、一张小写字台和一把椅子，共"四大件"。刚签完字，等候在桌前多时的几位吃苦耐劳的四川农民就一拥而上，搬着我的四大件随我来到了我的房间。这个房间较大，空间也较高，住3位研究生。前两位的四大件已到位。第一位同学一定到得很早，已外出。第二位似乎刚安放好家具，正在收拾。看来只比我早一会儿。他没犹豫就过来主动与我打招呼，自我介绍后就热情帮我计划如何安排几大件。他给我的第一印象是年轻朝气，个子矮小，眼睛明亮，待人真诚。

他就是汪克，1965年生人，1982年从贵州省遵义市考入清华大学建筑系。毕业后被清华大学推荐免试到重建院读研究生。由于当时清华就是五年学制，比其他院校多一年，所以同学中他并非年龄最小，就这样他还比我小11岁，刚好是我年龄的2/3。

与这样一位年轻同学开始两年半的室友生活后，早期更多注意到的是我俩间的差异。不光是个头和年纪。他爱动，是散打爱好者；我好静，从来与体育无缘。他是贵州人，吃酸辣；我生长在江苏，怕辣。他是应届毕业生直接读研；我工作10年后才考回来。他年轻气盛，无惧无畏；我经历文革，谨慎细心。他一直学建筑，目标坚定，前程远大；我原来学美术，事业转型，思考求索。他在校期间醉心于西方新理论和新方法的研究，我则相信中国传统文化的博大精深。他一个接一个作设计，我则一页又一页爬格子、画插图……

说到动静，汪克曾创建清华大学学生武术协会并任副会长，是56公斤级散打全校第一名，北京市全社会散打精英赛前八名。为显男性魅力，班上许多男生听说后都想跟汪克学拳。拗不过悬求汪克被拥荐为无薪教头，学散打的风气就此在班上迅速蔓延开来。有的同学不分场合或迅速出拳，或飞腿跳踢，似乎敌手真的就在对面。我偶然一次机会从操场上路过，看到班上的很多男生排队跟着汪克在那里折腾，心里一半羡慕他们的朝气，一半觉得这些年轻人很好笑。

谁知好景不长。一天练拳结束前，汪克与一位名叫陈帆的同学（陈帆现为浙江大学建筑系教授）进行最后的实战对练。汪克因过于疲劳没能控制住手中的拳头，把陈帆的半个门牙给不巧打掉，而陈帆还没来得及反应，半颗牙齿就到了自己的肚子里。教头第二天起就在操场独自练习再没有学徒了，谁愿意尝试被打掉牙齿往肚子里吞的滋味呢？于是汪克失去了这个义务工作，教头的职称一下子成为过去时。

我从小就与操场无缘。幸亏母亲生我一个高个子。读硕士时，同学发现我长得像青年毛泽东，尽管我不喜欢这一发现，但这张大眼睛的脸，打动了我的女友，让我找到了爱情。也幸好我不喜欢体育，否则大个的目标更加激发汪克的斗志，打掉的可能就不止半颗牙齿了。

汪克醉心于西方建筑新理论和新方法的研究，有着他自己的思考和阶段特征。当时国门打开，一方面各种主义、流派、理论、学说纷至沓来，年轻人自然经不起诱惑，汪克不时给我讲他每天在读的一本又一本半懂不懂的翻译论著，时而兴奋感悟，时而迷失困惑。什么存在主义、结构主义、后结构主义、语言学、符号学、解构主义现象学……一一照单过目，无不涉猎。而我一年级所有时间都献给了英语，由于总是伏案苦读赢得了一个"永恒的背影"之雅号，基本上两耳不闻窗外事，二年级开始则投身中国民居研究。

的确，刚开始我俩很少有共同之处。

第一次让我们两个少有共同之处的人走到一起的原因，是来自美国加州理工大学建筑系的白哥勒教授夫妇。重庆地处西南地区，信息和交通均不如沿海发达地区，有闭塞之。为此学校专门聘请了白哥勒教授来校讲学，他是著名的《模式语言》和《建筑的永恒之道》的作者克里斯多夫·亚力山大的学生。由于一年聘期较长，为让他安心教学，学校同时聘用他夫人珊德拉在英语系教英语。汪克当时是他《模式语言》课程的学生。由于汪克英语较好，能直接与他们对话，在同学中较突出，深得教授夫妇喜爱。有一次白哥勒教授被汪克邀请到我们宿舍来做客，我借机练习听力，跟着蹭，发现自己放松后偶尔

1 汪克在清华大学建筑系的学士
毕业答辩 （1987年）

2 汪克自拍像 （1988年）

3 练习武术 （1985年，刘克峰摄）

1 Graduate rejoinder of Wang Ke at Dept of Arch, Tshinhua university(1987)
2 Photo taken by Wang Ke himself (1988)
3 Pracrice martial arts (1985, by Liu Kefeng)

还能说上两句，插两句嘴。这个发现让我振奋。

说到这里，必须交代一下我的英语背景。

我70年代在南京艺术学院读书时没有学过外语。为了考研，我从ABC学起，用不到一年的时间突击英语。一起补习的人忠告我，他们中学6年，大学4年，学了10年英语，还是不行，我用这点时间，就别做梦了。可我有我的分析。他们的10年，纯学英文最多也就占1/8到1/5，加起来也就全时学了一年半或两年时间的英语。而且分散学习，有人可能过目就忘。我用近一年时间集中突击，而且只需应付考试，并非完全掌握英语，是有希望的。

结果我的梦想实现了，第一次考研就过了国家规定的录取分数线。但是我的哑巴英语到了重建院的外教口语课时，把我变成了南郭先生。第一堂课当外教要求每个同学都站起来讲几句英语时，同学们依次用流利或不太流利的英语都讲了一段，有的同学还利用这个机会有意和老师多交流几句。说实话，他们讲的我根本就没有听懂，正在忐忑不安、胡思乱想之际，已经轮到我站起来了。

我年龄在全系最大，同学们称我"大老王"。轮到大老王站起来，同学都转头看着我。我开不了口，脸越涨越红。终于开口讲了一句英语时，班上的同学一齐哄堂大笑起来。大家笑得真是开心，有的捧腹，有的卟怀，有的同学都摘下眼镜去擦眼泪。要不是那美国教师大声说："BE QUIET! BE QUIET（安静）"我担心有不少人的肚子要笑破。

在这种情况下，汪克与白哥勒教授的交往就使我十分羡慕。我也有学习英语的强烈愿望，前面提到我跟着汪克"蹭"，就不难理解了。

汪克也很珍惜这个机会。他说清华来的外教比重建院多，但大都三两月，很少有呆一年这样长的。而且清华老师的外语好，就不一定轮得上学生了。反正第一年要学外语，不如与白哥勒教授交上朋友，别浪费一个机会，再说他们也需要了解当地。

他立即付诸行动，事实证明他是对的。但当时汪克从校门到校门，生活阅历较浅，走的地方少，对中国传统文化涉猎不多。他们的很多提问都回答困难，几次下来就快没话讲了。

我本科学的是工艺美术专业，画了一段时间的国画，去过中国不少地方参观写生。对于中国许多传统工艺技术以及中国历史比较熟悉，加上自己从南京艺术学院毕业后已在社会上工作了10年，去过国内不少地方，对于风土人情，历史掌故有所了解。这些知识与见闻，对于想了解中国的外国人来说，是有一定魅力的。

加上这对美国夫妇待的时间很长，有些闲不住，和中国学生交往自然是对付无聊的好办法。我的外语一开始不能交流，就这样，两位差异很大的同学开始成为伙伴，一个讲故事，一个翻译，配合默契。我从听力开始练起，学习变成了乐趣，而白哥勒教授夫妇得到了免费导游和义务翻译，两全其美。

于是汪克的英语，加上我的经历，使我们受到了白哥勒夫妇的欢迎。我们一起去了磁器口、临江门等令人流连忘返的地方。后来教授夫妇除了正式场合必须用学校的翻译外，几乎去哪儿都找我们，引起很多同学的羡慕。第二学期应教授的推荐，汪克成为白哥勒教授开设的《模式语言》和《钢笔徒手画》两门课的助教。由于汪克专业设计能力突出，第二学期开始他忙于一个又一个工程方案设计。上一学期是我们主动去找教授，现在经常是反过来了。有时候看汪克实在忙不过来，我只好独立上阵，口语提高很快。一次有一句话，汪克吃惊地发现他还没懂我竟明白了，引以为天方夜谭。后来很多年他都提起此事。

这段经历还有很多趣闻轶事略去不提，但我与汪克的友谊已经牢固建立。

与上述经历并行的还有另一件事，就是汪克与我们三位建筑壁画研究生一起画了一年的画。那时没有专业的电脑表现绘图法，学生们发现一般设计表现图画得好就易得高分，因此都很重视画画。有同学天天喊画画重要、画画重要，但两三年也不见他画过画。为什么呢？汪克发现越认为画画重要就越画不了画，因为这是一种建立在画画对设计很有帮助的功利性的基础上的，而现在作设计的机会很多，画画的重要性比不过设计，命运自然就是消失。所以汪克要自己把画画当成一种爱好，就象有人爱好抽烟或集邮一样。他做到了。

汪克一直坚持下来，成为漆老师的第四位（编外）学生。他画完了所有的室内和野外写生课后，按课程计划当然应与我们一起上人体写生课，但这时遇到了麻烦。原来学校明文规定只有壁画专业的学生才能画人体。看到他很失望的样子，我们三位师兄弟轮番去请老师作工作，

汪克艾林工作室　Wang Ke , Eli & ChunLin Workshop

1　我与汪克在重庆建工学院校园（1987年）
2,3　汪克在重庆建筑工程学院硕士毕业答辩
（1990年）
4　汪克在家乡遵义娄山关

1 Wang Ke and me in C.I.A.E. campus (1987)
2,3 Graduate rejoinder of postgraduate(1990)
4 Wang Ke in his hometown, Loushanguan

结果得到院长特批。汪克倍加珍惜这次来之不易的机会，画得特别认真。有人断定汪克是国内第一个画过人体的建筑学学生。

从以上两件事开始的近距离接触中我感觉到汪克身上具有某种不寻常的力量，我心中隐隐在期待什么，但我不能明确知道是什么。不久便得到证实。一天白哥勒教授又来到我们的宿舍，谈话之余汪克拿出了他在清华大学的毕业创作给我们看，一下把我们都吸引住了。

当时看到的是他的毕业设计辽宁省锦州市北镇县闾山历史文化风景区山门设计的方案图。除了平、立、剖面、总平面等图纸外，最吸引我们的是一张零号大小的水粉渲染图。严格说这只是一张黑白复印件，因为原件已作为优秀学生作业留存清华建筑系档案室了。即使是复印件，效果也相当具有震撼力。因为这样一个设计是我们从来没有看到过的，而且它的确具有某种打动人心的东西。

这是一个真实的工程，将由学生竞赛中产生出实施方案。所以同学们都非常投入，第一轮就出来十几个草图方案。一向设计出色的汪克更是灵感叠出，一个人就画了7个草图方案。汪克自己最得意的一个方案是平面为X型的两堵交叉的墙面，其上用镂空的形式，做出一个古代山门形状的巨大的洞。这个大洞，从四个方向看都能看出是古代山门的剪影，构思新颖独特。既有当代性，又反映了历史文化。

在这一方案中，汪克提出要作一个属于20世纪80年代的中国的山门。我们已经看到太多的仿清式山门、仿唐式山门，我们祖先的文化如此辉煌，难道就是我们无所作为的理由吗？我们有新材料新技术，为什么必须去表现木结构的美感呢？几片简洁的墙面无疑是来自现代构图，虚实的颠倒原意是解构传统山门构图，其实它表现着中国传统的气氛，正符合中国人心灵精深贤哲的意境。山门的山洞，看去是一幅画，心襟超脱的中国画家所认为的"荒寒"、"洒落"的境界，在这深透的建筑中，得以体现。甚至达到体悟自然生命的神境。

当汪克把方案草图兴奋地拿给指导老师，清华大学著名的吴焕加教授看时，吴先生很喜欢。但他深知这个构想实现的难度，他还不确信汪克是否有足够的经验和能力、勇气和坚韧去完成这项使命，他也还不确信业主是否有足够的准备接受这样一个超前的作品。遣将不如激

将，他决定考验一下这位心比天高的学生，说到："这个方案带有奇想、巧思，是不错的构思。如果是在国外的博览会上作一个中国馆一定会很好。但这是在国内的一个县里，又是在乡下，人们可能会不接受这样一个前卫的作品。"

听了这番话后汪克陷入了苦恼。他必须慎重进行选择！

这一次，汪克意识到要不要继续深入自己的构思做下去，将成为自己的选择而不是老师的决定。"TO BE，OR NOT TO BE"，汪克一下想起刚入学的联欢会上，一位湖北同学朗诵的哈姆雷特的自问。他为什么如此痛苦？自己当时竟不明白，现在他有点自嘲。在清华当时的教学环境下，出于对学生的负责，一般都在得到老师的支持，至少同意后学生才进行下一步深入设计。这对于学生的创造力培养虽然不利，但其安全冗余度可以保证学生的成材率，因此是一种通行的作法。汪克仔细将原有的十几个草案一一研究了几遍，发现自己仍然喜欢方案一。如果作其它方案，保险虽保险，但无异于放弃自己心爱的女孩与旁人结婚，年轻的汪克竟把设计看得如此至关重要。

正在犹豫之时，一位任清华大学学生文学评论社社长的同学在了解情况后对汪克说了一番很有启发的话："你的毕业设计一做至少半年。你想一想，你是选择半年做自己不喜欢的事呢，还是搏一把？就算中不了标，你不是还可以作别的设计吗？"，他还意味深长地问道："你一生有多少个半年呢？"

汪克至今不忘这段教诲，后来他多次说到在清华他向同学学到的东西之多胜于其他。于是，他原来的一些顾忌，都抛到了脑后，他全心力地投入到这个前卫性的作品之中。受本能和热情的驱使，汪克在第二次草图评图时拿出A1尺寸的两大张碳笔加彩色粉笔巨幅草图，这样大的图幅，在掌握上相当不易。他沾沾自喜，满以为会得到老师的表扬。然而老师们并没有对这副巨画表示满意，相反，郭老师语重心长的对全组同学说："同学们，不管我们有什么样精彩的想法，你们画出来的东西首先必须是美的！"

虽然汪克深感失望，但他意识到成功的路还很长，他意识到设计不能一口吃一个大胖子。任重而道远，既然已经选择了探索之途，他现在无路可退，他必须义无反顾地从长计议。从前并不算勤奋的汪克，在最后一年变了一个人。教室

4

成了汪克呆得时间最长的地方。从早晨一起床，一直到半夜，教室里始终都有一个人在那里画图，这个人就是汪克。教室、食堂、宿舍三点一线的构成方式使他的生活变得简单，而简单导致单纯。

第一是原型的选择。汪克几乎没有犹豫便选定河北蓟县独乐寺山门。独乐寺的山门是辽代遗构，面阔三间，进深两间，为单层四阿顶（清代称庑殿顶），屋面出檐深远，檐下斗拱宏大。这种端庄舒展的建筑形象，生动反映了唐代的建筑形制。他非常喜欢这个古建筑。汪克在这个设计中用图地反转的方式幻化了独乐寺山门的美。X型的片墙，以最简略的手段巧妙勾画出独乐寺山门的正立面和侧立面造型，简洁单纯。

其次，他将山门的细部设计向不同的风格延展，得出不同的效果进行比较从而找到了最简约的表达方式。简约，是艺术的一个较高层面，汪克的闾山山门构思奇巧，但在此之上可添加的要素就很少了。在这个原始的方案上，既要保持原来强烈的震撼效果，又要使之耐看，使人能被作品抓住，停下来细细玩味，对于汪克来说是一个需要倾注精力的任务。

除了他自己倾情投入作出连续的方案比较外，他如饥似渴地征询别人的意见。当时很多同学都有一个印象，就是这段时间不见汪克，因为见到汪克就被他抓住，要求画出不同的想法。由于项目很小，不会花太多时间，尤其看到汪克已经摆在案上的各种奇思妙想，逗得不少同学们愿意一试身手。于是汪克案头的比较方案成几何级数增长。有用混凝土做出框架上砌石块的，有在混凝土表面贴砖的，有将外框作成曲线的……最让汪克吃惊的是有一位同学在他的墙上开了各种各样、大小不等的孔洞。汪克觉得一个新的世界在向他洞开。他浸润在丰富多彩的创造之中品味狂欢和快感。

导师吴焕加先生看在眼里，乐在心上。但以清华的严谨，他没有马上向这位迫切需要得到认同的学生表示肤浅的赞扬。他描述汪克当时是"进入了强迫性状态"。在确信汪克已经全力以赴进入状态后，他不但自己给汪克出主意提意见进行指导，还亲自出马，带汪克去请教很多名人：吴良镛教授、关肇业教授和刘开济先生等等。他们提出了不少富有启发性的建议，但更多的是劝诫和忠告。一次听关先生戏言："你这小子玩世不恭啊！"他回来后足足三天没睡好觉。

好几天后的一个夜晚11点多了，设计之余他又在为这句话而烦恼。他工作这样久了，虽然自己似乎在进行一次奥德赛之旅，非但没有得到一句正式的认可，反倒被称为"玩世不恭"。每天沉浸在工作中，汪克自己也有些疲惫，甚至是麻木了。一阵胡思乱想之后，突然发现教室里空空荡荡仅一人，他顿悟：几个月来他是所有同学中最辛苦、最用功的一个，也就是说，他认真负责对待他的设计项目，这种认真决不是"玩世不恭"。他给自己卸下了思想包袱。

好在作为一个学生，他没有被要求效率。时间是足够的。他不断提出新的提案，又一个接一个消化各种提案，激发出新的改进，一点一滴向前推进。一天早晨，当他画出第四十二个立面方案时，留校不久的青年助教吕舟老师（现为清华大学建筑学院副院长）走进教室，看到后心生感慨，随口说到："嘿！这图还有点地道了。"

尽管没有听到通常的那种标准式的赞扬，但吕舟老师的这句真情评论给了汪克不少安慰和鼓励。汪克战胜了困难，战胜了虚弱，战胜了自己。他进行了一次真正的创作。

到了设计后期，原创设计的优势日益明显。其他同学在一开始就很成熟的草案在几个月后只有数量上的改进而无本质性的飞跃，相反，汪克的丑小鸭艰难而玉成，终于脱胎换骨，化蛹为蝶。在激情之下，他最后还画了一幅A0号的巨幅水粉渲染表现图。这副作品被清华收藏后发表在《建筑画》杂志上，也就是我与白哥勒教授看到的那副画。

闾山不愧为历史文化名山。在方案汇报会上，吴先生担心业主不能接受这个方案，专门列举了悉尼歌剧院和蓬皮杜文化中心作为例证，畅谈设计创新的不可预见性和接受上前后的戏剧性变化，暗示这是一个有创意的设计。出乎意料的是，业主方压倒多数投赞成票。有人担心混凝土外墙是否会因积灰而污染时，设计师还没来得及开口，就有个着急的业主叫到："我们就是要让他积灰，这样才有历史韵味。"方案出人意料的"顺利"得到通过。

需要画施工图了。虽然汪克还从未画过一套完整的施工图，但因为项目很小，系里认为这正是对年轻人的一次很好的入门训练，何况组里的其他同学也都在画闾山其它复原古建或仿古建筑的施工图。现代建筑不会更难，学校指定施工图经验丰富的葛缘恰老师作汪克的施工图指

汪克艾林工作室 Wang Ke, Eli & ChunLin Workshop

1

2

3

导。但因为葛老师非常忙，只见过一次面，讲了几句话就将他派给了一位年轻的王老师。汪克问了王老师一个对他非常重要的问题，怎样定位这样复杂的几乎自由的曲线？王老师的回答简单而肯定：放大样。再问其他比如何完成清水混凝土的表面和如何保护这个表面等等问题，王老师表示没有经验，无从回答，隐隐约约的言外之意就是：年轻人就别瞎折腾了。汪克再见王老师就是几个月后来审定施工图了。

汪克当时刚满22岁，他已经感觉到他要达到的目标的难度，似乎没有哪位建筑学专业的老师或工程师能给他一个简单的答案来指导他完成这件事。他也没有见过或听说过有谁做过类似的设计，也就是说他必须进行自己的实验和探索。汪克从小就是个敢闯的男孩，何况他的方案刚被选中。他不能半途而废。

出乎意料，第一个给他大力帮助的人是北镇县设计室的一位年轻的结构工程师。这位不出名的结构工程师热情而尽责地与汪克合作，给汪克出了很多绝妙的主意。比如他发现方案中的斜墙两两刚好在一条直线上，于是他建议将相对应的两组钢筋混凝土墙在地下做成一个整体，从剖面上看就是个凹字形，整体上很稳定，这样从根本上平衡悬挑部分带给地基的倾覆力，但由于下部埋藏地下看不见，依然产生建筑预计的悬念。

不仅如此，这位工程师又建议，将山门空洞片墙两端和底布的垂直墙体部分做厚，而把出挑的部分逐渐做薄。出挑部分中央埋入空箱做成空心的，减小出挑部分的重量，这样就会使汪克的方案在施工上变得更为可行。

尽管汪克没有记住这位结构工程师的名字。但这位平凡的、可能是没有本科文凭，又工作在一个县级单位小设计室的工程师，给汪克出了专家不去想，也不去尝试，或许是不屑一顾的好主意。

关于清水混凝土表面的处理，这位工程师也心中无数。

同时另一个更大的难度在于这个山门的两侧都挑出11米，也就是说，这个剪影式的山门的正背上端，两边的混凝土墙面并不相接，而是留出一个缝隙。这条缝隙在构图上是为了透气，在造型上是为了变化，在观赏上是留给人玩味，在技术上是为了体现难度。

对于以上两个遗留的难题，汪克决定利用清华大学安排毕业生在毕业之前的一次全国调研寻访高人，征求高见。他走访了重庆、遵义、贵阳、株洲、杭州、绍兴、宁波、上海、苏州、无锡、常州、镇江、扬州、南京和北京。为了省钱并锻炼体魄和意志，从杭州到南京他一路骑自行车旅行。沿途他都去拜访一些当地的大小设计院的老总，提出上述难题，倾听他们的意见。

20世纪80年代中期，当时省市院的一些总建筑师还不是很忙，架子不是很大，加上汪克也是初生牛犊不怕是虎，又有吴先生引见名人的经验，直接就去求见这些地方名人，基本上想见的人都见到了，听到了很多闻所未闻的见闻，大开眼界。在北京建筑设计院，当时的院长吴观张先生看了汪克的这个闾山山门设计后，先作了一番鼓励，然后出了很多建议，最后善意地吹吹冷风："年轻人敢尝试很好！但你要知道建起来就不容易了。你两边这样大的悬挑，施工很不好控制，再加上县里的施工队技术力量很差，假如两边一高一低差上它一米两米的，你到时候留也不是，拆也不是，让你哭笑不得。"

后来施工现场发生的事情证明汪克这一趟旅行很有价值。在他还没有经验，在无法预见困难和问题的时候，所有这些正面或反面的意见或建议，甚至刁难都启发了汪克，提醒了汪克让他进行思考，让他做好思想准备，为后来他在工地上显现出超出他年龄的成熟作出了铺垫，这是后话。

这一趟回来所余时间就不多了。他已经解决了所需的技术问题，为了尽可能完美地完成施工图，他比以前更加勤奋地工作。由于疲劳过度，他开始牙疼。到校医院一看，排队要花一两小时，算了，他没有时间等候。牙越疼越厉害，他选择了硬挺。有时半夜把他疼醒了，他就咬一片止痛片，由于白天太疲劳，晚上疼过后也能很快入睡。到快交图之前，他上下牙已经合不上了，无从咀嚼。他就买一份煮得烂熟的茄子，外加一瓶"液体面包"啤酒，就解决一顿饭。牙虽疼，但他非常快乐，情绪高昂。顺利完成了全套施工图后，他到校医院一检查，医生埋怨他为什么来这样晚，他说要交图，医生问："你的图值得了一颗牙吗？因为你的图，你的牙只能拔掉了。"

在最后审图时，王工见到汪克完成的全套一共12张A1施工图后，他大吃一惊，说这样一

1,2,3,6　汪克在工作室（2005年）
4　长江边上的三位室友（1989年）
5　汪克在闾山工地（1987年）

1,2,3,6 Wangke in Workshop(2005)
4 Three roommates by Changjiang River(1989)
5 Wang Ke at the construction site of Lushan gateway(1987)

个小项目你竟然画了这样多张图。汪克没想到自己这样外行，讷讷地问应该画多少张图？王工很在行地告诉他，只要两三张施工图就够了。见他有点窘迫，王工又补充到，能多画图当然是好事。汪克这才放心了。事后证明这套图的质量很高，业主后来告诉他这套施工图从始至终没有出现过任何问题。后来汪克有了在设计院工作的经历后，他非常庆幸自己当时没有受过任何训练，同时也就没有受过任何污染，否则他可能完成一套快速而熟练的施工图，但绝不是那套艰难但高质量的施工图。

汪克的闾山山门，不但看起来很前卫，在实质上，强烈的民族文化和历史气息被完美地融合在其中。清初的笪重光在《画筌》这篇名作中，通过画面，来论述空间。"空本难图，实景清而空景现。神无可绘，真境逼而神境生。位置相戾，有画处多属赘疣。虚实相生，无画处皆成妙境。"闾山山门，正是虚实相生的成功实例。山门的空洞，也就是"无画处"，便"皆成妙境"。透过空洞，我们从辽代的山门剪影空洞中看到青翠的山林，无垠的空间，这是汪克的神奇用笔。空洞仿佛和天际群星相接应，正是"境逼而神境生"。

87年7月初闾山山门招投标会。业主常说这样一句话，只要是清华来的，我们都叫老师。汪克的杰出表现使他们真诚地邀请汪克出席。汪克这时已经毕业。山门虽然还没建起来，但他出色的表现，使得他的设计获得了全年级毕业设计最高成绩90分。这时他最大的梦想就是将山门尽快盖起来，得到邀请，他毫不迟疑地立即来到工地现场。

有三家施工队前来应标。招标会在现场临时搭建的工棚里召开，也许简陋的条件和前卫的设计反差确实太大。三家施工队都怀疑业主是否真能把它盖起来，加上这种从没见过的难度。在会议宣布开始后不久，会场次序就逐渐失控。三家施工队的二十来人乱哄哄的，这边说这个不好干，那边说那个作不了；这个说90%拆不了模，那个说白水泥标号达不到；一家说没50万盖不起来，另一家说100万也打不住……汪克在一旁静静地听着，一一想着怎么回答。说着说着，这些项目经理们越来越来劲了。一位看上去很有经验约40多岁姓刘的项目经理居然站了起来，对着闾山风景区工程处负责基建的梁工程师，阴阳怪气地拖着长腔说："梁－工－程－师－－－－，你们工程处能有几个钱？你们业主有多少钱啊？要想盖这样的东西……你知道吗……"

文弱的知识分子模样的梁工程师好象在接受审判，脸涨得通红，一句话也说不出来。

坐在一边的汪克实在看不下去。本来汪克并没有打算这时候说话的，但这种尴尬的局面激发了他血气方刚的性格，他突然站起来，一字一句地对刘经理说："刘经理，您这样说就错了！"

也许出乎意外，喋喋不休的刘经理一下子哑了，但工棚内还是有人议论。汪克继续说："你们是来听取设计要求，准备报价的，业主有钱没钱并不是这个会议的主题。我从北京赶来就是专门解答你们的问题的，希望你们珍惜这个机会，节约时间，多提问题，报出有竞争力的价格来，争取中标！"

这时候，所有的人都不说话了，工棚内真正安静下来。从这时起，才开始讨论工程问题了。三家施工队开始分别弄清楚他们需要做什么，做到什么要求，开始认真对待成本核算，会议顺利结束。招投标结束后，中标的报价是30万元。

开工后汪克再一次到现场，工程已经铺开，基础也已完全开挖。由于刚下完雨，基槽积满了水，工人们正用水泵将积水向外抽，工地一片繁忙。对别人也许这一切都是正常，然而他被现场所见惊呆了：连续的土地上出现一个巨大的X形的凹槽，这是一个他画了将近一年的形状，是那样的熟悉；然而它又是如此的与众不同，汪克从来没有见过这样一个工地，如此的异样。而且这样多人在忙活的这个形状就是因为它！而且多少种情形曾经让它差一点就变成别的形状。能成为这样，是多么的偶然……想着想着，他眼睛一热，他赶快把头扭向一边，不让别人看到。

汪克第一次发现中国的施工队有一个鲜明的特点：在接受任务时，什么都会干，什么都能干，什么都可以干。等签完合同，施工开始，便这也不会干，那也不能干了。投标时语气坚定自称一级，到施工时就嬉皮赖脸自认三级了。

现场施工经理极其恭维、十分谦逊、满脸堆笑地对汪克说："汪老师的设计真有特色。只是两片大墙上面的空隙不好做。俺只把上面连过去两根钢筋，这么高的墙，那一两根钢筋，谁有那么好的眼能看见。看不见，看不见，来，来，汪老帅，快吸根烟。"

1 汪克读研期间参与华夏艺术中心设计

1 Wang Ke joined design team of Huaxia Art Center, in his postgraduate years.

年轻的汪克没见过这种场面，但他以自己的热情不厌其烦地向施工经理解释设计目的和施工要求，一直顶住不松口。到最后汪克只好凭直觉暗示，如他要是露两根钢筋出来，可能就拿不到工程款了。后来，汪克想起还有点心虚，如果对方再坚持，也许自己就抗不住了。

经过这一次，施工单位看到了汪克的自信和决心，反倒静下心来，与汪克认真讨论各种施工做法，光模板施工方案就比较了五次才定下来。

闾山山门的工程的确是个小工程，所涉及的工种面较窄，但是11米的悬挑和清水混凝土墙体凿毛做法在国内设计施工中未有先例。汪克的构思，是通过这个工程，尝试和研究混凝土的可塑性，走出一条新路来。他认为混凝土的表现力远未开发，前景广大。通过积累混凝土的经验，为日后的设计打下了基础。相比之下，国外许多优秀的建筑设计都是大量使用混凝土作外墙表面。譬如美国的宾夕法尼亚大学的国际学生会所，是一幢高达10层的大型综合建筑，建筑从里到外都是采用混凝土作为墙面装饰的手段。虽然这是后来汪克到美国以后才看到的这幢建筑，但汪克当时的想法，无疑是有眼光的。果然他十年以后又重新继续混凝土作为墙面装饰的实验，这是后话。

在汪克的设计中，看似简单的单一材料墙体，其实从粗到细由五种不同的质感组成。他运用格式塔原理将它们排列，使山门墙体出现一种剥离感，好像山门的表层是厚厚的五层壳，一层一层被剥лиь，从而形成不同的图案。最深层的图案是位于山门墙体下部的一圈浮雕。浮雕的表现手法也要求一层层地平面图像相叠加，出现层次感。这种艺术表现手法与西方古典的哥特式建筑的大门有异曲同工之妙，但汪克的想法是用现代表现手法，并使这种构思产生了新意。

与鲁迅美术学院毕业的两位中年雕塑家见面以后，他们立即给汪克介绍起他们的一种新技法，就是用牙膏皮状的一种带长嘴的容器，将圆柱状的塑性材料挤出来，形成壁画的线条。说通俗一点，就像我们看到糕饼店的服务生，用装奶油的管子，挤出"生日快乐"的文字或图案一样。与汪克同行的一位同事不明就里，居然认真地与这两位艺术家研究起操作上的细节来。

汪克这时很冷静。他知道，任何偷工减料的手法都会导致自己的设计构思付之东流，让业主失望并蒙受损失。这两位艺术家的"创新"技法，可以追溯到中国的北魏。当时的壁画工匠用硝制过的猪膀胱套接一定口径的铜管，内装糊状叫铅粉胶，使用时，只要挤压猪的膀胱，钢管的口径大小能使线产生粗细的变化。而且还能使用"爬粉"的技巧，来减低立粉的高度，这种手法，称为沥粉。但没比较前怎么知道这是否最佳方法？

插一个空档，汪克彬彬有礼地说："王老师，你们千里迢迢来到北镇闾山，是为了作一个优秀的工程。在我们讨论使用什么样的技法之前，是否让我先介绍一下设计构思，了解设计意图和要求后咱们再看有什么样的技法可用，怎样出最好的效果，好吗？"

两位艺术家点头称是，并表示来前犯愁怎样设计30米长、2.5米高的浮雕。现在看来会是一个很有前景的创作。接下来的讨论证明牙膏技法因其层次局限不能表现层层叠叠的剥离意图而不适用。后来经过双方的合作和投入，艺术家们作出了很有层次很有气魄的艺术品，并与山门融为一个整体。

汪克给白哥勒教授和我们介绍自己设计的闾山山门时，工程正在进行中。其间业主信介绍施工情况并邀请他再次赴现场。他到系主任夏义明教授处请假时说明情况后，夏教授感慨地说："你们清华的就是认真严谨，别人拿到钱后就什么都不管了。你还跑这样远去服务。"这一趟在工地待了两天，熬了一个通宵，出了3张环境施工图。孙局长非常感动，立即当作榜样教育员工。

在我们研究生二年级下学期的时候，闾山山门完工了，工地给汪克寄来了照片。从照片上看，闾山山门集合数层的混凝土剥离效果，游目四览，镂空的古代建筑空洞谱成了一幅超脱、虚灵的诗情画境。在看似不经意的刻画中显露出凹凸和光线阴影。统一的色影，像是隐没于轻烟淡霭中。效果太棒了！汪克的心情异常复杂，各种滋味都涌现出来。他就像一个历经痛苦、10月生子的母亲，看着自己的儿子，只一味沉浸在享受幸福之中，却不愿四处声张了。他明白了方案刚出来时，自己图虚荣想送出去发表，吴先生劝他别着急的深意了。建成品才是建筑师真正的作品。

山门建成后立即获得广泛的认可。吴先生

1 汪克和研究生同学（1987年）。第二排右起第三人为汪克，第四人为王其钧。

1 Wang Ke and his schoolmates in his post-graduate years (1987). Wang Ke is the third person, and Wang Qijun is the fourth person from the right to left in the second row.

对汪克非常重视。曾来过五封信邀请汪克写点文字一并发表。但汪克当时奔波于海南、广东和重庆之间，没能静下来写东西，加上思想观念的改变，结果没寄出任何东西。

吴焕加教授将作品送到刚评选完十大建筑正在收尾的"八十年代优秀建筑"评选小组，得到他们的喜爱。小组负责人、中国艺术研究院萧默博士说，虽然他们已不能改变评选结果，但他们决定打破本书共50个作品的惯例，将山门作为第51个作品增补进去，而且他们将山门用于该书的封面。其后，吴焕加教授在《建筑学报》上撰文介绍阊山山门。在文中吴焕加先生高度评价汪克对山门设计的贡献，并称其为"拼命三郎"，形容他的刻苦、专注和克服困难的勇气。后来吴先生多次评价汪克有一种"建筑宗教"的狂热，可见其执着。

汪克的阊山山门设计给了我一个富于冲击力的震撼。从此我对这位矮小的同学刮目相看。后来我亲眼目睹了他在重建院作的几个设计，使得我对他的设计产生了浓厚的兴趣。

20世纪80年代初期一位访美归国的系主任带回很多新思想、新观念，组建了一支优秀的教师团队，致力于学术独立精神的播种，和学术自由氛围的培育；注重学生创造力的培养，扶持全国第一份学生自办建筑杂志。几年下来，有声有色。重庆建工学院学生在全国学生竞赛中屡拔头筹，更开国际学生竞赛获奖先河，一时惊艳神州，在全国建筑界非常活跃，是我最喜欢的高校之一。这里没有神圣不可侵犯的权威，学生敢说敢想，敢想敢为。建筑系最著名的八大教授的名字被同学生用谐音编成顺口溜。当时有一个说法：建院是老师怕学生，研究生怕本科生，本科生中又数三年级学生最为藐视天下、目中无人。周围很多研究生同学已俨然以"大师"自居。在重建工由于学生来源异质化程度高，无论作什么、从哪儿来决不会有被歧视之感。各色人等，相安无事，各行其事，各取所需。我是经过文革的人，开始时心有余悸，不敢放肆，更不敢负面去评论老师。但在这种亢奋的环境中逐渐受到感染，我自己禁锢的思想逐渐松绑。后来我在清华读博士时又感受完全不同的环境氛围，两相对比，感慨良多。

汪克与我建院同学、清华校友，有很多共同感受。汪克和我都认为清华的优势是：①名气大，名人多。可以接触到全国甚至国外的最出色的各个行业的佼佼者，让自己大开眼界；②学风好，标准高，严谨务实。只要出手，一定要全国最佳；③学生生源好，学生素质高。同学之间的竞争很强，把你自己也就逼上去了。相比之下，重建院也有三大优势：①没有权威，学术自由；②某些教学条件反超；③有很多参加实际工程的实践机会。

没有权威，学术自由，人人都可以尝试，人人都有话语权。这对学生创造力的培养好处无穷。汪克初来乍到，好多事情让他瞠目结舌、不可思议。最著名的是一位老师要钱的故事。汪克与同学合作一个设计竞赛中标了，因为技术问题曾咨询过一位老师，当然要与他分享。当他们三人拿到中标的钱后，同学立即给这位老师送去二百元的酬谢费。这位老师收下钱后用四川话恳求说："钱也少点了嘛！再多一点吧。"汪克交方案的第二天就去了海南，听同学讲起这件事眼都瞪大了，还有这样的事？在清华绝对不可能。别说老师问学生多要奖金了，就是学生去接项目再请老师来作都没有听说过。重庆建工学院的老师没有像清华的同行一样把自己摆到一个高高在上的位置，不是非此不可，而是随和得多，学生的框框和界限就少了很多，在这种环境下，汪克象一只出笼的鸟，兴奋地尝试各种新的想法。也是为什么他能完成建筑设计的诗性研究；对我来说，这也是为什么在我完成了我的壁画学业后，导师没有反对我业余开展民居研究的原因。

总体实力清华要强得多，但有些具体情况反过来。比如清华建筑图书室属于系里，老师们就常常借很多书回家精读，学生常常查到书目却没有书。重建院的图书室属于学院，任何人只能在阅览室看。著名的卢小狄教授为同样著名的珠江帆影工程曾借过一本书，是经院长批条并明示的。所以重建院书虽不多，但汪克和我都能读到。再如前面讲到的与白哥勒教授的交往，汪克觉得在清华当时也没有这样的机会。还有就是汪克画画的机会，如果不是有壁画专业的导师和研究生同学，也只能幻想。

重建院学生有很多参加实际工程的实践机会。清华当时大多只参加有特殊要求或有教学意义的实际工程设计，如阊山项目设计。

虽然有这样多的机会和自由，我在重庆建工学院读研期间，只写了一本半书。何故？一本是由上海人民美术出版社出版的《中国民居》；

汪克艾林工作室　Wang Ke, Eli & ChunLin Workshop

1 苦战五天以后的片刻（1989年）
2 青年时期的列奥先生携夫人于1982年全球旅行时游览峨嵋山

1 A moment after five day's hard work(1989)
2 In 1982, Mr Noar and his wife visited Emei Mountain, China, in their global tour

另一本是我和女友谢燕合作的《现代室内设计》，由天津大学出版社出版，因而只能算我半本。其余就什么作为都没有了。而汪克毕竟才华远胜于我，莘莘耕耘不断，作品一个接一个地涌现。

汪克三年研究生生活，有一半在海南和广东勤工俭学，一边做设计、一边写论文。其余半年学外语考"寄托"（GRE+TOEFL），只有一年级老老实实呆学校没外出，就这样还做了三个设计。三个设计都活生生向我淋漓尽致的展示了他出众的才华。

第一次设计是入学第二天就开始的，也是实际工程。重庆建设银行和工商银行的沙坪坝支行办公楼。含半地下约八层楼，位于沙坪坝区中心的沙坪大酒店与百货大楼之间。由白教授带汪克一个学生为一组，另一位罗教授带六位学生为另一组。白教授安排完任务就去了海南。汪克一人对另外6+1，我们都为他捏把汗，可他非常自信。独自一人去调研业主、踏勘场地、走访规划，一轮接一轮推进设计。对方三人一组分两个组进行工作，中间与业主讨论草图时另两组同学都自惭形秽。汪克的方案构思大胆、依据详实，他将两个元素引入象征两家银行，通过两个元素的PLAY，产生出相互包容又相互借势的双赢效果，深得业主喜爱。同时30度斜切一刀，既让幕墙大面朝南，又与紧临的沙坪坝大酒店主楼平行一致，取得规划上的环境协调。汪克的表现草图和正图也都超出别人一大截，中标势在必得。然而天有不测风云。在规划局主持的方案评议会上，汪克的方案遭到拒绝。银行行长愤愤不平，到我们宿舍告诉汪克说，会议由当地名人沙坪大酒店的设计师主持。他坚决否定汪克的方案，说因为它与大酒店有一个平行的面，混淆了酒店的界线，抢了大酒店的视线。为此，他还生造了一个词"梗阻现象"。行长不是专家，说不上话。但他坚定地说，推荐给他的方案完全没法与你的相比，除非他们拿出另一个更好的方案。行长走后汪克惊讶之余说了一句：重庆真的是太落后了，连专家怎么都如此闭塞和小气。后来，罗教授不得已请来本校王牌汤桦重做方案，银行才接受了新的设计。建成后又有一个故事。行长一直对汪克念念不忘，在建筑快完工前，再一次请汪克到现场。由于汪克的南向斜面被禁，新的方案作了一个西向的大斜面。形式感是出来了，但建筑大面朝西，尤其是在火炉一般的重庆，只好做大挑檐遮阳，又弄得室内很暗，利用率很低。行长一边介绍、一边抱怨，最后说当时还是应该顶住用"汪老师"的方案。这个经历让汪克更加看重案头的设计。他认为社会风气认为成王败寇的理论并不适用于建筑设计，事实上，设计有它自己独立的价值。不论是否实施，任何时候都可以把设计图拿出来比较，优劣自然见分晓。因此汪克比以前更执着设计内在的品质创造。

如果说第一次还有很多遗憾，那第二次就是设计竞赛的一次完满演练。位于杨家坪的商业中心（建成后更名为金融中心），是一个难度很高的工程。总建筑面积为45000平方米，容积率达到1/5，这幢建筑，下面四层的商店建筑上是办公主楼，和要挤入的200户住宅还必须采用多层的规范。密度很高，难度很大。当时还很少见到这样大体量和如此复杂功能的建筑。这次是三人合作设计。合作者是一位刚留校的年轻教师曾清泉和班里一位同学张驰。设计难度很大，但他们都发挥了出色的水平，到第一次草图讨论时，每人各都交出了高水准的答卷。汪克的表现更加惊人，他以自己独特的设计方法，大胆省略一些枝节问题到下一阶段解决，迅速理清思路，一下就构思了六个方案。从山城退台案，到同构反转案，想象奇特，跳跃广阔，令人眼界大开，大伙又吃惊又高兴。第二轮方案时汪克设计了一套兼容柱网，让功能各异的住宅、商场和办公楼都能在其中得到自己的有利空间。几大功能问题得以解决，大家一致推举以汪克的草图作为基础完成最后的方案。汪克的能力在与别人的合作中自然显现出来，别人也是从心里佩服汪克的能力。同时汪克也留意学习大家的优点，与大家融洽合作，使得一个月的方案设计推进紧张而有序，充满了乐趣。不断有花絮出现，恕在此从略。方案完成后，校设计院院长主动请他们三人吃饭。汪克的合作者还犯嘀咕：院长一向以捂紧袋口出名，今天怎么舍得破费了？席间院长兴奋地说："这个方案肯定中标了。"原来如此。

汪克在海南岛接到中标的消息，电报上写着："二奖中标无一等"。虽然奖金少了三分之一，但马上就要盖起来，汪克还是很开心。

虽然人在海南他不能参加施工图设计，但他还是很关心这一设计。回到学校马上就去看初设图纸。不看还好，看后他非常失望。因为他

3　学生时代汪克骑车穿行江南（1987年）
4　旅美期间汪克驾车游遍全美（图中为他心爱的野马跑车）
5　放马坝上

3 Biking travel to south in his school year (1987)
4 Tour all round the States during the phase in oversea(Behind him is his favored Mustang)
5 Wang Ke in Bashang

精心组织的兼容柱网，设计院的设计师们根本没有理解。在办公柱网，需要调整时，他们没有作整体调整，而是头痛治头，各自为政，最后把一个清晰而巧妙的设计搞得复杂而混乱，功能也很不好用，只留下一个没有深入的虚假的外壳。一定要自己作施工图，他暗暗告诫自己。

但他这段时间的方案作品都难逃此命运。下一个遵义供电局方案竞赛的戏剧性在于只有五天时间给汪克。而其它省、市两级设计院的设计师们已经苦战一月临近交图尾声了。他花了半天时间参观调研有办公楼以熟悉其复杂的工艺流程，最后花了一天画了一张A0的水粉渲染图，其余设计画图一共三天半。没有任何帮手，但终于沐浴的汪克已经胸有成竹，有备不辞的计划每一个环节，很有大将风度地推进每一个步骤。虽然时间短，但他并没有想到去模仿甚至抄袭一个现成的作品以保证效果和效率。虽然每一个环节他都很快，他却没有走捷径。从一草的七个构思出发，他敏感地找出了相邻的新华书店和湘山宾馆之间约十米来的沿街差距，把自己的设计做成为一个城市纽带，从而一举凸现于市中心，以其全市之最的高度成为一个重要地标。丰富的体型统一于三角形的顶塔之下。由于巧妙设计，曲折的体量内只有一个房间有一个60度锐角，两个房间各有一个120度角，其余都为规则房间。汪克很为自己的匠心独具而自豪。另外值得一提的是规划图中有一条入城大道，是从贵阳到遵义的入口。他在精心设计市中心主要立面的同时也没有忘记入口印象，将控制高塔迎向该大道，建成后成为进入市区的标志景观。方案被十一个评委投全票以一等奖中标。令他遗憾的是后来的初设和施工图失控，当地设计院的刘总在业主的面积要求下被动地增加房间，将原设计的放室外机的空阳台改成了房间，结果一下增加了很多异型房间，造成使用困难。让汪克啼笑皆非的是刘总还没有意识到这是一个重要问题，不断地向汪克叹气业主在顶层的控制室外要加一个参观走廊。至此，汪克殷殷期盼着有一天能自己从头到尾完成全套施工图设计。

在海南半年的设计他依然没能实现自己的梦想。具有"建筑宗教"狂热的汪克在海南岛上就象火一样在燃烧。他干活不知疲倦，灵感一个又一个。导师拿回一个又一个的任务书，他就一个又一个把它们变成方案。而且有竞赛时别人三三两两安排为一组，也许导师真的被他的能量所迷惑，从来都是安排他一个人一组。就算临时有人帮一下，也都在最后几小时。所有人，包括他自己都把他当成了永动机。

第三个月后意外发生了，有一天汪克突然病倒。躺在病床上，他终于安静下来，有时间想一想到底在忙些什么？三个月十二个星期他完成了十二个方案，平均一周一个，打比方就像运动员连续跑了十二个百米冲刺，有统计大部分人连续跑六七次就会晕倒。何况做设计是体力加脑力，汪克又是一个完美主义者，出手的图纸尽可能尽善尽美。他平均一周只有两天可以十一二点正常入睡，有三四天后半夜入睡，最后一两天就是通宵达旦了，让他更失望的是这样多的设计竟没有一个完整盖起来的。后来他又作了一个大型投标后就回到了重庆，到西南师大开始了半年的英语学习。

考完试他去了深圳，在那里他终于得到了他梦寐以求的画施工图的机会。他到达时概念方案已被业主选中，但原设计人因故正办出国手续要离开华森公司，因此他作为方案第二设计人在老总的指导下独立完成了华侨城文化中心（建成后改名华夏艺术中心）的方案和调整设计。然后他加入施工图设计小组经历了初设和施工图的全程设计。他虚心向老同志们学习，请教每一个不懂的问题，勤奋工作，在五个人的建筑组里他完成了最多的图纸，在一共42张图中他完成了12张，学到了施工图的基本方法和步骤。在华森一年多的时间里或多或少他还参加了海丽大厦、红荔大厦等高层大型项目的初设或施工图设计。这段时间他把自己当成了一个真正的实习生，虚心向每一个人请教，反复翻阅了南海酒店、深圳发展中心大厦等境内外名师的施工图。他还找机会与这些项目的设计师一起去工地考察，面对实际问题，培养现场感。所有这些，为他一年后主持海王大厦设计作了必要的技术准备。

如果汪克仅仅是一个设计天才，那我们不可能建立起深厚的友谊。我们交往越久就越发现我们共同的价值观——真诚！

汪克真诚而不虚伪，在我们学外语之初就体现出来。当时我完全没有能力判断他的英语水平有多高，只是羡慕他能与老外侃侃而谈。如果他要在我面前伪装，是一定不会被识破的。他却自掏家底，对我认真地说："别人都以为我是

汪克艾林工作室 Wang Ke, Eli & ChunLin Workshop

清华毕业的，英语就一定很好，其实我英语并不好。李向北（同班同学）他们的英语实际上比我的好，只是他们不爱说。但没关系，这种压力反而逼着我要把英文学好。"就我观察，在他这个年龄段的年轻人大多爱慕虚荣，能面对自己的短处的人很少，我从心地里喜欢他的这种性格。

还有一个故事，使我更喜欢他的性格。他曾在一个工地上见到有测绘人员粗暴地指挥别人把标尺移来移去，弄得别人不知所措。对于扛尺子的人来说，最神秘的就是不明白经纬仪，更不会使用经纬仪。于是汪克乘测绘人员不在时，给扛尺子的人迅速讲解经纬仪的原理，很快教会了他们如何使用经纬仪。此后，那些喜欢呵斥别人的家伙失去了神秘感，也就失去了对别人颐指气使的特权。

他的真诚还来自他的专业态度。他常说：工程上只认事，不认人。如果一根柱子不能承受一个压力，那国家主席来了也承受不住。他解释他不说谎的原则：说谎的代价就是你必须要记住上一次你讲了什么，如果谎话说得多了，还要记住对不同的人每一次说的不同谎话。如果你是一个有闲的人，也许还可以增添点乐趣，但不巧我是一个非常忙的人，每一天都有很多事等我去做，已经把我累得不行了，为了减压，我选择了说真话。这样一来我节省了回忆上次谎话的时间，又可以做很多事了。你看，与我不谋而合。

我最不喜欢那些自己没有多少别人不知的学问，又故作深沉，不敢正面回答别人问题的人（这种人普遍存在于大学和一些研究部门）。他也是如此。在目前的建筑界有一个流行时尚，就是在一个小圈子里发明了一套专门语言，故意不用通用熟知的词汇或术语。其结果也许保护了自己的自尊，获得一时的话语霸权，但严重阻碍了社会对本专业的了解。而外界一旦了解了真相，将是自己尊严的更大损失。其实目前建筑师在业主面前的尴尬局面已经说明了这个问题。

汪克反对故弄玄虚也让很多人受益，尤其是他的业主。有不少业主对他说过这样的话："汪克，以后无论我作什么工程，无论适合或不适合你作，我想起的第一个建筑师就是你。"这是对一个建筑师最高的评价了，因为这些业主都是汪克真诚的受益者，正如同我也是他的受益者一样。

我当然不是他的业主，他也不是给我作设计。而是在火车上，他用了一个半小时把他在清华大学建筑系学到的古建知识给我上了通俗的一课。他一边说、一边画，惟恐我不明白，这给我留下深刻印象。我知道他讲的只是古建的基础知识，但与我读的那些文字晦涩、故弄玄虚、有意用一些不通行的词汇来取代那些本来并无多少深奥内涵、本来可用相对较为容易理解的词汇而不用的书籍相比，的确使我受益匪浅。当时我正在寻找新的专业方向，这一课对我有很大的参考价值。

他的真诚还体现在对朋友的热情相助上。

重庆很大很分散，重庆建工学院位于沙坪坝区，到市中心要穿过被农田割断的好几个区。进一趟城要花很多时间，我们很不容易进一次城。有一次他进城见到一种带短波的半导体收音机，可以收到美国之音，于是他花了17元买下来。回来后看到我喜欢，没有犹豫他立即决定陪我进城买一台，说让我也听听正宗的美国播音员的英语，在路上还可一起背单词。我们离开学校的时候已是傍晚。我记得汪克拿着一个小手电，光虽然很微弱，但照亮我的《大学单词5400》上的一两个单词还是没有问题的。我们就是这样一路上背着英语单词去帮我买了收音机。

这种上海产的玫瑰牌收音机的灵敏度真不怎么样，只能拿在手里才有信号，捆在腰上都不行。在别人看来，我俩是一对神经病，因为当时收到英文广播时的"吱吱"噪音，比广播还响。后来汪克又在书店买了一本介绍"美国之音"广播文章的书和磁带，磁带也是带有强烈背景音的。这下好了，每天汪克和我都不离噪音。我们自嘲：这下子考情景英语没问题了。

汪克还是一个能够当机立断的人。

我和汪克成为好朋友，除了英语，其次是画画。汪克喜欢画画，一直想把自己的写生技巧提高上去，我要完成作业，于是便在课余时间一起出去写生。有一天天色不错，我和汪克兴致勃勃地去重庆嘉陵江石门大桥工地写生。为了显示我是艺术院校毕业的学生，我特地背上我那自制的红色大画夹外出。

来到工地，我很专业地选好了位置，取好了景，并告诉汪克一些写生的要点，一切令人满意，直到我打开画具。令我意外的事出现在我面前，我居然忘记带调色盒。刚才还这样内行的专业画家，一下感到了那一刻的空白。许多年后的今天，我都无法忘怀当时的心情，我想与2004年奥运会上，美国枪手发现子弹打在别人靶上

1　华森公司十周年庆典后合影（右四为汪克，1990年）
2　研究生毕业答辩广告（与蔡进合影，蔡进现为美国VBN建筑设计公司中国西部公司总经理）
3　海王大厦历经三轮终于中标，心情十分激动

1 Company photo at watson after the ten years celeberation,1990
2 Graduate rejoinder ad of postgraduate (group photo with Caijin, She is now general manager of VBN West China)
3 Haiwang Builing win at last after three turns, how exciting!

的感受是相同的。在这尴尬的时刻，汪克没有来调侃我，而是拿起自己的调色盒，毫不迟疑地从折页处掰断，一分为二，每人一个。从这些小事上，我喜欢汪克的以诚待人和他的当机立断。

年龄和动静的差距并没有使我们俩产生沟通上的困难。由于我想从汪克那里学到我不懂的知识，所以凡是汪克给我讲他的专业特长时，我都静静地听。或许由于同行相轻吧，研究生同学中，能耐心听汪克侃侃而谈，而又不反驳他的人可能只剩下我。因为我在大学时，学的是美术系的装饰设计专业，而其他同学大都是学的建筑学专业。年轻人好胜心强，加上建筑学专业的艺术成分很多，汪克又是一个思维跳跃，角度独特的人。如果大家都相信他的观点一致，岂不是每人都长了同样一张脸。

经过几年的朝夕共处，我认定在我们寝室里有一位未来真正的大师，这就是汪克。汪克的优越条件是我望尘莫及的，也正是因为有这位大师和我同室，也使我更加刻苦学习，读研究生时几乎没敢放松过。只有苦读书才是缩小我和汪克距离的唯一手段。

1989年底，我比汪克提早半年毕业。离开重庆后来到北京，去了中国建筑工业出版社工作。而汪克当时刚从深圳返回重庆，正打印论文，准备答辩。从此我们分手两年多没见面，尽管各自都在忙自己的事情，但经常通信或电话联络。

汪克当时说自己有一怪现象：在学校一切条件具备，理应好好读书吧，却读不进去，甚至读不懂。到了工作岗位上没多少时间吧，却特想读书，还读得很快。这也许能解释汪克读研为何一半的时间都在外边。不仅仅是打工，他是在为自己读书创造条件呢！我的看法是因为他年轻，阅历浅，从学校到学校，关在学校这个象牙塔内，没有接触社会，不知问题在那里，也不能体会书中的很多深意，反而不知所从。班上有同学三年到了还没找到题目的也并非无人。其次是当时国门刚开，引进书籍量太大，来不及消化，甚至有的是译者都没明白就硬翻过来，自然难以读懂。

汪克到华森后接触很多实际问题，想把它弄明白，于是就有了读书的冲动，而且想要在业主面前讲点新东西也必须读书。其实好多东西他已经碰了很久了，有一天突然开窍，正好在华森。这一开窍就不可收拾，他白天工作，晚上读书、写论文，相安无事。白天工作时图纸多，场面大；晚上读书写作时书更多，场面一点也不小。他当时发明一种读书法，就是20本书同时读，这本不明白了，就放下读另一本。再读不懂了，就再换一本。读着读着，发现第一本书上不懂的，可能第二或第三本书上讲得很明白。反之亦然。他当时完全生活在两个世界里。白天是形而下的实际问题，晚上是形而上的理论神游，充实而自得。直到他读完四五十本书，写完四五万字的硕士论文，公司没有任何人发现他的秘密。

他的答辩得到了极高的评价。答辩委员会主席、全国建筑理论界著名的近现代建筑理论家尹培桐教授给出了全优的五个满分。答辩会后，一直任同学们答辩会的秘书兴奋地告诉他说："尹老师打分是最严格的，以前他从来没有给出过五个满分！"其后万钟英教授专门约请汪克到家中作客，原来他对汪克的研究很感兴趣，认为有极大的课题潜力，问汪克是否愿意合作研究？虽然汪克没能留下来，因为华森早已将汪克要画的施工图排好了等着他呢，汪克还是受到了极大的鼓舞。在当时能理解的人不多，甚至误解的人更多的时候，这种安慰无异于雪中送炭。到如今，有了解他的人感叹："看完你的论文才明白为什么你是这样的。你的论文影响了你这10多年。"

机电院听说汪克在华森没有户口，立即派人来做工作。他于是告别了华森，开始了他出国前最为轰轰烈烈的深圳海王大厦的设计。这是一幢由高28层的办公楼和一座高32层的住宅楼构成的、建筑面积高达6万6千多平方米的综合建筑，下面的四层为商业建筑，地下为两层地下室。

经过三轮长达半年的设计竞赛，尤其在汪克第一轮已经中标后，业主又邀请华森和北京院分院加入的不平等竞赛中，汪克的方案连续三轮过关斩将被选中。他将要实现从1988年开始的那个愿望，就是要自己做施工图把它盖起来。多少年来的期盼，他有过多少次遗憾，这次他将告别遗憾，冲击新的专业高度。他将要实现建筑的理想，他要把这幢建筑做得具有国际水准，他要实现自己对业主的承诺，完成众人的期待。他，雄心万丈。

期望越大，失望越大。他的确全力投入了。在一年半的设计周期里，他每天早晨8点前第一个上班，深夜最后一个离开，没有周末与星期

1 汪克在工作中（2004年）
2 中联环建文建筑设计有限公司董事会（左五为董事长李新建，右三为总经理刘光亚，左一为汪克）

1 Wang Ke at work(2004)
2 Directors of Zhonglianhuan jianwen architectural design Co.Ltd

日（当时无双休日）。他放弃了各种"炒更"挣钱的机会，牺牲了与亲人团聚的机会，他将全部的精力都投入了这幢建筑。然而，他得到的不仅是遗憾，更是失望。建成的建筑在他看来不过是各种建筑材料的堆砌。他没有看到他梦寐以求的超越材料本身的动人品质。更让他心凉的是，他已经意识到在此时此地这就是他能做到的最高水平了，他已经无人可以探讨，无处可以求教了。因为他的设计图已经是当时的最高水准了。在三年前他发现自己身体的极限之后，他再一次悲哀地发现自己专业能力的极限。他已经使出了十八般武艺，但他并没有比原来令他不满意的设计院工程师们有本质的提高。虽然这个建筑在深圳非常有名，享有年度第一名盘之誉，市长李传芳女士主持编撰的《深圳名厦》将它用作了封面。他完成的施工图水准之高，以至于几年后他从国外回来时，还有人告诉他那套施工图依然是院里画得最好的。

然而，这绝不是他所期望的建筑，它没有品质可言，更勿论国际。更使他备受打击的是，他发现没有人可以求教，这是否意味着他的事业发展就到此为止了？真如有人说的：现在深圳建筑全国领先，你已经达到深圳建筑的顶峰，你也就达到了中国建筑的顶峰。如果以前有人这样说，他一定会很开心。但这时他不但没有半点开心，相反他忧心忡忡，陷入了心灵危机。他每每想起自己曾充满激情给业主的承诺，就一下感到自己象一个江湖骗子欺骗了业主。他感觉虚弱、苍白无力，他开始怀疑人们津津乐道、自己追求多年的建筑理想是否只是一个幻影，是否真的存在。TO BE, OR NOT TO BE，又一次面临抉择。精神上的高度压力，体力上的不断消耗，终于使他住进了医院。

客观讲，作为海王的设计者，在1992年的深圳，他已经很有名气了。经济再次起飞，房地产商向他频频招手；业界对他刮目相看，各种机会在等待他；设计院正在研究准备重用他……总之，在常人看来他八面风光，前程似锦。然而他却陷入心灵困境之中不能自拔。TO BE, OR NOT TO BE。这个他曾嘲笑过的问题再一次折磨他。信念与理想就此破灭？放弃建筑挣钱，养家过日子？……他想了很多。

事实上，虽然很短暂但海王大厦的确代表了中国那个年代的设计水平，具有典型意义。汪克的困惑是他到了一个他不满意的顶峰后发现自己迷失了，不知道自己该如何向前走。相信那个年代绝大多数的建筑师都有过类似体验，或许没有如此戏剧性，或许没有这样深刻的清醒和痛苦。

1992年8月，一位新加坡建筑师两年前开始申请汪克到新加坡工作的机会得到批准。这对于彷徨中的汪克，不失为一个有希望的选择，他以一贯的当机立断接受了邀请。也正是这个机会，使我们俩毕业两年后重新同居一室。

我当时在中国建筑工业出版社是无房户，妻子的北京户口虽然在出版社周谊社长的直接关怀下得到解决，但房子还需要等待。等待中我曾从朋友那里借到北京西城区露园小区的平房一间，可是不久又拆迁。在无奈之下，我和建工出版社的一位同事合谋，在他的配合之下，我成功地占据了一间小办公室做为我的家兼办公室。我是建工出版社历史上第一个占办公室为家的人，迄今为止也是最后一个。

汪克虽然来自深圳，但他是以事业为主，而不是以挣钱为主的人。因此，他当时也没有多少钱。当时出国手续复杂神秘，在北京办签证不是一天两天就能解决的，因此他便来投奔我。我一介平民，没有房子，但有朋自远方来，不亦乐乎。安排汪克当时的太太和我的太太住小办公室，睡我们的床，而我和汪克每晚则另辟一间大的办公室，以办公桌拼起来当床。好在汪克不是那种讲究的人，睡硬硬的办公室桌，在早晨别人上班之前要起床恢复办公室的原貌，他也能适应。

过去有句用滥的词汇叫"促膝谈心"，但我和汪克在那段时间里是同桌谈心。因为当时睡的是桌子，桌子就是床。

使我永远不忘的是，我当时拜托汪克一件事，就是帮我引见清华大学建筑学院的吴焕加教授。因为当时在清华大学建筑学院建筑文物保护与历史研究所，汪坦教授已退，楼庆西、徐伯安教授放弃了申请博士生导师的机会，只有吴焕加先生一人招博士学位研究生。而我非常渴望能去清华建筑工程学院攻读博士学位。加上吴焕加教授是国内近现代建筑研究的先行者，也是我十分仰慕的前辈。

正如我所预料，汪克一口就允诺下来。汪克是一个大器的人，他从来不会吝惜与朋友分享自己的资源。他认为开放社会中资源无限，朋友的分享决不是让蛋糕分一块少一点，而是相互

3 汪克与同事在工作室（2004年）
4 汪克与艾里·列奥（2001年）
5 与VBN原总裁Franz Steiner（2002年）

3 Wang Ke at workshop(2004)
4 Wang Ke and Eli Naor(2001)
5 Wang Ke and franz steiner the former president of VBN(2002)

激励，制作出更大的蛋糕。他清华的女朋友曾心疼地埋怨他五分钟就把自己想了五天才明白的答案告诉别人，他说没关系，他在消化我的答案时，我已经开始想新的答案了，何况他还给了我他的思考。一天下午，我们俩从建工学院出版社出发骑车去清华拜访吴焕加教授。在汪克的推荐下，吴先生不仅热情地接待了我，而且与我谈得很融洽。

当然，汪克也不是完人。我当时是从同事那里给他借的一辆自行车用作在北京代步。我知道他是个粗犷的人，我再三交代，临走时别忘了给我车钥匙，但这个事情还是发生了。我当时只好给同事换了把锁。过了几天，我收到汪克从老家用特快专递寄来的那把车钥匙，但与之相配的车锁，早已被我给弄坏了。

其实汪克对自己的东西也一样。一次，他从重庆回遵义，下车时才发现自己的行李不见了，包里还有当时借学校的照相机一台。他只是笑着说："从来下火车都要有个行李，这次可好，两手空空的就出站了，感觉怪怪的。"

签证事宜解决后，汪克夫妇便与我们话别。我和汪克这次分别，一下子就是12年。

去年底，我接受中央美术学院的邀请，从多伦多我重回北京，成为其建筑学院的外籍教授。不久，我接到了汪克作品集出版人彭女士的电话，她邀请我担任汪克作品集的编辑工作。实话说，我当时有点犹豫，没有立即答应，而是说看了作品以后再决定。

因为我俩尽管友谊依然延续，曾经多次通过国际长途闲聊，尤其是他1996～1999年底在美国旧金山居住期间，电话最为频繁。有时他打来的电话一次就能聊上两三个小时，因此相互了解近况。但毕竟12年间我们俩人没见面，中国又处于一个大变革的时代，我没有亲眼看到他这段时间的作品，心中无数。我的准则不允许我仅仅为了友谊而对付一些应景之作。

因此我约见了他。在听了他长达两小时充满激情的作品幻灯演示解说以后，我被他深深打动了。随后的几个月里我们几乎每周见面，保持电话热线联系。我远赴外地，实地参观考察了他几乎所有的重要作品。我作为编者和朋友对他进行了深入而详尽的采访，随着采访的不断深入，我日益发现我被他强烈地感染着，在我的内心深处唤起了某种久违的激情。我情不自禁地承担越来越多的工作，在我的主动要求下，我

的角色在不断地增加，从单纯的编辑发展为本书的文字作者，然后，又担任了摄影师的工作，最后因为割舍不下，还负责了全部的设计排版工作。

随后是长达一年半的艰苦工作，然后有了这本书。

我为中国有这样一位建筑师而自豪。他是我们这个时代的一位代表人物。他是幸运儿，在年轻的39岁里完成了一批有深度的建筑作品，没有荒度自梁思成和杨庭葆等先辈以来中国最佳建设时机；他是开拓者，在这个"建筑的洪荒年代"，努力探索，走出了一条自己的路，为别人留下了清晰的坐标；他是求道者，在这个急功近利的匆忙时代里，18年来他抵抗了各种各样的诱惑，放弃了很多别人不能舍弃的实惠和名利，不偏不悔地在追寻建筑之道。他秉怀极高的天赋，他以自己独特的感受力渗悟生活，每一件设计都有独到的闪光点，让人耳目一新。他勤奋踏实，苦干专一，十八年如一日。他对自己有严格的高要求，惟恐没能尽善尽美。他热情执着，坚持梦想，他遭遇过各种各样的打击和挫败，却愈挫愈勇，以常人不可理解的惊人执着守候和实践自己的梦想。

但愿中国之大，能够继续提供他生长的土壤，在不远的将来成就他超越的梦想。

时寓五则
Five Topics

职业与建造 汪克
On The Profession by Wang Ke

猫鼠游戏

如果可以用猫鼠游戏来打比方的话，承包商的天敌是建筑师而不是甲方。建筑界的猫鼠游戏其实应该发生在建筑师与承包商之间，而不是目前惯常的甲方与承包商之间。因为除了专业房地产商和持续建设的甲方以外，绝大部分甲方与承包商处在信息不对称状态，而且往往是弱势而非强势。原因很简单，买家算不过卖家。承包商每天都在盖房子，建筑师每天都在设计建筑，而大多数甲方并非每天都在盖建筑。

由于甲方与承包商处在信息不对称状态，在这场游戏中甲方注定是失败方。对此有一个最简单的事实判断，就是当今中国，几乎没有一个项目是在预定的工期内、在预定的造价内，按照预定的效果建成的，当然指三条俱备。

承包方是注定的胜利者。因为他们是胜利者，他们显得非常谦卑，处处低声下气，在业主面前呈孙子状，让失败的甲方有一个生存的基本体面；因为他们是胜利者，他们时时慈悲为怀，无时无刻不在贡献恩惠予甲方。如果他没有请到甲方吃饭或送出手中的厚礼或薄意，他们会后悔自责，心中不安。如同孝子没有尽到孝道。

因为他们是胜利者，他们胆大心细、卫星频放；无论多短的工期、无论多低的报价、无论多困难的做法和多奇妙的效果，都可以不假思索地报出。他们太有自信了，因为业余的天敌们破绽百出，他们一开工就有无限多延迟工期的机会，他们一进场就有无数个造价索赔的理由。全十效果？告诉我哪一个甲方在签约时清楚成百上千张施工图讲的是一个什么效果？又有哪一个设计在放大100倍后没有一点变化？只要有一点变化发生，既非创作者又无设计权的业主，情急之中只能眼巴巴看着胸有成府、经验丰富的承包方指点迷津。

因为他们是胜利者，他们信心在握。无论工地遇到什么问题，条件反射第一句话就是"设计有问题"。的确，在低收费的中国，有哪一位建筑师敢说自己成百上千张的施工图就没有一点问题呢？何况在现场即时听到这句话的有甲方、有施工各方、有监理，惟独没有建筑师。

建筑师的不在场，等同于裁判的缺席。一场没有裁判的比赛还能想象吗？

既是注定的胜利者，还有什么需要改进自己吗？没有悬念的游戏还成为游戏吗？骄兵必败，大家可以明白为什么当今世界头号制造大国在世界总承包市场上只有可怜的1%（注）了吗？

当前中国建筑界的生态平衡已经遭到严重破坏。

乙方的天堂

一位乙方十分成功，但备受竞争压力之苦。一日来到某地，惊呼发现了天堂。

他发现多年给自己造成巨大压力的工期，在这里被轻易化解。恶劣天气在这里可以索赔工期；有大量的甲方供货材料或设备，不能按时到场是家常便饭；甲方付款不及时，是合同赋予的索赔权利；甲方临时水电出故障、或者停水停电时有发生；拆包分包太多，工种工序间交接扯皮是常事；设计变更在这里频繁发生，还有一个好听的名字叫"洽商"；对各个工序甚至成品验收交接没有具体限定，只有一个放之四海而皆准的国标或地标，而外行的甲方的解释远远不是自己的对手；总之，工期索赔的机会太多了，投标所报的数字几乎没有兑现的可能，那就怎么好看怎么报了。

造价上索赔的机会不比工期少。上面讲到较多的甲方原因停工，当然都可以进行索赔；总包发包的内容越来越少，但没发包的迟早也都要作，实际上相当于参与价格竞争的内容减少，其余的就可以补回来了；建筑师不参与招投标，图纸上也不可能什么都画，图上没有就漏项，施工中再增项补回；设计只有图纸而没有设计规格说明，报的价格低于应作标准并没人发现，但总价有了竞争力，施工中再提请业主提高到应该使用的标准，利润就回来了；施工图上的设备到真实招标后往往有较大出入，相关图纸的更改提供了索赔机会；如果材料市场发生通涨，也有得到业主补贴的机会；设计变更就是送上门的肥肉；上道工序的误差是索赔的良机；拆包分包太多，成品和半成品的保护不力破坏很多，当然都要索赔；等等。

质量当然就别提了，验收时建筑师最多抱怨几句，甚至根本就见不到建筑师。半专业的业主要应付过去并不难。监理嘛，哈哈哈！

有人说这里的建筑业生态失衡，但大家这样多年都习惯成自然了，搞这样大压力干嘛？

于是这位乙方在新的天堂里着实度过了一段幸福时光，并为自己的所向无敌而飘飘然，风光之后返乡大干。然而，他悲哀地发现自己除了输出劳务，几乎没有竞争力了。

注：资料显示去年我国施工业在国际总承包市场上只占1%的份额，而且还主要靠劳务输出。

一个人的建筑

制片人与导演的关系已众所周知，已被淡忘的是电影史上也曾有过制片人乐此不疲地热衷于客串业余导演、不厌其烦地出产一部又一部业余制作的时期。

有人曰：建筑是大制作，牵涉到社会的方方面面，业主挂帅，或集体决策才更稳妥。殊不知电影不乏大制作，一部投资上亿美元的电影，为了稳妥起见，是否就应该由制片人执导，或由一个导演委员会来执导呢？显然没有这样愚蠢的制片人，就算有，他也会在市场上立马牺牲。毕竟，没有人看电影时会抑制自己的好恶，待电影结束后开一个会，举手表决后才判断电影是好是坏。

建筑亦然，如果建筑能够愉悦人、感动人，这种愉悦与感动在现场即时发生，而无须举手表决。就象电影一样，只有当一个导演发掘出自己内心世界的深层结构，才能集中电影的所有资源，与观众实现一对一的心灵对话。从此意而言，从接受到制作，任何电影都是由团队完成的一个人的电影。从接受的角度，希望愉悦与感动人的建筑无疑也是由团队完成的一个人的建筑，这样的建筑期待一个敏感的灵魂来整合所有的资源，实现与每一个受众的对话。

只有出现了伟大的灵魂，才会出现伟大的建筑。

警察守监狱

1999岁末回国后看到中国建筑师的工作状态，不由得杜撰了一则"警察守监狱"的寓言。

某地警察腐化堕落，触犯众怒，于是决定警察不能再守监狱。果然警察再也没有了腐化堕落的机会。然而在大家欢呼成功的同时，被另一件事所困扰：谁来守监狱呢？

经过精心安排，首先上阵的是保安。随即令支持者大失所望，眼见保安的腐化堕落有过之而无不及，哀叹"原来保安的素质还赶不上警察"。但法律已经规定了必须保安守监狱，那现场至少要有一个稻草人保安。稻草人毕竟只能吓唬一时，有责任感的大众调来了正轨军。训练有素的军队可一点不含糊，将监狱守得铁桶似的，再也没有了犯人越狱的事件、或其它腐化堕落事件发生。然而，欢呼声未落，即发现与过去或与邻邦相比，犯罪率依然居高不下。原来由纪律严明的小伙子们组成的军队虽然守住了每一个人犯，却不能对人犯进行任何教化工作，监狱反而成了人犯们切磋技艺的场所、进修提高的大学。

有识之士彷徨了：到底该谁来守监狱？

本寓言无意贬低承包方，但对应于警察、保安和军队三方的上述关系，不正是目前建筑师、监理和业主关系的同构吗？不但监理不能在现场令人满意，业主由于不掌握设计，在现场也不可能发出最佳指令，正如十八岁的军人不可能对人犯实行教化。

豪侠国少

虽然中国有几千年的建筑传统，但建筑师作为一个现代职业，有其教育体系、有其行业组织、有其法律规章、有其注册制度、有其上下游生物链（虽不健全）、有其文化传统、甚至有其故事传奇，其实是20世纪20年代以后的事，满打满算80余年。除去战争和动乱，也就有五十多年的历史。如果考虑文革的全面洗牌和现代主义的登场，实际上是只有二十多年的新统[注一]。

可见目前的中国建筑师是一支有几千年传说的少年队。

愚以为对这样一支少年队，仅仅因为几次竞赛的失利就大为不满，其实有失公允，至少是操之过急。以20多年的新统能够应付全世界史无前例的建设大潮，其实少年建筑师们还是很有成就的。从迅速林立的城市森林可以看出，从高于世界建筑师5000倍[注二]的工作效率可以看出，至少从他们夜以继日的工作可以看出。暗合少年中国之说。

我断言：中国没有怀才不遇的建筑师。在我完成乌当行政中心项目的全程设计和施工合同管理工作后，更加坚信不移。

在这支团队中我至今没有看到某少年怀有贝聿铭的本事而无用武之地。相反，我常常惋惜不少有望成才的豪侠国少因身肩大任、义无反顾而陷阵捐躯，始终未臻成熟。

所以，至今我们依然只能看到一代又一代少年队员的表演。

然而，今天没有人可以低估这支少年队的潜力和前景。

注一：戏引吴焕加教授语，见《传统与新统》一文。

注二：有人曰：在中国，建筑造价仅为国际水准的1/10，设计周期为1/10，工作强度为国际水准的10倍，而建筑设计费率仅为1/5，因此得出设计效率5000倍之戏言。

附录
APPENDICES

"汪克艾林工作室"大事记
WANGKE ELI & CHUNLIN WORK SHOP

1993~1995年，汪克在新加坡合伙创办"新加坡SGK设计与规划顾问有限公司"，三年的实践为其后的工作室创立积累了经验。代表作品为康佳产品展销馆和南山文化广场方案设计等；

1998~1999年，汪克得到ELI NAOR先生委托并授权，从旧金山回到北京，创办"美国VBN建筑设计有限公司亚洲部"，其间汪克将其研创的"VI设计体系"付诸实践并取得成功。主要作品为红花岗区行政暨会议中心和和平门危改小区规划等；

2000~2001年，亚洲部与北京IDEAL装饰有限公司合作成立"VI设计"实体，并参股成为"北京中联环建文建筑设计有限公司VBN工作室"，罗劲任工作室总经理。其间"VI设计体系"得以标准化和文本化。代表作品为九三学社总部和遵义市行政暨会议中心，以及罗劲主持设计的三亚海坡度假酒店和金地售楼处等；

2002~2004年，罗劲执行退出工作室计划，其间屠大庆先生、毕志刚先生、张咏女士和蔡春林先生先后加入成为董事，李明曾为短期合作董事，由屠大庆先生担任总经理。2004年"美国VBN建筑设计有限公司中国西部公司"在重庆成立，蔡进女士任总经理，彭为民先生任董事。代表作品有乌当区行政暨会议中心和以SOLO为特色的北京四代小户型住宅设计等；

2004年起，工作室更名为"美国VBN建筑设计有限公司暨北京中联环建文建筑设计有限公司联合体汪克艾林建筑设计工作室"，简称"汪克艾林工作室"，拥有国家一级注册建筑师四人，针对国内外高端设计市场，为业主提供具有国际先进水平的、原创型的、个性化全程建筑设计服务。

主要项目年表
CHRONOLOGICAL LIST OF KEY PROJECTS

闾山山门　　辽宁北镇（现北宁市）
设计／建成时间：1986／1988年
业主：辽宁北镇旅游局
注册建筑师：清华大学建筑系及建筑设计研究院
设计者：汪克　　指导老师：吴焕加、郭黛姮、吕舟、吕江
委托方式：学生竞赛第一名中标
服务阶段：方案／施工图／工地配合

Lushan Gateway, Liaoning Beizhen(now Beining)
Design/Completion: 1986/1988
Client:Liaoning Beizhen Travel Bureau
Architect: Inst. & Dept. of Arch., Tsinghua Univ
Student: Wang Ke, Teacher: Wu Huanjia, Guo Daiheng,Lu Zhou,Lu Jiang
Phase of Service: SD/CD/CC

海王大厦　　深圳
设计／建成时间：1991／1994年；规模：66000平方米
业主：深圳海王集团公司
建筑师：机电部深圳设计研究院
设计团队：汪克（第一设计人）、张绍强、
　　　　　陈颖、丁绍强、王水龙、张力、杨颖
艺术顾问：何力平
委托方式：竞赛（第一名中标）
服务阶段：方案／初设／施工图

Haiwang Building, Shenzhen
Design/Completion: 1991/1994; Area: 66,000 sq.m.
Architect: Shenzhen Project and Research Inst of MMI
Team: Wang Ke (principal designer), Zhang Shaoqiang (Project Architect)
Structure :Chen Ying, Ding Shaoqiang, Wang Shuilan, Zhang Li, Yang Ying
Consulting Artists:He Liping
Phase of Service: SD/DD/CD

上海万科城市花园　　上海
设计／建成时间：1992／1993年
业主：上海万科房地产股份有限公司
建筑师：新加坡OD205建筑设计咨询公司
设计团队：孟大强（首席设计师）、汪克、刘双顺
委托方式：直接委托
服务阶段：规划方案

Shanghai Vanke City Garden, Shanghai
Design/Completion: 1992/1993
Client : Shanghai Vanke Real Estate Crop.
Architect : OD205 , Singapore
Team : Meng Daqiang (PIC) , Wang Ke , Liu Shuangshun
Phase of Service : SD

国际大厦　深圳

设计时间：1993年；规模：108,000平方米
业主：深圳市城建开发集团公司
建筑师：新加坡SGK设计顾问公司
注册建筑师：机电部深圳设计研究院
设计团队：汪克(PIC)、雷开诚(PIC)、区启高(PIC)、Denis、Tongde
委托方式：竞赛第一名中标
服务阶段：方案／初步设计

International Plaza, Shenzhen
Design: 1993;　Area: 108,000 sq.m.
Client: Shenzhen Chenjian Develop Group
Architect: Singapore SGK Design Consultants
Registered Architect: Shenzhen Project and Research Inst.of MMI.
Team: Wang Ke (PIC), Kaiseng Looi (PIC), Ou Qigao (PIC), Denis, Tongde
Phase of Service: SD/DD

元享大厦　广西北海

设计／开工时间：1993/1994年；规模：70000平方米
业主：北海元享物业股份有限公司
建筑师：新加坡SGK设计顾问公司
注册建筑师：机电部深圳设计研究院北海分院
设计团队：汪克(PIC)、雷开诚(PIC)、区启高(PIC)、Denis、Tongde
服务阶段：方案／初步设计／施工图

YuanHeng Mansion, GuangXi Beihai
Design/Construction Start: 1993/1994;　Area: 70,000 sq.m.
Client: Beihai Yuanheng Property Co. Ltd
Architect: Singapore SGK Design Consultants
Registered Architect: Beihai Branch of Shenzhen Project and research Inst.
Team: Wang Ke (PIC), Kaiseng Looi (PIC), Ou Qigao (PIC), Denis, Tongde
Phase of service: BD/SD/DD

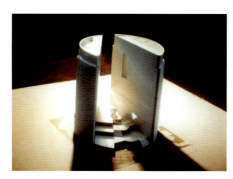

东辉大厦　深圳

设计时间：1993年；规模：55000平方米
业主：深圳市东辉集团公司
建筑师：新加坡SGK设计顾问公司
注册建筑师：深圳左肖思建筑师事务所
设计团队：汪克(PIC)、雷开诚(PIC)、区启高(PIC)、Denis、Tongde
委托方式：竞赛
服务阶段：方案

Donghui Building, Shenzhen
Design:1994;　Area: 55,000 sq.m.
Client: Donghui Group
Architect: Singapore SGK design Consultants
Registered Architect: Zuo Xiaosi Architects and Engineers Inc.
Team: Wang Ke (PIC), Kaiseng Looi (PIC), Ou Qigao (PIC), Denis, Tongde
Phase of Service: SD

DBS大厦　上海

设计时间：1994年；规模：135000平方米
业主：新加坡DBS银行房地产开发部
建筑师：新加坡ARCHITECT61建筑师事务所
设计团队：汪克(第一设计人)、何立良、Steven、Alex、Kay
服务阶段：方案

DBS Building, Shanghai

Design:1994 ;　Area: 135,000 sq.m.
Client: DBS Land Ltd
Architect: Singapore Architects 61Pte.Ltd
Team: Wang Ke (Principal Designer), Ho Liliang, Steven, Alex ,Kay
Phase of Service: SD

南山文化广场　深圳

设计时间：1994/1995年；规模：21288平方米
业主：深圳市鸿岳实业有限公司
建筑师：新加坡SGK设计顾问公司
注册建筑师：清华大学建筑设计研究院深圳分院
设计团队：汪克(PIC)、雷开诚(PIC)、区启高(PIC)、黄业伟、黄建锋、黄辉
委托方式：竞赛(第一名中标)
服务阶段：方案

Nanshan Cultural Plaza, Shenzhen

Design:1994/1995;　Area: 21,288 sq.m.
Client: Shenzhen Hongyue property Co.Ltd
Architect: Singapore SGK Design Consultants
Registered Architect:　Shenzhen Branch of Tsinghua Arch. D & R Inst.
Team: Wang Ke (PIC), Kaiseng Looi (PIC), Ou Qigao (PIC) Huang Yiewei,
　　　　Huang Jianfeng, Huang Hui
Phase of Service: SD

康佳产品展销馆　深圳

设计/建成时间：1995/1997年；规模：2650平方米
业主：深圳康佳电子(集团)股份有限公司
建筑师：新加坡SGK设计顾问公司
注册建筑师：清华大学建筑设计研究院深圳分院
设计团队：汪克(PIC＋设总)、雷开诚(PIC)、欧启高(PIC)、
　　　　黄业伟、古锐、苏英姿、黄辉、黄建峰
修改设计：新加坡SGD设计顾问公司　深圳华侨城建筑设计室
委托方式：直接委托
服务阶段：方案/扩初/施工图/施工配合

Konka Showroom, Shenzhen

Design/Completion: 1995/1997;　Area: 2,650 sq.m.
Client: Shenzhen Konka Electronic Group Co. Ltd
Architect: Singapore SGK Design Consultants
Registered Architect:　Shenzhen Branch of Tsinghua Arch. D & R Inst.
Team: Wang Ke (PIC), Kaiseng Looi (PIC), Ou Qigao (PIC)
　　　　Huang Yewei, Gu Ray, Su Yingzi, Huang Hui, Huang Jianfeng
DC Team:　SGD Design Consultants; Huaqiaocheng　Arch. Design Inst.
Phase of Service: SD/DD/CD/CC

笔架山庄别墅　深圳

设计／建成时间：1995/1997年；规模：500平方米／每栋
建筑师：新加坡SGK顾问公司
设计团队：汪克(PIC)、雷开诚(PIC)、区启高(PIC)
委托方式：直接委托
服务阶段：方案

Detached House, Shenzhen
Design/Completion:1995/1997;   Area: 500 sq.m.
Architect: Singapore SGK design Consultants
Team: Wang Ke (PIC), Kaiseng Looi (PIC), Ou Qigao (PIC)
Phase of Service: SD

湖景公寓　　美国奥克兰

设计／建成时间：1997/1999年
业主：私人业主
建筑师：奥克兰Sue Associates建筑师事务所
设计团队：萧埃德（首席设计师）　汪克(方案人)
委托方式：直接委托
服务阶段：方案／设计发展／合同文件／合同管理

Lake View Apartment, Oakland, USA
Design/Completion: 1997/1999
Client: Private owner
Architect: Sue Associates, Oakland. USA
Team: Ed Sue (P. I. C.), Wang Ke(Designer)
Phase of service: SD/DD/CD/CM

红花岗行政暨会议中心一期　　贵州遵义

设计／建成时间：1998/1999年；规模：19980平方米
业主：遵义市红花岗建设局
建筑师：汪克艾林工作室＆美国VBN建筑设计公司
注册建筑师：中国科学院建筑研究院
设计团队：汪克(首席设计师)、刘彤昊、蔡进、李竹青、古锐、苏英姿
委托方式：直接委托
服务阶段：方案／施工图／工地配合

Honghuagang Civic & Conference Center, Guizhou Zunyi
Design/Completion: 1998/1999;   Area: 19,980 sq.m.
Client: Hong Huagang Construction Bureau, Zunyi City
Architect: Wang Ke, Eli & ChunLin Workshop / VBN Corporation
Registered Architect: Architectural D & R Institute of CAS
Team: Wang Ke(PIC), Liu Tonghao, Cai Jin, Li Zhuqing, Gu Ru, Su Yingzi
Phase of service: SD/CD/CC

天利广场方案　贵州遵义

设计／建成时间：1998／2002 年；规模：50000 平方米

业主：遵义市天利房地产开发公司

建筑师：汪克艾林工作室＆美国 VBN 建筑设计公司

注册建筑师：中国科学院建筑研究院

设计团队：汪克(首席设计师)、Lord Leon、刘彤昊、李竹青、古锐、苏英姿

施工图设计：遵义市建筑设计院

委托方式：直接委托

服务阶段：方案

Tianli Plaza Schematic Design, Guizhou Zunyi

Design/Completion: 1998/2002;　Area: 50,000 sq.m.

Client:Tianli properties Development Co Ltd, Zunyi City

Architect: Wang Ke, Eli & ChunLin Workshop / VBN Corporation

Registered Architect: Architectural Research Institute of China Academy of Science

Team: Wang Ke(PIC.) , Lawrence Leon, Liu Tonghao, Li Zhuqing, Gu Ru, Su Yingzi

Construction Design:　Zunyi Architecture　Design　Institute

Phase of service: SD

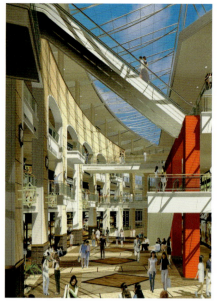

清华中学方案　贵州遵义

设计／建成时间：1998／2000 年；规模：14000 平方米　　30 班完全中学

业主：遵义市红花岗区教育委员会

建筑师：汪克艾林工作室＆美国 VBN 建筑设计公司

设计团队：汪克（首席设计师）、刘彤昊

施工图设计：遵义市建筑设计院

委托方式：直接委托

服务阶段：方案

Tsinghua Middle School Schematic Design, Guizhou Zunyi

Design/Completion: 1998/2000;　Area: 14,000 sq.m.　30 classes middle school

Client: Education Committee, HongHuaGang District, Zunyi City

Architect:　Wang Ke, Eli & ChunLin Workshop / VBN Corporation

Team: Wang Ke(PIC), Liu Tonghao

Construction Drawing Design:　Zunyi Architecture　Design　Institute

Phase of service:SD

智亿广场　贵州贵阳

设计时间：2000 年；规模：65000 平方米

业主：贵阳智亿房地产开发有限公司

建筑师：汪克艾林工作室＆美国 VBN 建筑设计公司

设计团队：汪克(首席设计师)、张子卉、陈茵郎、古锐、苏英姿

委托方式：直接委托

服务阶段：方案

Zhiyi Plaza, Guizhou Guiyang

Design: 2000;　Area: 65,000 sq.m.

Client:Guiyang Zhiyi properties Development Co Ltd

Architect: Wang Ke, Eli & ChunLin Workshop / VBN Corporation

Team: Wang Ke(PIC), Zhang Zhihui, Chen Yinlang, Gu Ru, Su Yingzi

Construction Drawing Design:　Zunyi Architecture　Design　Institute

Phase of service: SD

智亿酒店　贵州贵阳

设计时间：2000 年；规模：80000 平方米

业主：贵阳智亿房地产开发有限公司

建筑师：汪克艾林工作室＆美国 VBN 建筑设计公司

设计团队：汪克（首席设计师）、文南、戴晓华

施工图设计：贵阳市建筑设计院

委托方式：直接委托

服务阶段：方案／扩初

Zhiyi Hotel, Guizhou Guiyang

Design: 2000;　Area: 80,000 sq.m.

Client: Guiyang Zhiyi properties Development Co Ltd

Architect: Wang Ke, Eli & ChunLin Workshop / VBN Corporation

Team: Wang Ke(PIC), Wen Nan, Dai Xiaohua

Construction Design: Guiyang Architecture Design Institute

Phase of service: SD/DD

和平门危改小区　北京

设计时间：2000 年

业主：北京新兴房地产开发有限公司

建筑师：汪克艾林工作室＆美国 VBN 建筑设计公司

设计团队：汪克、罗劲、陈安国(美)、王学军、解玉红

委托方式：直接委托

服务阶段：前期／方案

Hepingmen Community Design, Beijing

Design: 2000

Client: Beijing Xinxing Real Estate Development co.,LTD

Architect: Wang Ke, Eli & ChunLin Workshop / VBN Corporation

Team: Wang Ke, Luo Jin, Anko Chen (USA), Wang Xuejun Xie Yuhong

Phase of Service: BD/SD

遵义市行政暨会议中心　贵州遵义

设计／建成时间：2000/2002 年；规模：30000 平方米

业主：遵义市政府

建筑师：汪克艾林工作室＆美国 VBN 建筑设计公司

注册建筑师：中联环建文建筑设计有限公司

设计团队：汪克（首席设计师）、蔡进、陈夷平、王征良、王蕾

结构：遵义市建筑设计院

机电：北京康腾机电工程设计公司

委托方式：直接委托

服务阶段：方案／扩初／施工图／工地配合

Zunyi Civic & Conference Center, Guizhou Zunyi

Design/ Completion: 2000/2002; Area: 30,000 sq.m.

Client: Zunyi City Government

Architect: Wang Ke, Eli & ChunLin Workshop / VBN Corporation

Registered Architect: Beijing Zhonglianhuan Jianwen Architectural Design Co.Ltd

Team: Wang Ke(PIC), Cai Jin, Chen Yiping, Wang Zhengliang, Wang Lei

Structure: Zunyi Architecture Design Institute

M&E: Beijing Kangteng M&E Design Consultants

Phase of service: SD/DD/CD/CC

九三学社中央总部／万泉会所　北京

设计／建成时间：2000/2004 年；规模：18000 平方米

业主：北京万泉花园物业开发有限公司

建筑师：汪克艾林工作室&美国VBN建筑设计公司

注册建筑师：北京中联环建文建筑设计有限公司

设计团队：汪克(首席设计师)、屠大庆、毕志刚、贾冬、覃琰、贾艳伟

委托方式：直接委托

服务阶段：前期／方案／扩初／施工图／工地配合

93 Society Headquarters / Legacy Homes Clubhouse, Beijing

Design/Completion 2000/2004;　Area: 18,000 sq.m.

Client: Beijing Wanquan Garden Properties Development Co.Ltd

Architect: Wang Ke, Eli & ChunLin Workshop / VBN Corporation

Registered Architect: Beijing Zhonglianhuan Jianwen Architectural Design Co.Ltd.

Team: Wang Ke(PIC), Tu Daqing, Bi Zhigang, Jia Dong, Qin Yan, Jia Yanwei

Phase of service: BD/SD/DD/CD/CC

乌当区行政暨会议中心一期　　贵州贵阳

设计／建成时间：2000/2003 年；规模：38000 平方米

业主：乌当区政府建设局

建筑师：汪克艾林工作室&美国VBN建筑设计公司

注册建筑师：中联环建文建筑设计有限公司

设计团队：汪克、蔡进、毕志刚、谢玉红、陈夷平、王蕾、王征良、路凡、覃琰

驻场管理：张永钢、闵宗康、苗岩、李伟、汪凌、张玉青、孙新民、宋红华

结构：贵州省建筑设计院；　景园深化：深圳憧景园材公司

机电：北京康腾机电工程设计公司

委托方式：直接委托

服务阶段：前期／方案／扩初／施工图／施工合同管理

Wudang Civic & Conference Center I, Guizhou Guiyang

Design/ Completion: 2000/2003;　Area: 38,000 sq.m.

Client: Construction Bureau, Wudang District, Guiyang

Architect: Wang Ke, Eli & ChunLin Workshop / VBN Corporation

Registered Architect: Beijing Zhonglianhuan Jianwen Architectural Design Co.Ltd

Team: Wang Ke, Cai Jin, Bi zhigang, Xie yuhong, Chen Yiping, Wang Lei, Wang Zhengliang, Lu fan, Qin yan

CM Team: Wang Ke, Zhang Yonggang, Min Zongkang, Miao Yan, Li Wei, wang Ling, Zhang Yuqing, Sun Xinming, Song Honghua

Structure: Guizhou Architecture Design Institute;　Landscape: Shenzhen chongjing Landscape

M&E: Beijing Kangteng M&E Design Consultants

Phase of service: BD/SD/DD/CD/CM

太合嘉园临时围墙／大门　　北京

设计／建成时间：2000/2001 年

业主：北京太合房地产有限责任公司

建筑师：汪克艾林工作室&美国VBN建筑设计公司

注册建筑师：北京中联环建文建筑设计有限公司

设计团队：汪克(首席设计师)、王蕾

委托方式：直接委托

服务阶段：前期／方案／扩初／施工图／工地配合

Temporarily Gate / Wall, Beijing

Design/Completion: 2000/2001

Client: Beijing TaiHe Real Estate

Architect: Wang Ke, Eli & ChunLin Workshop / VBN Corporation

Registered Architect: Beijing Zhonglianhuan Jianwen Architectural Design Co.Ltd.

Team: Wang Ke(PIC), Wang Lei;　Phase of service: BD/SD/DD/CD/CC

智亿会展中心　　贵州贵阳

设计时间：2001 年；规模：100000 平方米
业主：贵阳智亿房地产开发有限公司
建筑师：汪克艾林工作室＆美国 VBN 建筑设计公司
设计团队：汪克(首席设计师)、王学军、张咏
委托方式：直接委托
服务阶段：咨询方案

Zhiyi Exhibition & conference center, Guiyang
Design: 2001; Area: 100,000 sq.m.
Client : Guiyang Zhiyi Properties Development Co. Ltd
Architect： Wang Ke, Eli & ChunLin Workshop / VBN Corporation
Team : Wang Ke(PIC), Wang Xuejun, Zhang Yong
Phase of Service : SD

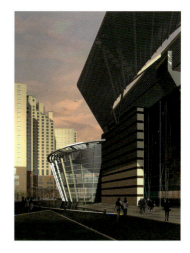

红花岗行政暨会议中心二期　　贵州遵义

设计时间：2001 年；规模：13000 平方米
业主：遵义市红花岗建设局
建筑师：汪克艾林工作室＆美国 VBN 建筑设计公司
设计团队：汪克(首席设计师)、章春
委托方式：直接委托
服务阶段：方案

Honghuigang Civic & Conference Center II, Guizhou Zunyi
Design: 2001; Area:13,000 sq.m.
Client: Hong Huagang Construction Bureau, Zunyi City
Architect: Wang Ke, Eli & ChunLin Workshop / VBN Corporation
Team: Wang Ke(PIC), Zhang Chun
Construction Design: Zunyi Architecture Design Institute
Phase of service: SD

金地国际花园售楼处　　北京

设计/建成时间：2001/2002 年；规模：755 平方米
业主：北京金地国际鸿业房地产开发有限公司
建筑师：汪克艾林工作室＆美国 VBN 建筑设计公司
注册建筑师：艾迪尔装饰有限公司
设计团队：罗劲(首席设计师)、谭泽阳、付东辉、宋丽娜、葛丽
结构/机电：北京康腾机电工程设计公司
委托方式：直接委托
服务阶段：方案/施工图

Goldfield International Garden Showroom, Beijing
Design/ Completion: 2001/2002; Area: 755 sq.m.
Client: Goldfield (Beijing) Properties Development Co.Ltd
Architect: Wang Ke, Eli & ChunLin Workshop / VBN Corporation
Registed Architect: Ideal Desigh and construction Corp. Ltd.
Team: Luo Jin(PIC), Tan Zeyang, Fu Donghui, Song Lina, Ge Li
Structure/M&E: Beijing Kangteng M&E Design Consultants
Phase of Service: SD/CD

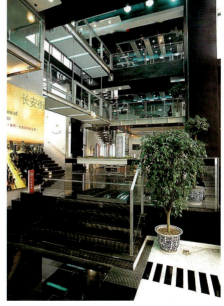

海坡国际度假酒店　海南三亚

设计／建成时间：2001/2003 年；规模：25660 平方米

业主：海南珠江控股股份有限公司

建筑师：汪克艾林工作室 & 美国 VBN 建筑设计公司

设计团队：罗劲（首席设计师）、屠大庆、张咏、文南、扎西、苗岩、贾艳伟

结构／机电：海南元正建筑设计咨询有限公司

委托方式：直接委托

服务阶段：方案／扩初／施工图

Haipo International Holiday Inn, Sanya, Hainan

Design/ Completion: 2001/2003;　Area: 25,660 sq.m.

Client: Hainan Pearl River Holding Co.Ltd

Architect: Wang Ke, Eli & ChunLin Workshop / VBN Corporation

Team: Luo Jin(PIC),Tu Daqing, Zhang Yong, Wen Nan, Zha Xi, Miao Yan, Jia Yanwei

Structure/M&E: Hainan Yuanzheng Architectural Design Co.Ltd

Phase of Service: SD/DD/CD

遵义市供电局　　贵州遵义

设计／建成时间：2001/2005 年；规模：56000 平方米

建筑师：汪克艾林工作室 & 美国 VBN 建筑设计公司

注册建筑师：中联环建文建筑设计有限公司

设计团队：汪克、卢国豪、屠大庆、毕志刚、付东辉、陈夷平、陈燕蓉、韩喜雨、苗岩

结构：贵州省建筑设计院

机电：北京康腾机电工程设计公司

委托方式：直接委托

服务阶段：方案／扩初／施工图／工地配合

Zunyi Power Supply Bureau, Guizhou Zunyi

Design/ Completion:　2001/2005;　Area: 56,000 sq.m.

Architect: Wang Ke, Eli & ChunLin Workshop / VBN Corporation

Registered Architect: Beijing Zhonglianhuan Jianwen Architectural Design Co.Ltd

Team: Wang Ke(PIC), Loh Kokhoo, Tu Daqing, Bi Zhigang, Fu Donghui, Chen Yiping,
　　　　Chen Yanrong, Han Xiyu, Miao Yan

Structure:　Guizhou Architecture　Design　Institute

M&E: Beijing Kangteng M&E Design Consultants

Phase of service: SD/DD/CD/CC

遵义市公安局　　贵州遵义

设计／建成时间：2001/2005 年；规模：32000 平方米

建筑师：汪克艾林工作室 & 美国 VBN 建筑设计公司

注册建筑师：中联环建文建筑设计有限公司

设计团队：汪克（首席设计师）、蔡进、毕志刚、王蕾、武生靖、白淳、苗岩

结构：贵阳市建筑设计院

机电：北京康腾机电工程设计公司

委托方式：直接委托

服务阶段：方案／扩初／施工图／工地配合

Zunyi Police Bureau, Guizhou Zunyi

Design/ Completion: 2001/2005;　Area: 32,000 sq.m.

Architect: Wang Ke, Eli & ChunLin Workshop / VBN Corporation

Registered Architect: Beijing Zhonglianhuan Jianwen Architectural Design Co.Ltd

Team: Wang Ke(PIC), Cai Jin, Bi Zhigang, Wang Lei, Wu Shengjing,
　　　　Bai Chun, Miao Yan

Structure:　Guiyang Architecture　Design　Institute

M&E: Beijing Kangteng M&E Design Consultants

Phase of service: SD/DD/CD/CC

SOLO Ⅰ 北京

设计／建成时间：2001／2003 年；规模：11455 平方米
业主：北京兴隆置业有限公司
建筑师：汪克艾林工作室＆美国VBN建筑设计公司
注册建筑师：正东阳建筑设计公司
设计团队：汪克(首席设计师)、屠大庆、张咏、付东辉、王蕾
结构／机电：正东阳建筑设计公司
委托方式：直接委托
服务阶段：前期／方案／扩初／施工图／工地配合

SOLO Ⅰ, Beijing
Design／Completion: 2001/2003; Area: 11,455 sq.m.
Client: Beijing Xinglong Properties Development Co.Ltd
Architect: Wang Ke, Eli & ChunLin Workshop / VBN Corporation
Registered Architect: Zheng Dongyang Architectural Design Co.Ltd
Team: Wang Ke(PIC), Tu Daqing, Zhang Yong, Fu Donghui, Wang Lei,
Structure/M&E: Zheng Dongyang Architectural Design Co.Ltd
Phase of Service: BD/SD/DD/CD/CC

遵义铝业生态小区规划设计　贵州遵义

设计时间：2002 年；规模：46200 平方米
业主：遵义铝业股份有限公司
建筑师：汪克艾林工作室＆美国VBN建筑设计公司
设计团队：汪克(首席设计师)、付东辉、王蕾、周洁、刘燕
委托方式：直接委托
服务阶段：方案

Zunyi Aluminum Industry Ecological Community, Guizhou ZhunYi
Design: 2002; Area: 46,200 sq.m.
Client: Zunyi Aluminum Industry Co.Ltd
Architect: Wang Ke, Eli & ChunLin Workshop / VBN Corporation
Team: Wang Ke (PIC),Fu Donghui, Wang Lei, Zhou Jie, Liu Yan
Phase of Service: SD

镇远县行政中心　贵州镇远

设计／建成时间：2002／2005 年；规模：27256 平方米
业主：镇远县县政府
建筑师：汪克艾林工作室＆美国VBN建筑设计公司
注册建筑师：中联环建义建筑设计有限公司
设计团队：汪克、屠大庆、李明、张咏、郭剑寒、周运辉、贾艳伟、任晓东
　　　　　黄伟(结构)、齐世建、张闻天
机电：北京康腾机电工程设计公司
委托方式：直接委托
服务阶段：方案／扩初／施工图／工地配合

Zhenyuan Civic Center, Guizhong Zhenyuan
Design: 2002; Area: 27,256 sq.m.
Client: Zhenyan Goverment
Architect: Wang Ke, Eli & ChunLin Workshop / VBN Corporation
Registered Architect: Beijing Zhonglianhuan Jianwen Architectural Design Co.Ltd
Team: Wang Ke, Tu Daqing, Li Ming, Zhang Yong, Guo Jianhan, Zhou Yunhui,
　　　Jia Yanwei, Ren Xiaodong, Huang Wei(Structure), Qi Shijian, Zhang Wentian
M&E: Beijing Kangteng M&E Design Consultants
Phase of Service:SD/DD/CD/CC

SOLO II 北京

设计／建成时间：2002/2004 年；规模：60000 平方米

业主：北京兴隆置业有限公司

建筑师：汪克艾林工作室＆美国 VBN 建筑设计公司

注册建筑师：中联环建文建筑设计有限公司

设计团队：汪克、屠大庆、谭泽阳、陈夷平、葛丽、刘昕、韩喜雨、汪凌、王蕾、陈瑜

机电：北京康腾机电工程设计公司

委托方式：直接委托

服务阶段：前期／方案／扩初／施工图／工地配合

SOLO II, Beijing

Design/ Completion: 2002/2004;   Area: 60,000 sq.m.

Client: Beijing Xinglong Properties Development Co.Ltd

Architect: Wang Ke, Eli & ChunLin Workshop / VBN Corporation

Registered Architect: Beijing Zhonglianhuan Jianwen Architectural Design Co.Ltd

Team: Wang Ke, Tu Daqing, Tan Zeyang, Chen Yiping, Ge Li, Liu Xin, Han Xiyu, Wang Ling, Wang Lei, Chen Yu

M&E: Beijing Kangteng M&E Design Consultants

Phase of Service: BD/SD/DD/CD/CC

炫特区 北京

设计／建成时间：2002/2004 年；规模：230000 平方米

业主：北京广厦京都置业有限公司

建筑师：汪克艾林工作室＆美国 VBN 建筑设计公司

设计团队：毕志刚（首席设计师）、李明、陈夷平、王蕾、郭艺、周运辉、韩喜雨、刘燕

施工图：环洋世纪建筑设计有限公司

委托方式：直接委托

服务阶段：设计修改／工地配合

XUAN Community Design, Beijing

Design/ Completion: 2002/2004;   Area: 230,000 sq.m.

Client: Beijing Guangsha Properties Development Co.Ltd

Architect: Wang Ke, Eli & ChunLin Workshop / VBN Corporation

Team: Bi Zhigang(PIC), Gordon Li, Chen Yiping, Wang Lei, Guo Yi, Zhou Yunhui, Han Xiyu, Liu Yan

Construction Drawing Design: Huanyang Shiji Co.Ltd

Phase of Service: DR/SD/CC

乌当区行政暨会议中心二期　贵州贵阳

设计／建成时间：2003/2005 年；规模：24392 平方米

业主：乌当区行政中心建设指挥部

建筑师：汪克艾林工作室＆美国 VBN 建筑设计公司

注册建筑师：中联环建文建筑设计有限公司

设计团队：汪克（首席设计师）、屠大庆、郑小梅、童轶、徐欣、李明

驻场管理：苗岩　闵宗康

结构／机电：香港茂盛机电咨询有限公司

委托方式：直接委托

服务阶段：前期／方案／扩初／施工图／施工合同管理

Wudang Civic & Conference Center II, Guizhou Guiyang

Design/ Completion: 2003/2005;   Area: 24,392 sq.m.

Client: Wudang Administrative Center Construction Headquarters

Architect: Wang Ke, Eli & ChunLin Workshop / VBN Corporation

Registered Architect: Beijing Zhonglianhuan Jianwen Architectural Design Co.Ltd

Team: Wang Ke (PIC), Tu Daqing, Zheng Xiaomei, Tong Yi, Xu Xin, Li Ming

CM Team: Min Zongkang, Miao Yan

Structure/M&E: Hongkong Maunsell (China) Engineering Services Ltd

Phase of Service: BD/SD/DD/CD/CM

贵州省博物馆选址方案　贵州贵阳

设计时间：2003年；规模：23800平方米

业主：贵州省博物馆

建筑师：汪克艾林工作室 & 美国VBN建筑设计公司

设计团队：汪克(首席设计师)、郭剑寒、王蕾、周洁

委托方式：直接委托

服务阶段：咨询

Museum of Guizhou Province, Site-select Consultation, Guizhou Guiyang

Design: 2003;   Area: 23,800 sq.m.

Client: Museum of Guizhou Province

Architect: Wang Ke, Eli & ChunLin Workshop / VBN Corporation

Team: Wang Ke (PIC), Guo Jianhan, Wang Lei, Zhou Jie

Phase of Service: Consultation

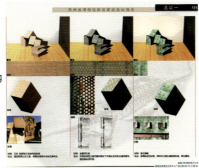

飘 HOME　北京

设计/建成时间：2003/2004年；规模：86000平方米

业主：北京正华房地产开发有限公司

建筑师：汪克艾林工作室 & 美国VBN建筑设计公司

设计团队：屠大庆（首席设计师）、韩喜雨

施工图设计：环洋世纪

委托方式：直接委托

服务阶段：方案修改

Piao Home, Beijing

Design/ Completion: 2003/2004;   Area: 86,000 sq.m.

Client: Beijing Zhenghua Properties Development Co.Ltd

Architect: Wang Ke, Eli & ChunLin Workshop / VBN Corporation

Team: Tu Daqing (PIC), Han Xiyu

Construction Design: Huanyang Shiji Co.Ltd

Phase of Service: Design Recompose

燕京饭店方案咨询　北京

设计时间：2003年；规模：100000平方米

业主：北京燕京饭店

建筑师：汪克艾林工作室 & 美国VBN建筑设计公司

设计团队：汪克、Jiaqi、Moshe、陈晓旭、李轩羽、周洁、郭艺、高原(结构)

机电：中科建筑设计院有限公司

委托方式：直接委托

服务阶段：咨询

Yanjing Hotel Design Consultation, Beijing

Design: 2003;   Area: 100,000 sq.m.

Client: Beijing Yanjing Hotel

Architect: Wang Ke, Eli & ChunLin Workshop / VBN Corporation

Team: Wang Ke, Jiaqi, Moshe, Chen Xiaoxu, Li Xuanyu, Zhou Jie, Guo Yi, Gao Yuan(Structure)

M&E: Zhong Ke Architectural Design Co.Ltd

Phase of Service: Consultation

索风营会议渡假中心　　贵州六广镇

设计时间：2003 年；规模：60000 平方米

业主：贵州乌江房地产开发有限公司

建筑师：汪克艾林工作室＆美国 VBN 建筑设计公司

设计团队：汪克（首席设计师）、王蕾、周洁、郑小梅、陈晓旭、周运辉、童轶、赵欢

委托方式：直接委托

服务阶段：前期／方案

Suofengying Conference & Holiday Center, Guizhou liuguangzhen

Design: 2003;　Area: 60,000 sq.m.

Client: Guizhou Wujiang Properties Development Co.Ltd

Architect: Wang Ke, Eli & ChunLin Workshop / VBN Corporation

Team: Wang Ke (PIC), Wang lei, Zhou Jie, Zheng Xiaomei, Chen Xiaoxu,
　　　Zhou Yunhui, Tong Yi, Zhaohuan

Phase of Service: BD/SD

科航大厦　　北京

设计时间：2003 年；规模：80000 平方米

业主：北京科航投资有限公司

建筑师：汪克艾林工作室＆美国 VBN 建筑设计公司

设计团队：汪克（首席设计师）、屠大庆、张咏、周运辉、赵欢、任晓东

委托方式：直接委托

服务阶段：方案

Kehang Tower, Beijing

Design:　2003;　 Area: 80,000 sq.m .

Client: Beijing Kehang Properties Development Co.Ltd

Architect: Wang Ke, Eli & ChunLin Workshop / VBN Corporation

Team: Wang Ke (PIC), Tu Daqing, Zhang Yong, Zhou Yunhui, Zhao Huan, Ren Xiaodong

Phase of Service: SD

万科四季花城商业中心　　江西南昌

设计时间：2003 年；规模：23000 平方米

业主：江西万科益达房地产有限公司

建筑师：汪克艾林工作室＆美国 VBN 建筑设计公司

设计团队：汪克、Jiaqi Wu(首席设计师)、毕志刚、陈晓旭、郭艺、王领强、高原(结构)

机电：蔚县建筑研究所

委托方式：直接委托

服务阶段：方案／扩初

Vanke Wonderland Comerciar Center, Jiangxi Nanchang

Design: 2003;　 Area: 23,000 sq.m.

Client: Jiangxi Vanke Yida Properties Development Co.Ltd

Architect: Wang Ke, Eli & ChunLin Workshop / VBN Corporation

Registered Architect: Beijing Zhonglianhuan Jianwen Architectural Design Co.Ltd

Team: Jiaqi Wu (PIC), Bi Zhigang, Chen Xiaoxu, Guo Yi, Wang Lingqiang, Gao Yuan(Structure)

M&E: Beijing Kangteng M&E Design Consultants

Phase of Service: SD/DD

万科四季花城会所　江西南昌

设计／建成时间：2003/2005 年；规模：5915 平方米

业主：江西万科益达房地产有限公司

建筑师：汪克艾林工作室＆美国VBN建筑设计公司

注册建筑师：中联环建文建筑设计有限公司

设计团队：汪克(首席设计师)、Jiaqi Wu(方案设计)、郭艺、周洁、王领强、
　　　　　张咏、陆海东、周运辉、陈晓旭、任晓东、高原(结构)

机电：蔚县建筑研究所

委托方式：直接委托

服务阶段：前期／方案／扩初／施工图／工地配合

Vanke Wonderland Clubhouse, Jiangxi Nanchang

Design/ Completion: 2003/2005;　Area: 5915 sq.m.

Client: Jiangxi Vanke Yida Properties Development Co.Ltd

Architect: Wang ke, Eli & ChunLin Workshop / VBN Corporation

Registered Architect: Beijing Zhonglianhuan Jianwen Architectural Design Co.Ltd

Team: Wang Ke (PIC), Jiaqi Wu(Design), Guo Yi, Zhou Jie, Wang Lingqiang, Zhang Yong, Lu Haidong, Zhou Yunhui, Chen Xiaoxu, Ren Xiaodong, Gao Yuan(Structure)

M&E: Yuxian Architectural Design Consultants

Phase of Service: BD/SD/DD/CD/CC

沈阳万科金色家园　沈阳

设计时间：2004 年；规模：34000 平方米

业主：沈阳万科金色家园房地产开发有限公司

建筑师：汪克艾林工作室＆美国VBN建筑设计公司

设计团队：Jiaqi Wu（首席设计师）、赵欢、王领强

委托方式：直接委托

服务阶段：方案

Shenyang Vanke Golden Home, Shenyang

Design: 2004;　Area: 34,000 sq.m.

Client: Shenyang Vanke Golden Home Properties Development Co.Ltd

Architect: Wang Ke, Eli & ChunLin Workshop / VBN Corporation

Team: Jiaqi Wu (PIC), Zhao Huan, Wang Lingqiang

Phase of Service: SD

光大艺苑／中国京剧院方案咨询　北京

设计时间：2004 年；规模：180000 平方米

业主：光大集团

建筑师：汪克艾林工作室＆美国VBN建筑设计公司

设计团队：汪克（首席设计师）、王蕾、赵欢

委托方式：直接委托

服务阶段：咨询

Guangda Yiyuan / China Beijing Opera House Design Consultation, Beijing

Design: 2004;　Area: 180,000 sq.m.

Client: Guang Da Group

Architect: Wang Ke, Eli & ChunLin Workshop / VBN Corporation

Team: Wang Ke (PIC), Wang Lei, Zhao Huan

Phase of Service: Consultation

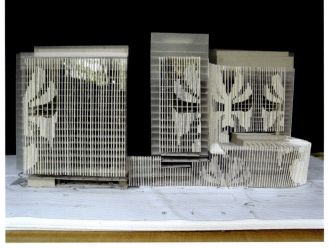

黎明酒店　贵州金沙

设计／建成时间：2004/2006 年；规模：16500 平方米

业主：黎明集团

建筑师：汪克艾林工作室 & 美国 VBN 建筑设计公司

设计团队：汪克（首席设计师）、郭艺、陈晓旭、赵欢

施工图设计团队：遵义市建筑设计院

委托方式：直接委托

服务阶段：方案 + 施工图指导 + 施工合同管理

Liming Hotel, Guizhou Jinsha

Design/ Completion: 2004/2006;　Area: 16,500 sq.m.

Client: Liming Group

Architect: Wang Ke, Eli & ChunLin Workshop / VBN Corporation

Team: Wang Ke (PIC), Guo Yi, Chen Xiaoxu, Zhao Huan

Phase of Service: SD

义乌市政府会议中心　浙江义乌

设计／建成时间：2004／预计 2007 年；规模：40000 平方米／占地 14.18 公顷

计划投资：约 4 亿

业主：义乌政府会议中心建设指挥部

建筑师：汪克艾林工作室 & 美国 VBN 建筑设计公司

设计团队：汪克（首席设计师）、鲍董泽、陈瑜、陈晓旭、梁艮（景园）

委托方式：方案竞赛第一名中标

服务阶段：前期／方案／扩初／施工图／施工合同管理

Yiwu Municipal Conference Center, Zhejiang Yiwu

Design/ Completion: 2004/2007; Area: 40,000 sq.m. Site Area 14.18 ha

Costs: RMB 400,000,000 yuan

Client: Yiwu conference Center Construction Headquarters

Architect: Wang Ke, Eli & ChunLin Workshop / VBN Corporation

Team: Wang Ke (PIC), Bao Dongze, Chen Yu, Chen Xiaoxu, Liang Gen(Landscape

Design Competition: 1st Prize Winning Scheme

Phase of service: BD/SD/DD/CD/CM

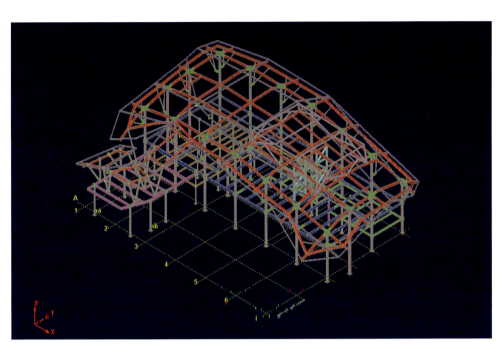
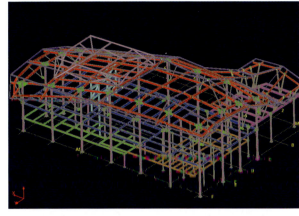

汪克艾林工作室,与顾问工程师深入密切合作。图示为结构模型与建筑模型的同步研究。

(结构模型由美国德根结构工程师事务所中国部提供)

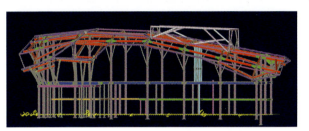

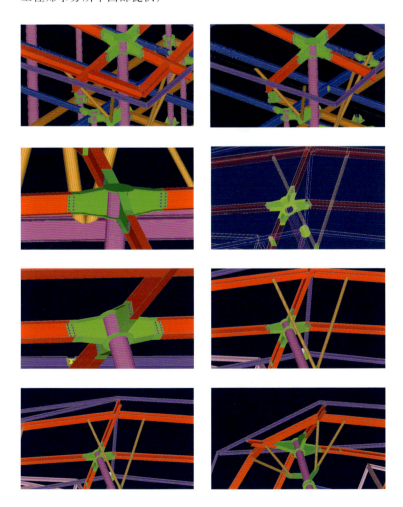

汪克艾林工作室 Wang Ke, Eli & ChunLin Workshop

汪克／董事首席建筑师
WANGKE / PRINCIPAL

建筑师简介
BIOGRAPHY

　　汪克，建筑师。1965年出生于贵州遵义。1987年获清华大学建筑学学士学位。1990年获重庆建筑工程学院建筑学硕士学位。1990～1992年在深圳华森公司和机电设计院接受三年中式建筑师职业训练。1992～1995年在新加坡接受三年半英式建筑师职业训练。1995～1999年在美国接受四年美式建筑师职业训练。

　　汪克21岁时设计闾山山门，入选《中国优秀建筑（1980-89）》，26岁时设计海王大厦，入选《深圳名厦》，两项作品照片均被用于封面。其后汪克又用七年多的时间旅居海外，悉心研究中、美、英三种建造方式的真谛，最终创建VI建筑设计体系——既符合国际标准和深度，又适合中国国情的建筑师全程业务，并于1998年开始在中国进行创新实践。到2004年，汪克及其工作室比预期提前两年完成了全套业务实践并获得成功。近期代表作品有乌当区、红花岗区、遵义市行政中心等政府系列运用地方材料的低造价建筑作品，以及九三学社中央总部、北京SOLO精舍和遵义供电局等在复杂的城市语境中运用工业材料进行建筑创新的成功范例。

　　Wang Ke, Architect. He was born in Zunyi, Guizhou in 1965. He obtained B.Arch Degree at Architecture Dept. of Tsinghua University, Beijing in 1987. In 1990, he obtained M.Arch degree at Architecture Dept. of Chongqing Institute of A. & E.. Before 1992, he worked at Shenzhen Watson Architects and Shenzhen Jidian Design Institute to accept 3 years of Chinese style architectural professional training. Before 1995, he accepted 3 years of British style architectural professional training in Singapore. Before 1999, he accepted four years of American style architectural professional training in the USA. Since 1998, he returned to his mother-land to start his innovative pratice, WELD Workshop, together with Mr. Eli Naor, Mr. Luo Jin and Mr. Cai Chunlin.

　　When he was 21 year old, Wang Ke designed Lushan Gateway, which was listed in *China Excellent Architecture(1980 -1989)*. When he was 26 year old, he designed Haiwang Building, which was listed in *Shenzhen Famous Buildings*. Two pictures of the two buildings were used in the cover of the said books. Afterwards, he spent more than 7 years overseas to study the essence of American and Britain Building System, and finally he created *VI Design & Building System*, namely to meet international standards which is the full-scope architecturar design and construction administration service, which is suitable for the Chinese situation. The workshop successfully completed a full scope practice which is 2 years ahead of its schedule. His representative works include a series of low cost governmental buildings such as Wudang District, Honghuagang District, Zunyi municipality civic center, and another series of urban practice including Beijing Jiu San Society Headquarters, Beijing SOLO Series Residential and Zunyi Power Supply Building.

艾里·列奥／创业董事
ELI M. NAOR, AIA / PRINCIPAL

艾里·列奥，美国注册建筑师。1950年出生于美国旧金山，1979年获美国加利福尼亚大学柏克莱分校建筑学学士学位。1981年获该校电脑辅助设计专业硕士学位。1985年加入美国VBN建筑设计公司，现任董事总裁。

列奥先生是美国交通建筑规划设计领域的领军人物，曾任全美建筑师协会（AIA）交通委员会主席，后任全美建筑师协会区域与城市规划委员会主席。列奥先生对中国文化怀有浓厚的感情，代表美国VBN建筑设计公司于1998起，积极支持汪克返回中国的创业历程，无私提供技术和精神上的巨大帮助，曾10次专程来华支持工作室的创新实践工作，并成为工作室创业董事。他曾获得众多奖项。

Eli Naor, American registered architect. He was born in San Francisco, the USA, in 1950. He obtained bachelor's degree of Architecture in Berkeley Campus, University of California, in the America in 1979. In 1981, he obtained master's degree of computer-aided Achitectural design in the said college. In 1985, he joined the America based VBN Architects, and now he is the President and C.E.O.

Mr. Naor is a leader of American Transportation Buildings and Facilities Planning and Design field, the former Chairman of Transportation Committee of Pan-American Institute of Architects Association and the Chairman of Regional And Urban Design Committee of AIA Since 1998, he took an active part in supporting Wang Ke's return to China for establishing a architectural design practice. He offered technological and spiritual to the practice. In the past five years, he had come to China ten times to support the workshop. He became a principal of the workshop which focus on innovative design.

蔡春林／董事总经理
CAI CHUNLIN / GENERAL MANGER

蔡春林，国家一级注册建筑师。1965年出生于江西宜丰。1988年获得东南大学建筑学学士学位，成绩优异。1994年前在北京总后建筑设计院接受建筑师职业训练，表现出色。2002年前加入北京国际信托投资公司，涉猎房地产领域，拓展了职业视野。其后加入北京中联环建文建筑设计有限公司。2004年加入VBN，共同创建汪克艾林工作室，任董事总经理。

蔡春林先生的代表作品有：石家庄军事教育学院图书馆、天津二七二医院病房楼、邯钢门诊楼方案和宁波东部新城B-9#商务楼等公共建筑，以及北京大吉片危改小区、天津塘沽海河花园、北京平房乡姚家园新村建设、重庆华宇"北国风光"方案和呼和浩特亿利·傲东国际住宅项目等大型居住建筑。

Cai ChunLin, National A-class Registered Architect. He was born in Yifeng, Jiangxi Province, in 1965.In 1988, he obtained B.Arch Degree at Southeast University. Before 1994,he worked in Beijing B.D.Inst. of the PLA G.L.D.. Before 2002, he worked at BITIC Ltd..After that he joined Beijing China-Union Jianwen A.D. Inst.. Since 2004, he jioned VBN, co-found Wangke, Eli & Chunlin Workshop.

His works includes Shijiazhuang Military Educational Library, Taijin No.272 Hospital, Handan Steel Works Out-Patient Service Building Design,Ningbo Eastern City B-9 Business Building, Tianjin Tanggu River Garden, Re-building of Beijing Dajipian Community, Beijing Yaojiayuan Residential, and Yili Ao-Dong Internaitional Residential.

汪克致谢
ACKNOWLEDGEMENTS FROM WANG KE

向本书正文撰稿人和主要摄影师王其钧先生致谢！在过去的一年半中他以真挚的热诚、艰辛的劳动和高超的职业素养向我展示了"好书是怎样炼成的"；感谢本书的出版人彭蓉蓉女士，没有她4年来的坚持执着和热情推动，就没有这本书；感谢郭艺小姐辛勤的资料整理工作。

感谢给我提供项目机会的每一个业主和客户！没有他们，在过去18年中我不可能实现一个建筑师的存在。由于篇幅和条件所限，我不能列举每一个人的名字，敬请谅解！但我还是特别要提到下列人士（按项目先后）：孙静华先生、梁志武先生、张思民先生、张建先生、陈剑先生、李再勇先生、张继勇先生、吕大龙先生、杨滨先生、朱湘红女士、赵安女士、傅传耀先生、叶韬先生、石静先生、石利文先生、王晓光先生、陈强先生、龙永平女士、李永新先生、吴驷先生、林伟先生、陈明刚先生、李学芬女士等人，离开了他们激情的梦想、超人的远见和坚韧的执着，就没有本书中的建筑。

过去18年于我而言跨度较长，转折很多，其间有众多人士对本书作品做出了直接或间接的贡献，故掠美王其钧先生的分类，分为早期、国外和近期三阶段尽可能一一致谢：

早期生涯要感谢清华大学建筑学院吴焕加教授的知遇之恩，没有他的慧眼相识，就没有山门，也就没有本书中后面的故事；感谢吴良镛教授、关肇业教授、王玮钰教授、楼庆西教授、徐伯安教授、郭黛姮教授、李道真教授、高亦兰教授、栗德祥教授、冯钟平教授、田学哲教授、胡绍学教授、单德启教授、宋泽芳教授、左川教授、彭培根教授、黄瑞琼老师、周燕珉老师、吕舟老师、王蒙徽老师、徐卫国老师、吕江老师和李小秋教练等老师的教育和指导；感谢重庆建筑工程学院研究生导师白佐民教授的鼓励和信任；感谢尹培桐教授、万钟英教授、唐璞教授、夏义民教授、漆德琰教授、James Bagnall教授等老师的教导；感谢两校学长陈一峰、刘中强、刘尔明、朱文一、尹稚、庄唯敏、张为耕、汤桦、曾清泉和姚继韵等师兄；两校学友王晓明、高林、王欣、王平章、贺承军、张继文、刘文祥、刘克峰、张祺、崔光明、陈怡姝、陈丽娜、甘理浩、李学军、杜立群、于亚峰、王毅、张敏、林润、张晓炎、吴耀东、鄂正文、刘伯英、李向北、陈帆、冯军、尹国钧、谢吾同、高青、邵松、李和平、程世丹、关辉、马怡西、侯北镇和俞坚等等；感谢深圳华森工程与设计顾问公司张浮佩副总经理、胡寅元总工、朱守训副总工、区启高、崔凯、石唐生、王舒夏、周平、曾筠、沈振清、付强、褚英、孙万斌、刘长海和周耀荣等伙伴；机电设计院、张绍强夫妇、胡运治副院长、赵秀杰总工、赵小东、杨颖、陈颖、张力、黄怀东、阿范、王工等同事；感谢北京市建筑设计院刘开济先生、吴观张院长的指导，感谢深圳大学许安之教授、卢小狄教授、陈德祥教授的关怀；感谢贵州省建筑设计院张院长、章曼丽总建筑师，遵义市设计院李达道书记、席院长、刘义华总工，感谢他们在我的职业初期提供的实习机会和帮助。

在国外生活期间，承蒙Edward Sue、Amy、Wendi、John、Eli Naor、Franz Steiner、Cha、Anko Chen、Moshe Dinar、Jiaqi Wu、Ethan Cliffton、Gloria Li、Michael Chan、Cris Balugay、Edie Voit、Sung Lee、Anita Berry、Nancy Scott、Ben Levi、Sheila Menulty、Harrison Fraker、Michael Ng、Soo Chan、Mr.Yang、Mr.Tay、Desmond Chen、Francis Huang、Jimmy Ong、X.H. He、Raco、Richard、Shuansun Liu、Annie、Uncle Chong、Tonghao Liu、吴志伟、Ron Ooi Huang夫妇、王晖夫妇、王宇夫妇、Eddie夫妇、Loh Kokhoo夫妇、张驰夫妇、刘克峰夫妇、李明夫妇、王准勤夫妇、Ray Dahir夫妇、王璇夫妇等人的帮助，使我在异国他乡得以风雨兼程；感谢Rina X.M. Wang；感谢SGK公司我的合伙人Kaiseng Looi, Qigao Ou；感谢清华分院罗征启先生、梁鸿文女士提供的合作机会和困难中的鼓励；感谢Meng Daqiang先生和Sally女士，因为他们的热心邀请和多次努力使我得以开始七年多的旅外历程。

回国后感谢挚友高林，因为他的帮助使我的人生足迹回归北京，并帮我在国内重新建立自信；感谢学友边兰春教授，在他的帮助下我得以顺利重新开始国内的设计业务；感谢中央美术学院设计系主任张宝玮教授，以及谭平教授、吕品晶教授的盛情邀请和热心帮助，使我顺利完成了2000年在该院的教学工作；感谢清华大学建筑学院王贵祥教授、朱文一教授、中国设计院陈一峰先生给予我学术上的指教和帮助；感谢尹稚教授、庄惟敏教授、林洁先生、林润先生、林楠先生、孟黎歌先生提供的合作机会和帮助；感谢好友詹榜华、王红光、李黔滨给予的关怀和帮助；感谢张弛先生、宋向光教授、金峰教授等人的顾问建议；感谢艺术家何力平教授、仲松先生、李玉端先生等人的艺术创意；感谢张永钢先生与我同甘共苦的施工合同管理的日日夜夜。

感谢美国VBN建筑设计有限公司和为本书建筑作品直接贡献过自己才智和心血的所有伙伴和同事。我要特别提到艾里·列奥先生，作为一个美国开业建筑师，他在过去的五、六年中连续十次来到中国，以工作室合伙人身份给我的成长提供了巨大的帮助。虽然他本人并没有介入每一个具体的设计，但他领导的VBN公司和来华工作的外籍设计师给我们提供了强大的技术和精神支持。没有他的贡献，我不会有今天的进步，本书中的作品也不会呈现出大家现在看到的面貌。感谢北京中联环建文建筑设计有限公司李兴建董事长、刘光亚总经理，由于他们的远见卓识，使得本工作室有机会与中联环设计公司一起快速成长。

感谢2000~2002年的合作伙伴罗劲先生，是他在我最困难的时候伸出援助之手，与我们一起创立了这间工作室；感谢2002~2004年间的合作伙伴屠大庆先生、毕志刚、李明先生，他们与我一起走过了最长达五年的风风雨雨；感谢工作室新加入合伙人蔡春林先生和张咏女士以及VBN中国西部公司的蔡进女士和彭为民先生，祝愿我们的愉快合作再结硕果。

感谢下列同事，因为他们的努力，使得本书的作品变为现实（排名不分先后）：

徐 欣	贾艳伟	刘彤昊	陈 瑜	军美·扎西
周 红	孙利戎	章 春	李竹青	古 锐
汪 凌	葛 力	解玉红	苏英姿	黄业伟
刘 燕	李 伟	翟红羽	苏立恒	闵宗康
罗雅丹	盛 楠	孙 佳	贾 东	鲍董泽
王 莉	夏 天	陶丽亚	王学军	季晓霞
张 咏	吴国兴	赵 凯	董国金	戴晓华
李轩羽	吴 琨	武生靖	王大咏	任小东
丁 汀	周 健	夏 颖	李 珍	Moshe Dinar [美]
郑小梅	郭剑寒	姚 琼	刘 瑄	Anko Chen [美]
陈晓旭	吕方方	李 明	蔚志勇	Jiaqi Wu [美]
尚 岩	常媛媛	李 明	朱子华	Song Lee [美]
童 轶	刘 昕	王征良	夏 彬	谢振红
郭 艺	韩喜雨	李彬刚	文 南	吴新元
王 蕾	王佳晟	宋丽娜	张 珂	Lim T. Tei [新]
周运辉	齐世建	路 凡	董华维	Dennis Goh [新]
张文天	谭泽阳	闵宗康	张 镝	Adam Huang [新]
尤 欣	蔡 进	罗尔丹	魏三又	黄业伟
郝 杰	尹 勇	白 淳	姜 平	黄剑锋
周 洁	陈夷平	覃 琰	邝 伟	黄 辉
赵 欢	付东辉	伍 江	王络络	马光远

我的家人给予我抚育和安慰，给我的人生以强大的精神力量，藉此，感谢母亲胡宗碧女士、幺舅胡宗伦夫妇、二妹汪文夫妇、三妹汪洋夫妇，并以此书告慰父亲汪绍忠先生的在天之灵；最后感谢妻子的全力支持，并将本书献给她！

汪克致谢 Acknowledgements From Wang KE

汪克艾林工作室 Wang Ke, Eli & ChunLin Workshop

图片索引
PHOTO CREDITS

所有未注明图片均由汪克艾林工作室提供

张继敏 1, 53, 55(x2), 56, 57, 58(x2), 59, 62(x3), 63, 64, 69, 70(x3), 71, 72(x2), 73, 74, 75(x3), 76, 78(x4), 79(x3), 80(x2), 81, 82

王其钧 2, 3, 4, 11(x3), 12-13(x4), 14-15(x9), 16-17(x5), 18-19(x7), 20, 26(x5), 29, 60(x2), 61(x3), 64(x3), 65, 66-67, 70(x2), 76(x2), 78(x2), 79(x2), 80(x2), 87, 91, 92-93, 94, 95(x3), 96, 97(x3), 99(x2), 100, 101, 102-103, 104, 105(x4), 106, 108, 109, 111, 112, 113, 114(x6), 115, 116(x2), 117(x2), 118, 119, 121(x4), 122, 123(x5), 125, 126(x5), 127(x5), 128, 129(x4), 130(x2), 131(x2), 132(x6), 133(x2), 134-135, 137, 142-143, 144(x2), 147, 148(x2), 149, 150(x2), 151, 152-153, 154(x3), 155, 156, 157, 158(x2), 159, 160, 161(x3), 162(x2), 163, 164-165, 166-167, 168, 169, 170(x2), 171(x3), 172-183, 186, 187, 189(x2), 190, 191, 195(x5), 196-207, 211, 214, 215, 216-217, 219, 220, 221, 222(x2), 223(x5), 224-225, 226(x4), 227(x2), 228(x6), 229(x8), 230, 231, 232-235, 236(x6), 237, 243, 244(x3), 245, 246-249, 251, 253, 273(x4), 312, 323, 336, 337, 338, 339(x2), 342

吴焕加 27, 29, 30-31

马俊儒 29

古锐、苏英姿 37, 38, 39(x2), 40(x2), 41, 56(x3)

周可方 54, 62(x3), 65(x3), 75(x3), 76, 80, 105(x2), 116(x2), 117, 120, 126, 133

唐琼慧、郝升飞 绘制1:50比例立面渲染图

蔡春林 9, 41, 286(x4), 296

高 原 提供327页结构图片

遵义市委宣传部 56(x1)